DIANLI SHENGCHAN XIANCHANG
ZHIYE JIANKANG JIANHU CUOSHI

电力生产现场
职业健康监护措施

胡中流　主编

中国电力出版社
CHINA ELECTRIC POWER PRESS

内 容 提 要

本书是为在电力行业贯彻执行《中华人民共和国职业病防治法》，预防、控制和消除职业病危害，防治职业病，保护劳动者健康，以创造一个保证劳动者身心健康的劳动环境而精心编写的，与《电力生产现场作业安全防范措施》互为姊妹篇。

本书共分七章，主要内容有职业病防治法，电力行业职业健康监护和劳动环境监测，粉尘作业人员职业健康监护，接触有害化学因素作业人员职业健康监护，接触有害物理因素作业人员职业健康监护，特殊作业人员职业健康检查，以及电力行业贯彻落实《职业病防治法》典型范例。

本书可供电力行业从事发电、供电、配电、农电、基建、施工安装、修造企业一线劳动者学习使用，对电力行业中的医疗机构和职业病防治医疗机构亦有参考价值。此外，进网作业电工作业人员也可阅读参考。本书可作为每年 4 月《中华人民共和国职业病防治法》宣传周活动的宣讲普及读物。

图书在版编目（CIP）数据

电力生产现场职业健康监护措施/胡中流主编. —北京：中国电力出版社，2016.4（2018.7 重印）

ISBN 978 - 7 - 5123 - 8598 - 6

Ⅰ.①电… Ⅱ.①胡… Ⅲ.①电力工业－职业病－防治 Ⅳ.①TM②R135

中国版本图书馆 CIP 数据核字（2015）第 283643 号

中国电力出版社出版、发行

（北京市东城区北京站西街 19 号　100005　http：//www.cepp.sgcc.com.cn）

航远印刷有限公司印刷

各地新华书店经售

*

2016 年 4 月第一版　　2018 年 7 月北京第二次印刷

787 毫米×1092 毫米　16 开本　15.75 印张　361 千字

印数 2001—3000 册　定价 **60.00** 元

本书编委会

主　编　胡中流

参　编　李军华　兰成杰　王晋生

　　　　周小云　赵　琼　古丽华

　　　　李晓辉　王　蕾　张　微

电力生产现场职业健康监护措施

前　言

　　我国正处在职业病的高发期和矛盾凸显期，职业病防治形势严峻，防治任务极其繁重。为进一步加强职业病防治工作，遏制职业病高发的势头，全国人民代表大会对《中华人民共和国职业病防治法》进行了修订。党中央和国务院对卫生和计划生育委员会和安全生产监督管理总局等有关部门的职业卫生监管职责进行了调整，这是党中央、国务院为进一步加强职业卫生监管、切实保障劳动者健康权益所做出的重大决策。要把职业病防治工作作为保障和改善民生的重要举措，以对劳动者高度负责的态度，采取有力措施，扎实推进职业病防治工作。继续开展《中华人民共和国职业病防治法》宣传活动，以存在粉尘、噪声、有机溶剂、放射性物质等职业病危害的行业、企业为重点，通过制作职业病防治知识宣传册、海报、音像制品、公益广告、举办讲座和播放广播电视节目等多种方式，广泛开展职业病防治法律、法规、标准和防治知识的宣传教育活动，不断提高用人单位的职业病防治法律意识和劳动者的自我保护意识，形成全社会关心和保护劳动者健康的良好氛围。积极探索在重点职业病危害行业、企业和人群开展职业健康促进工作，倡导有益健康的行为方式并指导实施，促进劳动者健康。

　　电力行业是职业病危害的重点行业，为了提高电力行业生产现场劳动者的职业健康自我保护意识，形成全行业关心和保护从业劳动者职业健康的良好氛围，编者根据有关资料和规程规范，精心编写了《电力生产现场作业安全防范措施》的姊妹篇《电力生产现场职业健康监护措施》一书。参加本书编写工作的有胡中流、李军华、兰成杰、王晋生、周小云、赵琼、古丽华、李晓辉、王蕾和张微等，由胡中流任主编，王晋生统稿。本书在编写过程中参阅了大量文献资料，谨向其作者表示诚挚的感谢。

　　由于编者水平有限，时间仓促，书中不妥之处敬请读者批评指正。

编者

2016 年 1 月

电力生产现场职业健康监护措施

目　录

第一章

职 业 病 防 治 法

第一节　职业病防治法的制定和修订

为了预防、控制和消除职业病危害，防治职业病，保护劳动者健康及其相关权益，促进经济社会发展，根据宪法制定了《中华人民共和国职业病防治法》（简称《职业病防治法》）。该法经 2001 年 10 月 27 日第九届全国人民代表大会常务委员会第二十四次会议通过，于 2002 年 5 月 1 日起施行。《职业病防治法》的颁发和贯彻执行，有力地保护了劳动者的职业健康。但是，由于个别地区、个别行业不注重保护劳动者的健康，放松对作业环境的监察，致使职业病出现回升。分管职业病防治的卫生部门通报的 2010 年全国职业病报告情况中称，据 30 个省、自治区（不包括西藏）、直辖市和新疆生产建设兵团职业病报告，2010 年新发职业病 27 240 例。其中尘肺病 23 812 例，急性职业中毒 617 例，慢性职业中毒 1417 例，其他职业病 1394 例。从行业分布看，煤炭、铁道和有色金属行业报告职业病病例数分别为 13 968 例、2575 例和 2258 例，共占全国报告职业病例数的 69.02%。自 20 世纪 50 年代以来，全国累计报告职业病 749 970 例，其中累计报告尘肺病 676 541 例，死亡 149 110 例，现患 527 431 例；累计报告职业中毒 47 079，其中急性职业中毒 24 011，慢性职业中毒 23 068 例。

（1）尘肺病。2010 年共报告尘肺病新病例 23 812 例，死亡病例 679 例。23 812 例尘肺病新病例中，94.21% 的病例为煤工尘肺和矽肺，分别为 12 564 例和 9870 例，57.75% 的病例分布在煤炭行业。目前尘肺病仍是我国最严重的职业病，2010 年，报告尘肺病例数占职业病报告总例数的 87.42%；尘肺病发病工龄有缩短的趋势；超过半数的病例分布在中、小型企业。

（2）职业中毒。2010 年共报告各类急性职业中毒事故 301 起，中毒 617 例，死亡 28 例，病死率为 4.54%。其中，重大职业中毒事故 19 起，中毒 215 例，死亡 28 例，病死率 13.02%。报告急性职业中毒数量最多的为化工行业，占 21.59%；急性职业中毒人数最多的为煤炭行业；引起急性职业中毒的化学物质涉及 30 余种，居首位的为一氧化碳，共发生 78 起 175 人中毒；病死率最高的为硫化氢中毒，47 人中毒，死亡 8 人。2010 年共报告慢性职业中毒 1417 例。引起慢性职业中毒人数排在前 3 位的化学物质分别是铅及其化合物、苯、砷及其化合物，分别为 499 例（占 35.22%）、272 例（占 19.20%）和 157 例（占 11.08%）。主要分布在轻工、冶金和电子等行业。

（3）职业性肿瘤。2010 年共报告职业性肿瘤 80 例。其中苯所致白血病 49 例，焦炉工人肺癌 18 例、石棉所致肺癌和间皮瘤共 10 例、联苯胺所致膀胱癌 1 例、砷所致肺癌和皮肤癌 1 例、铬酸盐制造业工人肺癌 1 例。

（4）职业性耳鼻喉口腔等疾病。2010 年共报告 1314 例，其中职业性耳鼻喉口腔疾病 347 例（其中噪声聋多达 333 例），职业性眼病 251 例，职业性皮肤病 226 例，物理因素所致职业病 225 例（其中中暑 117 例，手臂振动病 100 例），生物因素所致职业病 201 例（其中布氏杆菌病 159 例，森林脑炎 42 例），其他职业病 64 例。

鉴于 2010 年职业病报告情况，2011 年 12 月 31 日第十一届全国人民代表大会常务委员会第二十四次会议决定修改 2001 年颁发的《中华人民共和国职业病防治法》。修订后的《职业病防治法》分总则、前期预防、劳动过程中的防护与管理、职业病诊断与职业病病人保障、监督检查、法律责任、附则 7 章 90 条，自 2011 年 12 月 31 日起施行。该法所称职业病，是指企业、事业单位和个体经济组织等用人单位的劳动者在职业活动中，因接触粉尘、放射性物质和其他有毒、有害因素而引起的疾病；适用于中华人民共和国领域内的职业病防治活动。我国职业病防治工作坚持预防为主、防治结合的方针，建立用人单位负责、行政机关监管、行业自律、职工参与和社会监督的机制，实行分类管理、综合治理。

第二节　贯彻落实好职业病防治法

一、我国职业病危害现状及分布

根据有关部门的统计数据，我国现在存在职业危害因素的企业广泛分布于全国各地，接触这些职业危害因素的人群超过 2 亿，其中乡镇企业务工人员数量在 1.3 亿以上，农民工成为受职业病危害的高危人群。从行业分布看，有煤炭、冶金、有色金属、机械、化工、建筑、电力、计算机、汽车制造、医药、生物工程以及第三产业等 30 多个行业，1600 多万家企业都存在不同种类和不同程度的职业危害。其中以煤炭开采、冶金、有色金属、机械加工、蓄电池、化工、电力、制药以及制鞋、箱包生产等行业职业危害最为突出。职业危害转移现象严重，正呈现从国外转向国内，从沿海转向内地，从城市转向乡镇，从大中型企业转向中小型企业的趋势特征，职业危害分布越来越广。我国职业病正处于高发时期，其中尘肺病例数占职业病报告总例数的 79.96%，是我国最严重的职业病。新中国成立以来累计因尘肺病死亡 15 万人左右。由于有相当数量的企业未依法组织职工进行职业健康体检，目前诊断出的职业病人数只是冰山一角。很明显，尘肺病和职业危害还没有得到有效控制，潜在和累计的职业病人数巨大；粉尘的潜在危害形势依然十分严峻。

二、2009～2015 年国家职业病防治规划

国家安监总局对《国家职业病防治规划（2009—2015）》中的目标、任务进行细化，并结合安全生产监管监察的实际制定具体落实措施。

1. 防治规划目标

建立政府统一领导、部门协调配合、用人单位负责、行业规范管理、职工群众监督的职业病防治工作体制，显著提高综合防治能力，增强用人单位和劳动者防治意识，改善工作场所作业环境，基本遏制职业病高发势头，保障劳动者健康权益。到 2015 年，新发尘肺病病例年均增长率由现在的 8.5% 下降到 5% 以内，基本控制了重大急性职业病危害事故的发生，硫化氢、一氧化碳、氯气等主要急性职业中毒事故较 2008 年下降 20%，主要

慢性职业中毒得到有效控制，基本消除急性职业性放射性疾病。

（1）到2015年，存在职业病危害的用人单位负责人、劳动者职业卫生培训率达到90％以上，用人单位职业病危害项目申报率达到80％以上，工作场所职业病危害告知率和警示标识设置率达到90％以上，工作场所职业病危害因素监测率达到70％以上，粉尘、毒物、放射性物质等主要危害因素监测合格率达到80％以上。可能产生职业病危害的建设项目预评价率达到60％以上，控制效果评价率达到65％以上。从事接触职业病危害作业劳动者的职业健康体检率达到60％以上，接触放射线工作人员个人剂量监测率达到85％以上。

（2）到2015年，职业病防治监督覆盖率比2008年提高20％以上，严重职业病危害案件查处率达到100％。监管网络不断健全，监管能力不断提高，对中小企业的监管得到加强。

（3）依托现有资源，建立完善与职责任务相适应、规模适度的职业病防治网络，基本职业卫生服务逐步覆盖到社区、乡镇。化学中毒和核辐射医疗救治的能力建设和管理得到加强，职业病防治、应急救援能力不断提高。

（4）到2015年，有劳动关系的劳动者工伤保险覆盖率达到90％以上；职业病患者得到及时救治，各项权益得到有效保障。

2. 实现目标的措施

为实现上述目标，国家安监总局确定了职业健康监管工作总体思路：认真贯彻落实中央编办《关于职业卫生监管部门职责分工的通知》（中央编办〔2010〕104号）精神和《职业病防治法》《国家职业病防治规划（2009—2015）》等法律法规，坚持以科学发展观为统领，坚持安全发展，坚持以人为本，立足实际，远近结合、突出重点、分类监管，全面加强职业健康监督管理工作，强化法规宣传，通过创建"两支队伍"（即安全监管系统职业健康队伍和企业职业健康管理员队伍），建立落实"三项制度"（即职业危害申报制度、检测监控制度和警示告知制度），构建"四大体系"（即职业健康监管法规标准体系、宣传教育培训体系、技术服务与支撑体系、信息与装备保障体系），努力做好"五项基础工作"（即职业卫生"三同时"审查、职业卫生安全许可证管理、职业健康监护管理、职业健康培训和用人单位作业场所监督检查），减少职业危害，改善作业环境，遏制重特大职业危害事故、保障劳动者健康。

三、国家安全监管总局贯彻落实职业病防治法的十项措施

为了贯彻落实好新修订的职业病防治法，切实做好职业病防治工作，国家安全监管总局采取十项主要措施，履行职业卫生监管职责。

（1）积极划转职能，加强监管机构队伍建设。按照新修订的《职业病防治法》的规定，加快职能划转，各级安全监管部门要加强与机构编制部门及卫生、社保、工会等部门的沟通协调，尽快达成共识，调整明确本地区职业卫生监管部门职责分工，形成责权匹配、上下一致、运转有效的职业卫生监管机制；同时，根据职业卫生监管工作的需要，加强省、市、县三级安全监管部门职业卫生监管机构建设，明确监管机构，充实监管人员，健全职业卫生监管体系，落实职业卫生监管责任。

（2）做好部门规章、标准的制修订工作，完善职业卫生法规标准体系。依据新修订的

《职业病防治法》、组织制定配套的部门规章，制定颁布《用人单位职业卫生监督管理规定》《职业病危害项目申报监督管理办法》《建设项目职业卫生"三同时"监督管理办法》《职业卫生技术服务机构监督管理办法》和《职业健康监护监督管理办法》等部门规章，规范、指导安全监管部门开展职业卫生监督管理工作。同时，加强工作场所职业病危害工程控制和职业病防护设施等职业卫生标准的制修订工作，为用人单位做好职业病危害防治工作提供技术标准，规范用人单位的职业卫生管理工作。

（3）深入开展职业病危害专项整治，改善用人单位职业卫生条件。根据近几年发生的职业病危害事件以及调研检测的情况，在煤矿，花岗岩和石英岩类矿山（包括石英砂、钼矿、金矿等，主要是采掘、破碎、筛分等工序），石棉，以及木质家具制造业（主要是胶和漆）四个行业（领域）继续开展职业病危害专项治理，并指导、督促各省（区、市）根据本地区职业病危害的实际情况，研究确定职业病危害治理的重点行业领域，在上述四个行业领域基础上适当调整，保持五个左右行业（领域）的重点整治，争取用两年左右的时间，使这些行业（领域）全面达到《国家职业病防治规划（2009—2015年）》提出的目标要求。

（4）加强建设项目职业卫生"三同时"审查及监督检查工作。规范建设项目职业病危害预评价、职业病危害防护设施设计、职业病危害控制效果评价等工作，研究制定《建设项目职业病危害预评价报告编制导则》《建设项目职业病危害防护设施设计专篇编制导则》和《建设项目职业病危害控制效果评价报告编制导则》，加强建设项目职业卫生"三同时"审查及监督检查，确保职业病防护设施与主体工程同时设计，同时施工，同时投入生产和使用。

（5）开展使用有毒物品职业卫生许可，加强职业病危害源头控制。在部分省市职业病危害严重的行业领域开展职业卫生许可试点的基础上，研究制定职业卫生许可证监督管理的相关规章、制度，规范许可证发放标准、发证流程和监督管理等程序，全面启动职业卫生许可工作。加强对职业卫生许可证发放工作的检查和指导，严把准入关，从源头上控制和减少职业病危害。

（6）抓好职业卫生宣传培训工作，提高职业病危害防护意识和能力。加强安监系统职业卫生监管人员的培训，提高其职业卫生监管水平。加强用人单位负责人和职业卫生管理人员的培训，提高其职业卫生管理能力。研究制定职业卫生领域特种作业人员的培训办法，对职业病危害严重岗位上的特种作业人员实行强制培训。同时，通过各种宣传媒介，加强对《职业病防治法》等法律法规以及相关职业病危害预防知识的宣传，提高广大劳动者的自我防护意识和能力。

（7）建立职业卫生监管执法技术支撑体系。拟用3年左右的时间，依托利用现有技术资源，基本建成覆盖全国、布局合理、装备完善、技术精湛、管理有序、服务上乘的国家、省、市、县四级职业卫生技术支撑网络。到2015年，全国建成3～5个国家级技术支撑机构，每个省（区、市）建成1～3个省级技术支撑机构，每个市（地）建成1～2个市级技术支撑机构，每个主要工业县（区）建成1个县级技术支撑机构，非主要工业县（区）联合建成1县级技术支撑机构，保证每级安全监管部门都能得到有力的执法技术支撑。

（8）组建职业卫生专家队伍，利用专家加强职业卫生监督管理工作。为提高职业卫生监管工作的科学性、规范性、公正性，拟从高等院校、科研院所、专业协会遴选职业卫生专家，建立专家队伍。发挥职业卫生专家的技术支撑作用，参与职业卫生监管工作，如政策咨询、职业病危害专项治理、建设项目职业卫生"三同时"审查、职业病危害事故调查处理、职业卫生技术服务机构的资质认定、职业卫生宣教、培训和科普教育等。

（9）加强技术服务机构监管，构建职业卫生技术服务网络。根据用人单位职业卫生技术服务工作的需要，建立三级技术服务机构，形成职业卫生技术服务网络，满足用人单位职业卫生管理工作的需要。同时，加强对技术服务机构服务质量的监控，加强对技术服务机构服务行为的监督，确保技术服务机构依法开展技术服务，保证用人单位得到客观、公正、公平的技术服务。

（10）加强职业卫生监督执法工作，落实用人单位职业卫生主体责任。一是通过监管执法促进用人单位贯彻执行国家有关职业卫生的法律法规和政策标准，落实主体责任；二是抓好职业病危害项目申报工作，摸清监管对象的底数，为监管工作奠定基础；三是监督指导用人单位加强职业卫生管理，建立职业卫生工作责任制，健全并落实各项职业卫生规章制度，落实从业人员职业健康保护措施；四是监督指导用人单位加强职业卫生培训，增加劳动者职业卫生知识，提高其职业病危害防护能力；五是以职业病危害严重的行业领域为重点，抓好日常监察、专项监察，重点监察、定期监察，及时查处违法违规行为；六是抓好事故调查处理工作。对于发生职业病危害事故的用人单位，要严肃查处，严格责任追究，真正起到警示作用。与此同时，安全生产监督管理部门还将在职业病诊断鉴定和职业病患者的社会保障等方面，积极与卫生行政部门、劳动保障部门配合，共同做好职业卫生监管工作，切实保护劳动者的合法权益。

四、职业健康检查管理

为加强职业健康检查工作，规范职业健康检查机构管理，保护劳动者健康权益，国家卫生和计划生育委员会（国家卫生计生委）根据《职业病防治法》，制定了《职业健康检查管理办法》，自 2015 年 5 月 1 日起施行。该办法共分六章二十八条。职业健康检查是指医疗卫生机构按照国家有关规定，对从事接触职业病危害作业的劳动者进行的上岗前、在岗期间、离岗时的健康检查。对从事接触职业病危害作业的劳动者进行上岗前、在岗期间和离岗时的职业健康检查，可以及时发现劳动者职业禁忌症和健康损害，对预防、控制和消除职业病发挥重要作用。国家卫生计生委负责全国范围内职业健康检查工作的监督管理。县级以上地方卫生计生行政部门负责本辖区职业健康检查工作的监督管理；结合职业病防治工作实际需要，充分利用现有资源，统一规划、合理布局；加强职业健康检查机构能力建设，并提供必要的保障条件。

1. **职业健康检查机构的条件**

医疗卫生机构开展职业健康检查，应当经省级卫生计生行政部门批准。省级卫生计生行政部门应当及时向社会公布批准的职业健康检查机构名单、地址、检查类别和项目等相关信息。承担职业健康检查的医疗卫生机构（以下简称职业健康检查机构）应当具备以下条件：

（1）持有《医疗机构执业许可证》，涉及放射检查项目的还应当持有《放射诊疗许可证》。

（2）具有相应的职业健康检查场所、候检场所和检验室，建筑总面积不少于 $400m^2$，每个独立的检查室使用面积不少于 $6m^2$。

（3）具有与批准开展的职业健康检查类别和项目相适应的执业医师、护士等医疗卫生技术人员。

（4）至少具有 1 名取得职业病诊断资格的执业医师。

（5）具有与批准开展的职业健康检查类别和项目相适应的仪器、设备；开展外出职业健康检查，应当具有相应的职业健康检查仪器、设备、专用车辆等条件。

（6）建立职业健康检查质量管理制度。

符合以上条件的医疗卫生机构，由省级卫生计生行政部门颁发《职业健康检查机构资质批准证书》，并注明相应的职业健康检查类别和项目。

2．职业健康检查机构的职责

职业健康检查机构具有以下职责：

（1）在批准的职业健康检查类别和项目范围内，依法开展职业健康检查工作，并出具职业健康检查报告。

（2）履行疑似职业病和职业禁忌症的告知和报告义务。

（3）定期向卫生计生行政部门报告职业健康检查工作情况，包括外出职业健康检查工作情况。

（4）开展职业病防治知识宣传教育。

（5）承担卫生计生行政部门交办的其他工作。

（6）职业健康检查机构及其工作人员应当关心、爱护劳动者，尊重和保护劳动者的知情权及个人隐私。

3．职业健康检查类别和项目

按照劳动者接触的职业病危害因素，职业健康检查分为以下六类：①接触粉尘类；②接触化学因素类；③接触物理因素类；④接触生物因素类；⑤接触放射因素类；⑥其他类（特殊作业等）。

以上每类中包含不同检查项目。职业健康检查机构应当根据批准的检查类别和项目，开展相应的职业健康检查。

4．职业健康检查项目和周期

职业健康检查机构应当依据相关技术规范，结合用人单位提交的资料，明确用人单位应当检查的项目和周期。职业健康检查的项目、周期按照 GBZ 188《职业健康监护技术规范》执行，放射工作人员职业健康检查按照 GBZ 235《放射工作人员职业健康监护技术规范》等规定执行。

5．职业健康检查规范

（1）在职业健康检查中，用人单位应当如实提供以下职业健康检查所需的相关资料，并承担检查费用：①用人单位的基本情况；②工作场所职业病危害因素种类及其接触人员名册、岗位（或工种）、接触时间；③工作场所职业病危害因素定期检测等相关资料。

（2）职业健康检查机构可以在执业登记机关管辖区域内开展外出职业健康检查。外出职业健康检查进行医学影像学检查和实验室检测，必须保证检查质量并满足放射防护和生物安全的管理要求。

（3）职业健康检查机构应当在职业健康检查结束之日起 30 个工作日内将职业健康检查结果（包括劳动者个人职业健康检查报告和用人单位职业健康检查总结报告）书面告知用人单位，用人单位应当将劳动者个人职业健康检查结果及职业健康检查机构的建议等情况书面告知劳动者。

（4）职业健康检查机构发现疑似职业病患者时，应当告知劳动者本人并及时通知用人单位，同时向所在地卫生计生行政部门和安全生产监督管理部门报告。发现有职业禁忌症的，应当及时告知用人单位和劳动者。

（5）职业健康检查机构要依托现有的信息平台，加强职业健康检查的统计报告工作，逐步实现信息的互联互通和共享。

（6）职业健康检查机构应当建立职业健康检查档案。职业健康检查档案保存时间应当自劳动者最后一次职业健康检查结束之日起不少于 15 年。

职业健康检查档案应当包括下列材料：①职业健康检查委托协议书；②用人单位提供的相关资料；③出具的职业健康检查结果总结报告和告知材料；④其他有关材料。

6. 监督管理

（1）县级以上地方卫生计生行政部门应当加强对本辖区职业健康检查机构的监督管理。按照属地化管理原则，制定年度监督检查计划，做好职业健康检查机构的监督检查工作。监督检查主要内容包括：

1）相关法律法规、标准的执行情况；

2）按照批准的类别和项目开展职业健康检查工作的情况；

3）外出职业健康检查工作情况；

4）职业健康检查质量控制情况；

5）职业健康检查结果、疑似职业病的报告与告知情况；

6）职业健康检查档案管理情况等。

（2）省级卫生计生行政部门应当对本辖区内的职业健康检查机构进行定期或者不定期抽查；设区的市级卫生计生行政部门每年应当至少组织一次对本辖区内职业健康检查机构的监督检查；县级卫生计生行政部门负责日常监督检查。

（3）县级以上地方卫生计生行政部门监督检查时，有权查阅或者复制有关资料，职业健康检查机构应当予以配合。

7. 法律责任

（1）无《医疗机构执业许可证》擅自开展职业健康检查的，由县级以上地方卫生计生行政部门依据《医疗机构管理条例》第四十四条的规定进行处理。

（2）对未经批准擅自从事职业健康检查的医疗卫生机构，由县级以上地方卫生计生行政部门依据《职业病防治法》第八十条的规定进行处理。

（3）职业健康检查机构有下列行为之一的，由县级以上地方卫生计生行政部门依据《职业病防治法》第八十一条的规定进行处理：

1）超出批准范围从事职业健康检查的；

2）不按照《职业病防治法》规定履行法定职责的；

3）出具虚假证明文件的。

（4）职业健康检查机构未按照规定报告疑似职业病的，由县级以上地方卫生计生行政部门依据《职业病防治法》第七十五条的规定进行处理。

（5）职业健康检查机构有下列行为之一的，由县级以上地方卫生计生行政部门责令限期改正，并给予警告；逾期不改的，处五千元以上三万元以下罚款：

1）未指定主检医师或者指定的主检医师未取得职业病诊断资格的；

2）未建立职业健康检查档案的；

3）违反本办法其他有关规定的。

（6）职业健康检查机构出租、出借《职业健康检查机构资质批准证书》的，由县级以上地方卫生计生行政部门予以警告，并处三万元以下罚款；伪造、变造或者买卖《职业健康检查机构资质批准证书》的，按照《中华人民共和国治安管理处罚法》的有关规定进行处理；情节严重的，依法对直接负责的主管人员和其他直接责任人员，给予降级、撤职或者开除的处分；构成犯罪的，依法追究刑事责任。

五、开展好每年的《职业病防治法》宣传周活动

2001 年 10 月 27 日，《职业病防治法》经第九届全国人民代表大会常委会第二十四次会议正式审议通过，自 2002 年 5 月 1 日起施行。原卫生部决定从 2002 年起，每年 4 月最后一周为《职业病防治法》宣传周，现将 2012～2015 年的宣传周标语口号节选如下。

（一）2012 年《职业病防治法》宣传周活动宣传用语

（1）防治职业病，爱护劳动者。

（2）尊重生命，保护劳动者职业健康。

（3）职业病防治是用人单位的社会责任。

（4）保护劳动者健康，构建和谐社会。

（5）要职业，更要健康。

（6）保障职业健康，实现体面劳动。

（7）保护劳动者健康是全社会的共同责任。

（8）学习职业病防治知识，增强防护意识。

（9）贯彻落实《职业病防治法》，维护劳动者健康权益。

（10）遵守职业安全卫生规程，杜绝不安全操作行为。

（11）参加工伤保险，保障职工权益。

（12）重视职业卫生，崇尚文明生产。

（13）企业以劳动者为本，劳动者以职业健康为重。

（14）多一份关心，多一份支持，全社会关注劳动者健康。

（15）规范用工管理，促进劳动关系和谐。

（16）创造良好的职业安全卫生环境是企业的责任。

（17）职业安全无小事。

（18）工作·健康·和谐。

（二）2013年《职业病防治法》宣传周活动宣传口号

（1）防治职业病，幸福千万家。

（2）防治职业病危害，保护劳动者健康。

（3）关注职业健康，促进社会和谐。

（4）工作·健康·和谐。

（5）岗前岗中体检好，健康损害早知道。

（6）保护劳动者健康是全社会的共同责任。

（7）防治职业病——用人单位的第一主体责任。

（8）防治职业病，企业是关键。

（9）女工和未成年工享受特殊保护。

（10）粉尘作业戴口罩，不得尘肺身体好。

（11）职业病重在预防，让我们共同努力。

（12）参加工伤保险，保障职工权益。

（13）员工健康，企业兴旺。

（14）重视职业卫生，崇尚文明生产。

（15）企业以劳动者为本，劳动者以职业健康为重。

（16）要职业，不要职业病。

（17）人人享有基本职业卫生服务。

（18）改善作业环境，实现体面劳动。

（19）参加工伤保险是用人单位的法定责任。

（20）规范用工管理，促进劳动关系和谐。

（三）2014年《职业病防治法》宣传周活动宣传推荐标语

（1）防治职业病，职业要健康。

（2）消除职业危害，保护劳动者健康权益。

（3）保护劳动者健康是全社会共同的责任。

（4）普及职业卫生知识，增强劳动者防护意识。

（5）全面促进职业健康，关爱劳动者。

（6）职业健康从我做起。

（7）尊重生命，保护劳动者职业健康。

（8）职业病防治是企业的社会责任。

（9）保护劳动者健康，构建和谐社会。

（10）关怀职工，重视健康，持续发展。

（11）保障职业健康，实现体面劳动。

（12）企业以劳动者为本，劳动者以健康为重。

（13）多一份关心，多一份支持，全社会关注劳动者职业健康。

（14）防治职业病，关键在预防。

（15）落实职业病防治责任，树立企业社会形象。

（四）2015 年《职业病防治法》宣传周推荐宣传用语

（1）职业·健康·幸福。

（2）健康工作，体面劳动。

（3）科学防治职业病。

（4）创建并推行健康企业文化。

（5）做好职业健康监护，早期发现职业健康损害。

（6）创建健康工作场所，促进劳动者全面健康。

（7）防治职业病，职业要健康。

（8）关爱农民工职业健康。

（9）健康的劳动者，健康的企业，健康的社会。

（10）健康劳动，幸福生活。

（11）开展职业健康促进，提高劳动者职业健康素养。

（12）防治职业病，关键在预防。

（13）科学防治职业病，履行用人单位法定职责。

（14）工会组织依法监督职业病防治工作，劳动者依法享有职业卫生保护权利。

第三节　职业病的前期预防

一、职业危害因素识别

（一）职业危害和职业病的基本概念

职业危害定义：职业危害是指劳动者在从事职业活动中，由于接触生产性粉尘、有害化学物质、物理因素、放射性物质而对劳动者身体健康所造成的伤害。

职业病定义：是指企业、事业单位和个体经济组织的劳动者在职业活动中，因接触粉尘、放射性物质和其他有毒、有害物质等因素而引起的疾病。要构成法定职业病必须具备以下四个条件，缺一不可。

（1）患病主体是企业、事业单位或个体经济组织的劳动者。

（2）必须是在从事职业活动的过程中产生的。

（3）必须是因接触粉尘、放射性物质和其他有毒、有害物质等职业病危害因素引起的。

（4）必须是国家公布的职业病分类和目录所列的职业病。

（二）职业危害的严重后果

（1）职业危害损害劳动者的基本权利：安全权利、健康权利、生命权利（人权）。

（2）职业危害是劳动者及其家庭的灾难，成为影响社会安全、稳定的不利因素。

（3）职业危害给国民经济造成巨大损失，每年职业病损失近百亿元。

（4）职业危害有损中国在世界上的大国形象，成为国外攻击中国人权问题的借口。

（三）职业危害因素分类

职业危害按危害因素来源分为三大类。

1. 生产工艺过程中的有害因素

（1）化学因素：①生产性毒物，如铅、苯、汞、一氧化碳、有机磷农药等；②生产性粉尘，如矽尘、煤尘、水泥尘、石棉尘、有机粉尘等。

（2）物理因素：①异常气象条件，如高温、高湿、低温等；②异常气压，如高气压、低气压；③噪声、振动；④非电离辐射，如紫外线、红外线、射频辐射、微波、激光等；⑤电离辐射，如 α、β、γ、X 射线、质子、中子、高能电子束等。

（3）生物因素：包括细菌、病毒、其他致病微生物，如炭疽杆菌、布氏杆菌、森林脑炎病毒等传染性病原体。

2. 劳动过程中的有害因素

劳动组织和劳动休息制度不合理；劳动过度心理和生理紧张；劳动强度过大，劳动安排不当；不良体位和姿势，或使用不合理的劳动工具。

3. 生产环境中的有害因素自然环境因素

炎热季节的太阳辐射；厂房建筑或布局不合理，如有毒和无毒工段安排在同一车间；来自其他生产过程散发的有害因素的生产环境污染。

（四）职业病的分类

我国原卫生部、原劳动和社会保障部于 2002 年 4 月 18 日颁布《职业病目录》（卫法监发〔2002〕108 号），将以下 10 类 115 种职业病列入法定职业病。

（1）尘肺（13 种）：矽肺、煤工尘肺、碳黑尘肺、滑石尘肺、电焊工尘肺等。

（2）职业性放射疾病（11 种）：外照射急性放射疾病、内照射放射病等。

（3）职业中毒（56 种）：汞及其化合物中毒、锰及其化合物中毒、氨中毒、氯气中毒、氮氧化合物中毒、苯中毒、四氯化碳中毒等。

（4）物理因素所致职业病（5 种）：中暑、减压病、高原病、航空病、手臂震动病等。

（5）生物因素所致职业病（3 种）：炭疽、森林脑炎、布氏杆菌病。

（6）职业性皮肤病（8 种）：接触性皮炎、光敏性皮炎、溃疡、化学性皮肤灼伤等。

（7）职业性眼病（3 种）：化学性眼部灼伤，电光性眼炎、职业性白内障等。

（8）职业性耳鼻喉口腔疾病（3 种）：噪声聋、铬鼻病、牙酸蚀病等。

（9）职业性肿瘤（8 种）：石棉所致肺癌、苯所致白血病等。

（10）其他职业病（5 种）：职业性哮喘等。

二、职业病危害预防与控制

（一）职业病危害预防与控制的基本原则

（1）当职业病危害预防与控制对策与经济效益发生矛盾时，应优先考虑预防与控制对策上的要求。

（2）职业病危害预防与控制对策应遵循消除、预防、减弱、隔离、连锁、警告的顺序。

（3）职业病危害预防与控制对策应具有针对性、可操作性和经济合理性。

（4）职业病危害预防与控制对策应符合国家职业卫生方面法律、法规、标准、规范的要求。

（二）职业病危害的三级预防

（1）第一级预防是工程控制。工程控制主要适用于新建、扩建、改建建设项目及技术改造、技术引进项目（简称建设项目）职业病危害的控制，还包括对现有存在职业病危害的用人单位的职业病危害和三废治理、控制各种有害因素，减少危害和污染，改善劳动条件，保护工作环境，使工作场所职业病危害因素的浓度或强度符合国家职业卫生标准。

（2）第二级预防是对生产过程中的职业病危害的预防与控制。对存在职业危害因素的工作场所进行职业健康监护，开展职业健康检查，早期发现职业性疾病损害，早期鉴别和诊断，开展职业病危害因素检测，结合体检资料，评价工作场所职业病危害程度，控制职业病危害，加强防毒防尘、防止物理性因素等有害因素的危害，使工作场所职业病危害因素符合国家职业卫生标准。

（3）第三级预防是对职业病患者的保障。对疑似职业病病人进行诊断，保障职业病患者享受职业病待遇，安排职业病患者进行治疗、康复和定期检查，对不适宜继续从事原工作的职业病患者，应当调离原岗位，并妥善安置。

三、从源头控制和消除职业病危害

用人单位应当依照法律、法规要求，严格遵守国家职业卫生标准，落实职业病预防措施，从源头上控制和消除职业病危害。产生职业病危害的用人单位的设立除应当符合法律、行政法规规定的设立条件外，其工作场所还应当符合下列职业卫生要求：

（1）职业病危害因素的强度或者浓度符合国家职业卫生标准。

（2）有与职业病危害防护相适应的设施。

（3）生产布局合理，符合有害与无害作业分开的原则。

（4）有配套的更衣间、洗浴间、孕妇休息间等卫生设施。

（5）设备、工具、用具等设施符合保护劳动者生理、心理健康的要求。

（6）法律、行政法规和国务院卫生行政部门、安全生产监督管理部门关于保护劳动者健康的其他要求。

四、建立职业病危害项目申报制度和职业病危害预评价报告

（1）用人单位工作场所存在职业病目录所列职业病的危害因素的，应当及时、如实向所在地安全生产监督管理部门申报危害项目，接受监督。

（2）新建、扩建、改建建设项目和技术改造、技术引进项目（以下统称建设项目）可能产生职业病危害的，建设单位在可行性论证阶段应当向安全生产监督管理部门提交职业病危害预评价报告。安全生产监督管理部门应当自收到职业病危害预评价报告之日起三十日内，做出审核决定并书面通知建设单位。未提交预评价报告或者预评价报告未经安全生产监督管理部门审核同意的，有关部门不得批准该建设项目。

（3）职业病危害预评价报告应当对建设项目可能产生的职业病危害因素及其对工作场所和劳动者健康的影响作出评价，确定危害类别和职业病防护措施。建设项目的职业病防护设施所需费用应当纳入建设项目工程预算，并与主体工程同时设计，同时施工，同时投入生产和使用。职业病危害严重的建设项目的防护设施设计，应当经安全生产监督管理部门审查，符合国家职业卫生标准和卫生要求的，方可施工。建设项目在竣工验收前，建设单位应当进行职业病危害控制效果评价。建设项目竣工验收时，其职业病防护设施经安全

生产监督管理部门验收合格后，方可投入正式生产和使用。

（4）职业病危害预评价、职业病危害控制效果评价由依法设立的取得国务院安全生产监督管理部门或者设区的市级以上地方人民政府安全生产监督管理部门按照职责分工给予资质认可的职业卫生技术服务机构进行。职业卫生技术服务机构所作评价应当客观、真实。

第四节　劳动过程中的防护与管理

一、用人单位应当采取的职业病防治管理措施

用人单位应当采取的职业病防治管理措施，主要有以下几个方面。

（1）设置或者指定职业卫生管理机构或者组织，配备专职或者兼职的职业卫生管理人员，负责本单位的职业病防治工作。

（2）制订本单位职业病防治计划和实施方案。

（3）建立、健全职业卫生管理制度和操作规程。

（4）建立、健全职业卫生档案和劳动者健康监护档案。

（5）建立、健全工作场所职业病危害因素监测及评价制度。

（6）建立、健全职业病危害事故应急救援预案。

二、资金投入和防护设施

（1）用人单位应当保障职业病防治所需的资金投入，不得挤占、挪用，并对因资金投入不足导致的后果承担责任。用人单位按照职业病防治要求，用于预防和治理职业病危害、工作场所卫生检测、健康监护和职业卫生培训等费用，按照国家有关规定，在生产成本中据实列支。

（2）用人单位必须采用有效的职业病防护设施，并为劳动者提供个人使用的职业病防护用品。用人单位为劳动者个人提供的职业病防护用品必须符合防治职业病的要求；不符合要求的，不得使用。对职业病防护设备、应急救援设施和个人使用的职业病防护用品，用人单位应当进行经常性的维护、检修，定期检测其性能和效果，确保其处于正常状态，不得擅自拆除或者停止使用。

（3）用人单位应当优先采用有利于防治职业病和保护劳动者健康的新技术、新工艺、新设备、新材料，逐步替代职业病危害严重的技术、工艺、设备、材料。

（4）产生职业病危害的用人单位，应当在醒目位置设置公告栏，公布有关职业病防治的规章制度、操作规程、职业病危害事故应急救援措施和工作场所职业病危害因素检测结果。

（5）对产生严重职业病危害的作业岗位，应当在其醒目位置，设置警示标识和中文警示说明。警示说明应当载明产生职业病危害的种类、后果、预防以及应急救治措施等内容。

（6）对可能发生急性职业损伤的有毒、有害工作场所，用人单位应当设置报警装置，配置现场急救用品、冲洗设备、应急撤离通道和必要的泄险区。

（7）对放射工作场所和放射性同位素的运输、储存，用人单位必须配置防护设备和报警装置，保证接触放射线的工作人员佩戴个人辐射剂量计。

三、职业病危害因素的检测

（1）用人单位应当实施由专人负责的职业病危害因素日常检测，并确保监测系统处于正常运行状态。用人单位应当按照国务院安全生产监督管理部门的规定，定期对工作场所进行职业病危害因素检测、评价。检测、评价结果存入用人单位职业卫生档案，定期向所在地安全生产监督管理部门报告并向劳动者公布。

（2）职业病危害因素检测、评价由依法设立的取得国务院安全生产监督管理部门或者设区的市级以上地方人民政府安全生产监督管理部门按照职责分工给予资质认可的职业卫生技术服务机构进行。职业卫生技术服务机构所作检测、评价应当客观、真实。

（3）发现工作场所职业病危害因素不符合国家职业卫生标准和卫生要求时，用人单位应当立即采取相应治理措施，仍然达不到国家职业卫生标准和卫生要求的，必须停止存在职业病危害因素的作业；职业病危害因素经治理后，符合国家职业卫生标准和卫生要求的，方可重新作业。

（4）职业卫生技术服务机构依法从事职业病危害因素检测、评价工作，接受安全生产监督管理部门的监督检查。安全生产监督管理部门应当依法履行监督职责。

四、产生职业病危害因素的设备、产品和材料

（1）向用人单位提供可能产生职业病危害的设备的，应当提供中文说明书，并在设备的醒目位置设置警示标识和中文警示说明。警示说明应当载明设备性能、可能产生的职业病危害、安全操作和维护注意事项、职业病防护以及应急救治措施等内容。

（2）向用人单位提供可能产生职业病危害的化学品、放射性同位素和含有放射性物质的材料的，应当提供中文说明书。说明书应当载明产品特性、主要成分、存在的有害因素、可能产生的危害后果、安全使用注意事项、职业病防护以及应急救治措施等内容。产品包装应当有醒目的警示标识和中文警示说明。储存上述材料的场所应当在规定的部位设置危险物品标识或者放射性警示标识。

（3）国内首次使用或者首次进口与职业病危害有关的化学材料，使用单位或者进口单位按照国家规定经国务院有关部门批准后，应当向国务院卫生行政部门、安全生产监督管理部门报送该化学材料的毒性鉴定以及经有关部门登记注册或者批准进口的文件等资料。进口放射性同位素、射线装置和含有放射性物质的物品的，按照国家有关规定办理。

（4）任何单位和个人不得生产、经营、进口和使用国家明令禁止使用的可能产生职业病危害的设备或者材料。

（5）任何单位和个人不得将产生职业病危害的作业转移给不具备职业病防护条件的单位和个人。不具备职业病防护条件的单位和个人不得接受产生职业病危害的作业。

（6）用人单位对采用的技术、工艺、设备、材料，应当知悉其产生的职业病危害，对有职业病危害的技术、工艺、设备、材料隐瞒其危害而采用的，对所造成的职业病危害后果承担责任。

五、劳动者从事可能产生职业病危害及后果的规定

（1）用人单位与劳动者订立劳动合同（含聘用合同）时，应当将工作过程中可能产生的职业病危害及其后果、职业病防护措施和待遇等如实告知劳动者，并在劳动合同中写明，不得隐瞒或者欺骗。

劳动者在已订立劳动合同期间因工作岗位或者工作内容变更，从事与所订立劳动合同中未告知的存在职业病危害的作业时，用人单位应当向劳动者履行如实告知的义务，并协商变更原劳动合同相关条款。

用人单位违反上述规定的，劳动者有权拒绝从事存在职业病危害的作业，用人单位不得因此解除与劳动者所订立的劳动合同。

（2）用人单位的主要负责人和职业卫生管理人员应当接受职业卫生培训，遵守职业病防治法律、法规，依法组织本单位的职业病防治工作。

（3）用人单位应当对劳动者进行上岗前的职业卫生培训和在岗期间的定期职业卫生培训，普及职业卫生知识，督促劳动者遵守职业病防治法律、法规、规章和操作规程，指导劳动者正确使用职业病防护设备和个人使用的职业病防护用品。

（4）劳动者应当学习和掌握相关的职业卫生知识，增强职业病防范意识，遵守职业病防治法律、法规、规章和操作规程，正确使用、维护职业病防护设备和个人使用的职业病防护用品，发现职业病危害事故隐患应当及时报告。用人单位应当对不履行规定义务的劳动者进行教育。

（5）对从事接触职业病危害的作业的劳动者，用人单位应当按照国务院安全生产监督管理部门、卫生行政部门的规定组织上岗前、在岗期间和离岗时的职业健康检查，并将检查结果书面告知劳动者。职业健康检查费用由用人单位承担。用人单位对不同阶段的劳动者进行职业健康检查的目的不尽相同，但是主要是围绕着保护劳动者的健康权益和维护用人单位的合法利益两个方面来进行的。

1）上岗前职业健康检查，其目的在于检查劳动者的健康状况、发现职业禁忌症，进行合理的劳动分工。检查内容是根据劳动者拟从事的工种和工作岗位，分析该工种和岗位存在的职业病危害因素及其对人体的健康影响，确定特定的健康检查项目，根据检查结果，评价劳动者是否适合从事该工种的作业。通过上岗前的职业健康检查，可以防止职业病发生，减少或消除职业病危害易感劳动者的健康损害。

职业病危害，是指对从事职业活动的劳动者可能导致职业病的各种危害。职业病危害因素包括职业活动中存在的各种有害的化学、物理、生物因素以及在作业过程中产生的其他职业有害因素。

职业禁忌，是指劳动者从事特定职业或者接触特定职业病危害因素时，比一般职业人群更易于遭受职业病危害和罹患职业病或者可能导致原有自身疾病病情加重，或者在从事作业过程中诱发可能导致对他人生命健康构成危险的疾病的个人特殊生理或者病理状态。

2）在岗期间的职业健康检查，其目的在于及时发现劳动者的健康损害。在岗期间的职业健康检查要定期进行，根据检查结果，评价劳动者的健康变化是否与职业病危害因素有关，判断劳动者是否适合继续从事该工种的作业。通过对劳动者进行在岗期间的职业健康检查，可以早期发现健康损害，及时治疗，减轻职业病危害后果，减少劳动者的痛苦。

3）离岗时职业健康检查，其目的是了解劳动者离开工作岗位时的健康状况，以分清健康损害的责任，特别是依照《职业病防治法》规定所要承担的民事赔偿责任。检查的内容为评价劳动者在离开工作岗位时的健康变化是否与职业病危害因素有关。其健康检查的结论是职业健康损害的医学证据，有助于明确健康损害责任，保障劳动者健康权益。

总之，上岗前，根据工种和岗位确定检查项目，评价劳动者是否适合从事相关作业；在岗期间，定期检查，评价健康变化，判断劳动者是否适合继续从事相关作业；离岗时，评价劳动者健康变化是否与职业病危害因素有关，以分清责任。

（6）用人单位不得安排未经上岗前职业健康检查的劳动者从事接触职业病危害的作业；不得安排有职业禁忌的劳动者从事其所禁忌的作业；对在职业健康检查中发现有与所从事的职业相关的健康损害的劳动者，应当调离原工作岗位，并妥善安置；对未进行离岗前职业健康检查的劳动者不得解除或者终止与其订立的劳动合同。

职业健康检查应当由省级以上人民政府卫生行政部门批准的医疗卫生机构承担。

（7）用人单位应当为劳动者建立职业健康监护档案，并按照规定的期限妥善保存。职业健康监护档案应当包括劳动者的职业史、职业病危害接触史、职业健康检查结果和职业病诊疗等有关个人健康资料。劳动者离开用人单位时，有权索取本人职业健康监护档案复印件，用人单位应当如实、无偿提供，并在所提供的复印件上签章。

（8）发生或者可能发生急性职业病危害事故时，用人单位应当立即采取应急救援和控制措施，并及时报告所在地安全生产监督管理部门和有关部门。安全生产监督管理部门接到报告后，应当及时会同有关部门组织调查处理；必要时，可以采取临时控制措施。卫生行政部门应当组织做好医疗救治工作。对遭受或者可能遭受急性职业病危害的劳动者，用人单位应当及时组织救治、进行健康检查和医学观察，所需费用由用人单位承担。

（9）用人单位不得安排未成年工从事接触职业病危害的作业；不得安排孕期、哺乳期的女职工从事对本人和胎儿、婴儿有危害的作业。

六、劳动者应享有的职业卫生保护权利

劳动者享有下列职业卫生保护权利：

（1）获得职业卫生教育、培训。

（2）获得职业健康检查、职业病诊疗、康复等职业病防治服务；劳动者可以在用人单位所在地、本人户籍所在地或者经常居住地等依法承担职业病诊断的医疗卫生机构进行职业病诊断。

（3）了解工作场所产生或者可能产生的职业病危害因素、危害后果和应当采取的职业病防护措施。

（4）要求用人单位提供符合防治职业病要求的职业病防护设施和个人使用的职业病防护用品，改善工作条件。

（5）对违反职业病防治法律、法规以及危及生命健康的行为提出批评、检举和控告。

（6）拒绝违章指挥和强令进行没有职业病防护措施的作业。

（7）参与用人单位职业卫生工作的民主管理，对职业病防治工作提出意见和建议。

用人单位应当保障劳动者行使以上所列权利。因劳动者依法行使正当权利而降低其工资、福利等待遇或者解除、终止与其订立的劳动合同的，其行为无效。

七、工会组织在职业病防治工作中的权利

（1）工会组织应当督促并协助用人单位开展职业卫生宣传教育和培训，有权对用人单位的职业病防治工作提出意见和建议，依法代表劳动者与用人单位签订劳动安全卫生专项集体合同，与用人单位就劳动者反映的有关职业病防治的问题进行协调并督促解决。

（2）工会组织对用人单位违反职业病防治法律、法规，侵犯劳动者合法权益的行为，有权要求纠正；产生严重职业病危害时，有权要求采取防护措施，或者向政府有关部门建议采取强制性措施；发生职业病危害事故时，有权参与事故调查处理；发现危及劳动者生命健康的情形时，有权向用人单位建议组织劳动者撤离危险现场，用人单位应当立即做出处理。

第五节　职业病诊断鉴定与职业病病人保障

一、职业病诊断机构

医疗卫生机构承担职业病诊断，应当经省、自治区、直辖市人民政府卫生行政部门批准。省、自治区、直辖市人民政府卫生行政部门应当向社会公布本行政区域内承担职业病诊断的医疗卫生机构的名单。承担职业病诊断的医疗卫生机构不得拒绝劳动者进行职业病诊断的要求。

承担职业病诊断的医疗卫生机构应当具备下列条件：

（1）持有《医疗机构执业许可证》。

（2）具有与开展职业病诊断相适应的医疗卫生技术人员。

（3）具有与开展职业病诊断相适应的仪费、设备。

（4）具有健全的职业病诊断质量管理制度。

二、职业病诊断应综合分析的因素

（1）职业病诊断，应当综合分析下列因素：

1）病人的职业史。

2）职业病危害接触史和工作场所职业病危害因素情况。

3）临床表现以及辅助检查结果等。

没有证据否定职业病危害因素与病人临床表现之间的必然联系的，应当诊断为职业病。

（2）承担职业病诊断的医疗卫生机构在进行职业病诊断时，应当组织三名以上取得职业病诊断资格的执业医师集体诊断。

（3）职业病诊断证明书应当由参与诊断的医师共同签署，并经承担职业病诊断的医疗卫生机构审核盖章。

（4）用人单位和医疗卫生机构发现职业病病人或者疑似职业病病人时，应当及时向所在地卫生行政部门和安全生产监督管理部门报告。确诊为职业病的，用人单位还应当向所在地劳动保障行政部门报告。接到报告的部门应依法做出处理。

三、职业病的诊断鉴定

（1）用人单位应当如实提供职业病诊断、鉴定所需的劳动者职业史和职业病危害接触史、工作场所职业病危害因素检测结果等资料；安全生产监督管理部门应当监督检查和督促用人单位提供上述资料；劳动者和有关机构也应当提供与职业病诊断、鉴定有关的资料。

（2）职业病诊断、鉴定机构需要了解工作场所职业病危害因素情况时，可以对工作场所进行现场调查，也可以向安全生产监督管理部门提出，安全生产监督管理部门应当在十日内组织现场调查。用人单位不得拒绝、阻挠。

（3）职业病诊断、鉴定过程中，用人单位不提供工作场所职业病危害因素检测结果等资料的，诊断、鉴定机构应当结合劳动者的临床表现、辅助检查结果和劳动者的职业史、职业病危害接触史，并参考劳动者的自述、安全生产监督管理部门提供的日常监督检查信息等，做出职业病诊断、鉴定结论。

（4）劳动者对用人单位提供的工作场所职业病危害因素检测结果等资料有异议，或者因劳动者的用人单位解散、破产，无用人单位提供上述资料的，诊断、鉴定机构应当提请安全生产监督管理部门进行调查，安全生产监督管理部门应当自接到申请之日起三十日内对存在异议的资料或者工作场所职业病危害因素情况做出判定；有关部门应当配合。

（5）职业病诊断、鉴定过程中，在确认劳动者职业史、职业病危害接触史时，当事人对劳动关系、工种、工作岗位或者在岗时间有争议的，可以向当地的劳动人事争议仲裁委员会申请仲裁；接到申请的劳动人事争议仲裁委员会应当受理，并在三十日内做出裁决。

（6）当事人在仲裁过程中对自己提出的主张，有责任提供证据。劳动者无法提供由用人单位掌握管理的与仲裁主张有关的证据的，仲裁庭应当要求用人单位在指定期限内提供；用人单位在指定期限内不提供的，应当承担不利后果。

（7）劳动者对仲裁裁决不服的，可以依法向人民法院提起诉讼。

（8）用人单位对仲裁裁决不服的，可以在职业病诊断、鉴定程序结束之日起十五日内依法向人民法院提起诉讼；诉讼期间，劳动者的治疗费用按照职业病待遇规定的途径支付。

（9）当事人对职业病诊断有异议的，可以向做出诊断的医疗卫生机构所在地地方人民政府卫生行政部门申请鉴定。职业病诊断争议由设区的市级以上地方人民政府卫生行政部门根据当事人的申请，组织职业病诊断鉴定委员会进行鉴定。当事人对设区的市级职业病诊断鉴定委员会的鉴定结论不服的，可以向省、自治区、直辖市人民政府卫生行政部门申请再鉴定。

（10）职业病诊断鉴定委员会由相关专业的专家组成。省、自治区、直辖市人民政府卫生行政部门应当设立相关的专家库，需要对职业病争议做出诊断鉴定时，由当事人或者当事人委托有关卫生行政部门从专家库中以随机抽取的方式确定参加诊断鉴定委员会的专家。

职业病诊断鉴定委员会应当按照国务院卫生行政部门颁布的职业病诊断标准和职业病诊断、鉴定办法进行职业病诊断鉴定，向当事人出具职业病诊断鉴定书。职业病诊断、鉴定费用由用人单位承担。

职业病诊断鉴定委员会组成人员应当遵守职业道德，客观、公正地进行诊断鉴定，并承担相应的责任。职业病诊断鉴定委员会组成人员不得私下接触当事人，不得收受当事人的财物或者其他好处，与当事人有利害关系的，应当回避。人民法院受理有关案件需要进行职业病鉴定时，应当从省、自治区、直辖市人民政府卫生行政部门依法设立的相关的专家库中选取参加鉴定的专家。

四、职业病人的治疗

（1）医疗卫生机构发现疑似职业病病人时，应当告知劳动者本人并及时通知用人单位。

（2）用人单位应当及时安排对疑似职业病病人进行诊断；在疑似职业病病人诊断或者医学观察期间，不得解除或者终止与其订立的劳动合同。

（3）疑似职业病病人在诊断、医学观察期间的费用，由用人单位承担。

（4）用人单位应当保障职业病病人依法享受国家规定的职业病待遇。用人单位应当按照国家有关规定，安排职业病病人进行治疗、康复和定期检查。用人单位对不适宜继续从事原工作的职业病病人，应当调离原岗位，并妥善安置。用人单位对从事接触职业病危害的作业的劳动者，应当给予适当岗位津贴。

（5）职业病病人的诊疗、康复费用，伤残以及丧失劳动能力的职业病病人的社会保障，按照国家有关工伤保险的规定执行。

（6）职业病病人除依法享有工伤保险外，依照有关民事法律，尚有获得赔偿的权利的，有权向用人单位提出赔偿要求。

（7）劳动者被诊断患有职业病，但用人单位没有依法参加工伤保险的，其医疗和生活保障由该用人单位承担。

（8）职业病病人变动工作单位，其依法享有的待遇不变。用人单位在发生分立、合并、解散、破产等情形时，应当对从事接触职业病危害的作业的劳动者进行健康检查，并按照国家有关规定妥善安置职业病病人。

（9）用人单位已经不存在或者无法确认劳动关系的职业病病人，可以向地方人民政府民政部门申请医疗救助和生活等方面的救助。地方各级人民政府应当根据本地区的实际情况，采取其他措施，使前款规定的职业病病人获得医疗救治。

第六节 职业病监督检查

一、职业病监督检查部门

县级以上人民政府职业卫生监督管理部门依照职业病防治法律、法规、国家职业卫生标准和卫生要求，依据职责划分，对职业病防治工作进行监督检查。职业卫生监督管理部门应当加强队伍建设，提高职业卫生监督执法人员的政治、业务素质，依照职业病防治法和其他有关法律、法规的规定，建立、健全内部监督制度，对其工作人员执行法律、法规和遵守纪律的情况，进行监督检查。

职业卫生监督执法人员依法履行职责时，应当出示监督执法证件。

职业卫生监督执法人员应当忠于职守，秉公执法，严格遵守执法规范；涉及用人单位的秘密的，应当为其保密。

职业卫生监督执法人员依法执行职务时，被检查单位应当接受检查并予以支持配合，不得拒绝和阻碍。

二、安全生产监督管理部门履行监督检查职责时的权利

（1）有权进入被检查单位和职业病危害现场，了解情况，调查取证。

（2）查阅或者复制与违反职业病防治法律、法规的行为有关的资料和采集样品。

（3）责令违反职业病防治法律、法规的单位和个人停止违法行为。

三、临时控制措施

发生职业病危害事故或者有证据证明危害状态可能导致职业病危害事故发生时，安全生产监督管理部门可以采取下列临时控制措施：

（1）责令暂停导致职业病危害事故的作业。

（2）封存造成职业病危害事故或者可能导致职业病危害事故发生的材料和设备。

（3）组织控制职业病危害事故现场。

在职业病危害事故或者危害状态得到有效控制后，安全生产监督管理部门应当及时解除控制措施。

第七节 法 律 责 任

一、建设单位的法律责任

建设单位违反职业病防治法的规定，有下列行为之一的，由安全生产监督管理部门给予警告，责令限期改正；逾期不改正的，处十万元以上五十万元以下的罚款；情节严重的，责令停止产生职业病危害的作业，或者提请有关人民政府按照国务院规定的权限责令停建、关闭：

（1）未按照规定进行职业病危害预评价或者未提交职业病危害预评价报告，或者职业病危害预评价报告未经安全生产监督管理部门审核同意，开工建设的。

（2）建设项目的职业病防护设施未按照规定与主体工程同时投入生产和使用的。

（3）职业病危害严重的建设项目，其职业病防护设施设计未经安全生产监督管理部门审查，或者不符合国家职业卫生标准和卫生要求施工的。

（4）未按照规定对职业病防护设施进行职业病危害控制效果评价、未经安全生产监督管理部门验收或者验收不合格，擅自投入使用的。

二、工作场所的法律责任

工作场所有下列行为之一的，由安全生产监督管理部门给予警告，责令限期改正，逾期不改正的，处十万元以下的罚款：

（1）工作场所职业病危害因素检测、评价结果没有存档、上报、公布的。

（2）未采取规定的职业病防治管理措施的。

（3）未按照规定公布有关职业病防治的规章制度、操作规程、职业病危害事故应急救援措施的。

（4）未按照规定组织劳动者进行职业卫生培训，或者未对劳动者个人职业病防护采取指导、督促措施的。

（5）国内首次使用或者首次进口与职业病危害有关的化学材料，未按照规定报送毒性鉴定资料以及经有关部门登记注册或者批准进口的文件的。

三、用人单位法律责任

1. 罚款

用人单位违反职业病防治法的规定，有下列行为之一的，由安全生产监督管理部门责令限期改正，给予警告，可以并处五万元以上十万元以下的罚款：

（1）未按照规定及时、如实向安全生产监督管理部门申报产生职业病危害的项目的。

（2）未实施由专人负责的职业病危害因素日常监测，或者监测系统不能正常监测的。

（3）订立或者变更劳动合同时，未告知劳动者职业病危害真实情况的。

（4）未按照规定组织职业健康检查、建立职业健康监护档案或者未将检查结果书面告知劳动者的。

（5）未依照规定在劳动者离开用人单位时提供职业健康监护档案复印件的。

2. 警告和关闭

用人单位违反职业病防治法的规定，有下列行为之一的，由安全生产监督管理部门给予警告，责令限期改正，逾期不改正的，处五万元以上二十万元以下的罚款；情节严重的，责令停止产生职业病危害的作业，或者提请有关人民政府按照国务院规定的权限责令关闭：

（1）工作场所职业病危害因素的强度或者浓度超过国家职业卫生标准的。

（2）未提供职业病防护设施和个人使用的职业病防护用品，或者提供的职业病防护设施和个人使用的职业病防护用品不符合国家职业卫生标准和卫生要求的。

（3）对职业病防护设备、应急救援设施和个人使用的职业病防护用品未按照规定进行维护、检修、检测，或者不能保持正常运行、使用状态的。

（4）未按照规定对工作场所职业病危害因素进行检测、评价的。

（5）工作场所职业病危害因素经治理仍然达不到国家职业卫生标准和卫生要求时，未停止存在职业病危害因素的作业的。

（6）未按照规定安排职业病病人、疑似职业病病人进行诊治的。

（7）发生或者可能发生急性职业病危害事故时，未立即采取应急救援和控制措施或者未按照规定及时报告的。

（8）未按照规定在产生严重职业病危害的作业岗位醒目位置设置警示标识和中文警示说明的。

（9）拒绝职业卫生监督管理部门监督检查的。

（10）隐瞒、伪造、篡改、毁损职业健康监护档案、工作场所职业病危害因素检测评价结果等相关资料，或者拒不提供职业病诊断、鉴定所需资料的。

（11）未按照规定承担职业病诊断、鉴定费用和职业病病人的医疗、生活保障费用的。

（12）向用人单位提供可能产生职业病危害的设备、材料，未按照规定提供中文说明书或者设置警示标识和中文警示说明的，由安全生产监督管理部门责令限期改正，给予警告，并处五万元以上二十万元以下的罚款。

（13）用人单位和医疗卫生机构未按照规定报告职业病、疑似职业病的，由有关主管部门依据职责分工责令限期改正，给予警告，可以并处一万元以下的罚款；弄虚作假的，并处二万元以上五万元以下的罚款；对直接负责的主管人员和其他直接责任人员，可以依法给予降级或者撤职的处分。

四、限期治理和罚款关闭

违反《职业病防治法》规定，有下列情形之一的，由安全生产监督管理部门责令限期治理，并处五万元以上三十万元以下的罚款；情节严重的，责令停止产生职业病危害的作业，或者提请有关人民政府按照国务院规定的权限责令关闭：

（1）隐瞒技术、工艺、设备、材料所产生的职业病危害而采用的。

（2）隐瞒本单位职业卫生真实情况的。

（3）可能发生急性职业损伤的有毒、有害工作场所、放射工作场所或者放射性同位素的运输、储存不符合本法第二十六条规定的。

（4）使用国家明令禁止使用的可能产生职业病危害的设备或者材料的。

（5）将产生职业病危害的作业转移给没有职业病防护条件的单位和个人，或者没有职业病防护条件的单位和个人接受产生职业病危害的作业的。

（6）擅自拆除、停止使用职业病防护设备或者应急救援设施的。

（7）安排未经职业健康检查的劳动者、有职业禁忌的劳动者、未成年工或者孕期、哺乳期女职工从事接触职业病危害的作业或者禁忌作业的。

（8）违章指挥和强令劳动者进行没有职业病防护措施的作业的。

五、其他法律责任

（1）生产、经营或者进口国家明令禁止使用的可能产生职业病危害的设备或者材料的，依照有关法律、行政法规的规定给予处罚。

（2）用人单位违反职业病防治法规定，已经对劳动者生命健康造成严重损害的，由安全生产监督管理部门责令停止产生职业病危害的作业，或者提请有关人民政府按照国务院规定的权限责令关闭，并处十万元以上五十万元以下的罚款。

（3）用人单位违反《职业病防治法》规定，造成重大职业病危害事故或者其他严重后果，构成犯罪的，对直接负责的主管人员和其他直接责任人员，依法追究刑事责任。

（4）未取得职业卫生技术服务资质认可擅自从事职业卫生技术服务的，或者医疗卫生机构未经批准擅自从事职业健康检查、职业病诊断的，由安全生产监督管理部门和卫生行政部门依据职责分工责令立即停止违法行为，没收违法所得；违法所得五千元以上的，并处违法所得二倍以上十倍以下的罚款；没有违法所得或者违法所得不足五千元的，并处五千元以上五万元以下的罚款；情节严重的，对直接负责的主管人员和其他直接责任人员，依法给予降级、撤职或者开除的处分。

六、从事职业卫生技术服务的机构和承担职业健康检查、职业病诊断的医疗卫生机构的法律责任

从事职业卫生技术服务的机构和承担职业健康检查、职业病诊断的医疗卫生机构违反本法规定，有下列行为之一的，由安全生产监督管理部门和卫生行政部门依据职责分工责令立即停止违法行为，给予警告，没收违法所得；违法所得五千元以上的，并处违法所得二倍以上五倍以下的罚款；没有违法所得或者违法所得不足五千元的，并处五千元以上二万元以下的罚款；情节严重的，由原认可或者批准机关取消其相应的资格；对直接负责的主管人员和其他直接责任人员，依法给予降级、撤职或者开除的处分；构成犯罪的，依法追究刑事责任：

（1）超出资质认可或者批准范围从事职业卫生技术服务或者职业健康检查、职业病诊断的。

（2）不按照本法规定履行法定职责的。

（3）出具虚假证明文件的。

七、职业病诊断鉴定委员会法律责任

职业病诊断鉴定委员会组成人员收受职业病诊断争议当事人的财物或者其他好处的，给予警告，没收收受的财物，可以并处三千元以上五万元以下的罚款，取消其担任职业病诊断鉴定委员会组成人员的资格，并从省、自治区、直辖市人民政府卫生行政部门设立的专家库中予以除名。

八、卫生行政部门、安全生产监督管理部门法律责任

（1）卫生行政部门、安全生产监督管理部门不按照规定报告职业病和职业病危害事故的，由上一级行政部门责令改正，通报批评，给予警告；虚报、瞒报的，对单位负责人、直接负责的主管人员和其他直接责任人员依法给予降级、撤职或者开除的处分。

（2）有关部门擅自批准建设项目或者发放施工许可的，对该部门直接负责的主管人员和其他直接责任人员，由监察机关或者上级机关依法给予记过直至开除的处分。

（3）县级以上地方人民政府在职业病防治工作中未依法履行职责，本行政区域出现重大职业病危害事故、造成严重社会影响的，依法对直接负责的主管人员和其他直接责任人员给予记大过直至开除的处分。

（4）县级以上人民政府职业卫生监督管理部门不履行职业病防治法规定的职责，滥用职权、玩忽职守、徇私舞弊，依法对直接负责的主管人员和其他直接责任人员给予记大过或者降级的处分；造成职业病危害事故或者其他严重后果的，依法给予撤职或者开除的处分。

（5）违反职业病防治法的规定，构成犯罪的，依法追究刑事责任。

第八节　建立职业健康安全管理体系

一、职业健康安全管理体系相关术语

（1）目标：组织在职业健康安全绩效方面所要达到的目的。

（2）持续改进：为改进职业健康安全总体绩效，根据职业健康安全方针，组织强化职业健康安全管理体系的过程。也就是通常所说的长效机制，职业健康安全管理体系不是通过认证就算完成，而是需要长期保持。

（3）危险源：可能导致伤害或疾病、财产损失、工作环境破坏或这些情况组合的根源或状态。

（4）危险源辨识：识别危险源的存在并确定其特性的过程。

（5）事故：造成死亡、疾病、伤害、损坏或其他损失的意外情况。要注意区分事故和事件，造成了死亡、疾病、伤害、损坏或其他损失的情况是事故，没有造成上述情况的是事件。如日光灯坠落，砸到人是事故，没砸到人是事件。

（6）事件：导致或可能导致事故的情况。

（7）相关方：与组织的职业健康安全绩效有关的或受其职业健康安全绩效影响的个人或团体。相关方对职业健康安全非常关注。

（8）不符合：任何与工作标准、惯例、程序、法规、管理体系绩效等的偏离，其结果能够直接或间接导致伤害或疾病、财产损失、工作环境破坏或这些情况的组合。

（9）风险：某一特定危险情况发生的可能性和后果的组合。

（10）风险评价：评估风险大小以及确定风险是否可容许的全过程。

（11）可容许风险：根据组织的法律义务和职业健康安全方针，已降至组织可接受程度的风险。

二、职业健康安全管理体系的基本要素

1. 职业健康安全管理体系的基本要素（共 17 个）

（1）职业健康安全方针。必须经过最高管理者批准，必须包括最高管理者对"遵守法规"和"持续改进"的承诺。

（2）对危险源辨识、风险评价和风险控制的策划。辨识危险源时必须考虑：①常规和非常规活动；②所有进入工作场所的人员（包括合同方人员和访问者）的活动；③工作场所的设施（无论由本组织还是由外界所提供）。此外，危险源辨识还是一个动态的过程，每当工作场所发生变化（如办公地点搬迁等）、设备设施（如新购进一台搅拌机）及工艺（如由原来的合成生产改为来料加工）发生改变时，都要对危险源辨识重新进行辨识。

（3）法规和其他要求。至少遵守现行的职业健康安全法律法规和其他要求，并将法律法规的文本进行收集，识别需要遵守或适用的条款。

（4）目标。目标和职业健康安全管理方案通常是用来控制不可容许风险的，目标必须是能够完成的，如果条件允许，目标应当予以量化，以便于考核。如实现 1000 天无安全事故、驾驶员持证上岗率 100％、重大责任事故为 0 等。

（5）职业健康安全管理方案。职业健康安全管理方案要与组织的实际情况相适应，并且必须具备职责、权限和完成时间表等要素，否则就不是一个完整的、规范的管理方案。

（6）结构和职责。最高管理者应指定一名管理成员作为管理者代表承担特定职责，管理者代表的职责是负责体系的建立和实施。除管理者代表之外，职业健康安全管理体系还应有一名或几名员工代表，参加协商和沟通。如××局（公司）职业健康安全管理体系的管理者代表是×××，最高管理者是×××。

（7）培训、意识和能力。培训的目的在于提高员工的安全意识，使之具有在安全的前提下完成工作的能力。本要素重点关注的是员工的上岗资质以及安全意识和能力。如驾驶员的驾驶证和上岗证，稽查人员的检查证和执法证，炊事员的健康证等。

（8）协商和沟通。协商沟通的主要内容有：参与风险管理、方针和程序的制定和评审；参与商讨影响工作场所职业健康安全的任何变化；参与职业健康安全事务；了解谁是职业健康安全的员工代表和管理者代表；关于职业健康安全方面的意见和建议。

（9）文件。本要素的主要目的在于建立和保持足够的文件并及时更新，以便起到沟通意图，统一行动的作用，确保职业健康安全管理体系得到充分了解和充分有效地运行。

（10）文件和资料控制。文件和资料的控制主要目的是便于查找，当文件发生变化时要及时传达到员工，保证重要岗位人员的作业手册是最新版本。

（11）运行控制。在进行了（2）～（5）之后，应当按照策划的结果实施。本要素是职业健康安全管理体系的核心内容，也是不符合报告重点"光顾"的对象。

运行控制组织应确定那些与已辨识的、需实施必要控制措施的危险源相关的运行和活动，以管理职业健康安全风险。这应包括变更管理，参见（2）。

对这些运行与活动，组织应实施和保持：

1）适合组织及其活动的运行控制措施；组织应把这些运行控制措施纳入其总体的职业健康安全管理体系之中。

2）对采购的货物、设备和服务相关的控制措施。

3）与进入工作场所的承包方和访问者相关的控制措施。

4）形成文件的程序，以避免因其缺乏而可能导致偏离职业健康安全方针和目标。

5）规定的运行准则，以避免因其缺乏而可能导致偏离职业健康安全方针和目标。

（12）应急准备和响应。组织应建立、实施并保持一个或多个程序：

1）识别潜在的紧急情况。

2）对此紧急情况做出响应。

组织应对实际的紧急情况做出响应，预防或减少相关职业健康安全不良后果。

组织在策划应急响应时，应考虑有关相关方的需求，例如应急服务机构、相邻组织或居民。

组织也应定期测试其响应紧急情况的程序，可行时，可让有关的相关方适当参与其中。

组织应定期评审其应急准备和响应程序，必要时对其进行修订，特别是在定期测试和紧急情况发生后，参见（15）。

应急准备和响应包括两个方面，一是准备，二是响应。如果可能，这些应急程序应当定期进行测试，也就是通常所说的应急预案演练。演练的目的是为了检测预案的可行性。

（13）绩效测量和监视。本要素主要是对（11）的结果进行监测和检查的过程。

（14）事故、事件、不符合、纠正和预防措施。本要素是在监测或检查时发现不遵守法律法规、制度、流程等方面的行为而采取的纠正、整改措施。

（15）记录和记录管理。体系运行中的各种记录，记录的作用在于它的可追溯性，也就是平时经常提到的"有据可查"。记录必须规定保存期限和保存地点，记录的管理必须便于检索，即需要查记录时，必须在很快的时间内找到该记录。

（16）审核。此处的审核是指职业健康安全管理体系的内部审核，即组织自我审核，也称为"第一方审核"，就是通常所说的"内审"，是检验职业健康安全管理体系的运行情况的重要手段。

（17）管理评审。管理评审是最高管理者的职责，一般至少每年进行一次，管理评审的目的是确保职业健康安全管理体系的持续适宜性、充分性和有效性。通俗地说，管理评审是指组织的某个部门在改进体系的职业健康安全业绩时，需要别的部门的配合、协助，或者是准备购买某种物品而需要使用资金等重大的、涉及面较广的、本部门不能独立完成、需要上级批准的问题的解决过程。

2. 职业健康安全管理体系基本要素的管理作用

(1) 危险源辨识、风险评价和风险控制的策划是职业健康安全管理体系的基础。

(2) 职业健康安全管理体系具有实现遵守法规要求的承诺的功能。

(3) 职业健康安全管理体系的监控系统对体系运行的保障。

(4) 明确组织结构和职责是实施职业健康安全管理体系的必要前提。

(5) 其他职业健康安全管理体系要素具有的独特管理作用。

3. 职业健康安全管理体系具体工作的方法

职业健康安全管理体系具体的工作方法可概括为两个水平和六字真经。

两个水平是管理水平和技术水平。管理水平即事事有人管、人人有专责、办事有程序、检查有标准、问题有处理。技术水平即人才资源和专业技能充足，设计、研制、制造、检验和试验设备齐全，仪器、仪表、设备和计算机软件先进。

六字真经是：说、做、记、查、改、验。说即阐述组织的方针；做即按照方针的要求去具体实施；记即将实施的具体情况记录在案；查即检查实施的情况和对实施情况所做的记录；改即对实施过程中出现的问题及时进行整改；验即对整改的情况及时进行追踪、验证。

三、职业健康安全管理体系的发展

建立职业健康安全管理体系是世界经济全球化和国际贸易发展的需要。WTO 的最基本原则是"公平竞争"，其中包含环境和职业健康安全问题。关贸总协定（GATT，世界贸易组织前身）乌拉圭回合谈判协议就已提出："各国不应由法规和标准的差异而造成非关税壁垒和不公平贸易，应尽量采用国际标准"。欧美等发达国家提出：发展中国家在劳动条件改善方面投入较少使其生产成本降低所造成的不公平是不能被接受的。他们已经开始采取协调一致的行动对发展中国家施加压力和采取限制行为。北美和欧洲都已在自由贸易区协议中规定："只有采取同一职业健康安全标准的国家与地区才能参加贸易区的国际贸易活动。"换句话说，如果没有实行统一职业健康标准的国家和地区的企业所生产的产品将不能在北美和欧洲地区销售。

我国已经加入 WTO，在国际贸易中享有与其他成员国相同的待遇，职业健康安全问题对我国社会与经济发展产生潜在和巨大的影响。因此，在我国必须大力推广职业健康安全管理体系。

四、职业健康安全管理体系发展情况

(1) 1996 年，英国颁布了 BS8800《职业健康安全管理体系指南》。

(2) 1996 年，美国工业卫生协会制定了《职业健康安全管理体系》指导性文件。

(3) 1997 年，澳大利亚和新西兰提出了《职业健康安全管理体系原则、体系和支持技术通用指南》草案、日本工业安全卫生协会（JISHA）提出了《职业健康安全管理体系导则》、挪威船级社（DNV）制定了《职业健康安全管理体系认证标准》。

(4) 1999 年，英国标准协会（BSI）、挪威船级社（DNV）等 13 个组织提出了职业健康安全评价系列（OHSAS）标准，即 OHSAS18001《职业健康安全管理体系—规范》、OHSAS18002《职业健康安全管理体系—实施指南》。

(5) 1999 年 10 月，原国家经贸委颁布了《职业健康安全管理体系试行标准》。

（6）2001 年 11 月 12 日，国家质量监督检验检疫总局正式颁布了《职业健康安全管理体系规范》，自 2002 年 1 月 1 日起实施，代码为 GB/T 28001—2001，属推荐性国家标准，该标准与 OHSAS18001 内容基本一致。

（7）最新版本的职业健康安全管理体系规范为 GB/T 28001—2011，自 2012 年 2 月 1 日起施行。

五、职业健康安全管理体系的作用和特点

1. 职业健康安全管理体系的作用

（1）为企业提高职业健康安全绩效提供了一个科学、有效的管理手段。

（2）有助于推动职业健康安全法规和制度的贯彻执行。

（3）使组织的职业健康安全管理由被动强制行为转变为主动自愿行为，提高职业健康安全管理水平。

（4）有助于消除贸易壁垒。

（5）对企业产生直接和间接的经济效益。

（6）将在社会上树立企业良好的品质和形象。

2. 职业健康安全管理体系的特点

（1）采用建立管理体系的方式对职业健康安全绩效进行控制。

（2）采用 PDCA 循环管理（戴明模型，P 是指策划，D 是指实施和运行，C 是指检查，A 是指改进）的思想。

（3）强调预防为主、持续改进以及动态管理。

（4）遵守法规的要求贯穿在体系的始终。

（5）要求全员参与。

（6）适用于各行各业，并作为认证的依据。

第二章

电力行业职业健康监护和劳动环境监测

第一节 电力行业职业健康监护

一、职业健康监护的定义、内容和目的

1. 职业健康监护的定义

职业健康监护（occupational health surveillance）是以预防为目的，根据劳动者的职业接触史，通过定期或不定期的医学健康检查和健康相关资料的收集，连续地监测劳动者的健康状况，分析劳动者健康变化与所接触的职业性有害因素的关系，并及时将健康检查和资料分析结果报告给用人单位和劳动者本人，以适时采取干预措施，保护劳动者健康的活动。

2. 职业健康监护的内容

职业健康监护主要包括职业健康检查和职业健康监护档案管理等内容。

3. 职业健康监护的目的

电力行业职业健康监护目的的主要有以下六项：

（1）早期发现电力企业劳动者职业病、职业健康损害和职业禁忌症。

1）职业病（occupational diseases）是指劳动者在职业活动中，因接触粉尘、放射性物质和其他有毒、有害物质等因素而引起的疾病。

2）职业健康损害是指在职业活动中产生和（或）存在的化学、物理、生物等因素或条件可能对劳动者健康、安全和作业能力造成不良影响和损害。

3）职业禁忌症（occupational contraindication）是指劳动者从事特定职业或者接触特定职业性有害因素时，比一般职业人群更易于遭受职业危害和罹患职业病，或可能导致原有自身疾病加重，或诱发可能导致对劳动者生命健康构成危险的个人特殊生理或病理状态。

（2）跟踪观察电力企业职业病及职业健康损害的发生、发展规律及分布情况。

（3）评价电力企业劳动者健康损害与作业环境职业性有害因素的关系及危害程度。

（4）实施目标干预，包括改善电力企业劳动者的作业环境条件，改革生产工艺，采用有效防护设施和防护用品，对职业病、疑似职业病和职业禁忌症劳动者的处理与安置等。

（5）评价电力企业职业病预防和干预措施的效果。

（6）为制定电力行业职业卫生自律管理对策和职业病防治措施服务。

二、职业健康监护的人群和电力行业接触有害因素的工种

1. 职业健康监护的人群界定原则

凡是在职业活动中接触到职业性有害因素的人员都应接受职业健康监护。

职业健康监护人群的界定原则如下：

（1）电力企业直接接触职业性有害因素的劳动者和有特殊健康要求的特殊作业人员，都应接受职业健康监护。

（2）对非直接从事职业性有害因素作业，但在工作中同样接触的人员，应视同职业性接触，需接受职业健康监护。

2. 电力行业作业场所接触职业性有害因素主要工作（岗位）

职业性有害因素（职业病危害因素）（occupational hazards），是指在职业活动中产生和（或）存在的，可能对劳动者健康、安全和作业能力造成不良影响的化学、物理、生物等因素或条件。

电力行业作业场所接触职业性有害因素主要工种（岗位）见表 2-1。

表 2-1　　　电力行业作业场所接触职业性有害因素主要工种（岗位）

类别	职业性有害因素名称	工种（岗位）举例
粉尘	1. 矽尘	发电企业：锅炉检修或运行，除灰除尘、脱硫、脱硝设备检修或运行，灰水运行，水轮机检修等 电建施工企业：凿岩作业、除渣作业、喷锚作业、破碎筛分作业、拌和作业、爆破作业、灌浆作业等
	2. 煤尘	输煤场燃料卸储作业，燃料检修或运行，锅炉检修或运行，除灰除尘、脱硫、脱硝设备检修或运行等
	3. 石棉尘	保温材料施工、检修等
	4. 其他粉尘（电焊烟尘、铸造粉尘、水泥尘等）	电网企业：电焊作业等 发电企业：电焊作业、灰水检修、钻探灌浆、水工维护等 电建施工企业：电焊作业、拌和作业、灌浆作业等 其他电力企业：铸锻、翻砂、切割、喷砂除锈、金属结构制作等
有毒化学因素	1. 氨	化学、环保检测；化学、脱硝检修，拌和楼制冷等
	2. 苯、甲苯和二甲苯	化学、环保检测；检修类工种；油漆工等
	3. 氮氧化物	锅炉、化学、除尘、脱硫、脱硝检修，爆破作业，隧洞开挖等
	4. 二氧化硫	锅炉、化学、除尘、脱硫、脱硝检修等
	5. 氟及其无机氟化物（如六氟化硫）	发电企业：化学、环保检测，电气试验，废水处理，电气检修等 电网企业：油务化验、电气试验、变电检修等
	6. 铬及其化合物	化学、环保检测，废水处理检修，电焊作业等
	7. 甲醛	化验，检修，油漆工等
	8. 硫化氢	废水处理检修，地下管理维修等密闭空间作业
	9. 氯气	化学，检修，化验，继电保护，电动机配电维修等
	10. 锰及其化合物	化学、环保检测，废水处理检修，电焊作业等
	11. 汽油	化学化验，油库值班，汽车驾驶等
	12. 铅	化学、环保检测，废水处理检修，变电检修（铅酸蓄电池）等
	13. 一氧化碳	锅炉、化学、除尘、脱硫、脱硝检修等密闭空间作业

类别	职业性有害因素名称	工种（岗位）举例
有害物理因素	1. 噪声	发电企业：汽轮机、锅炉、电气、热工、燃料、化学、灰水、脱硫、脱硝检修等 电建施工企业：砂石生产皮带运输；破碎筛分、制砂等作业；凿岩作业；拌和楼作业；机械作业等 其他电力企业：精工作业、铸造作业等
	2. 振动	碾压、手风钻等作业
	3. 高温	发电企业：汽机、锅炉、电气、热工、燃料、化学、灰水、脱硫、脱硝试验和检修等 电网企业：线路巡检、输变电检修等作业 其他电力企业：夏季野外露天作业各工种、密闭空间作业等
	4. 紫外线	夏季野外露天巡检作业、电焊作业等
	5. 高气压	潜水作业等
	6. 低气压	海拔 3000m 以上电力作业岗位
	7. 微波	微波通信检修或运行等
	8. 电离辐射（X 或 γ 射线）	医用 X 线机操作；金属探伤试验；射线料位计巡检等
	9. 视屏	发电企业：集控运行等 电网企业：集控运行、电力调度、监控中心、客服中心等

注 该表摘自 DL/T 325—2010《电力行业职业健康监护技术规范》标准，标准中所列电力行业作业场所接触职业性有害因素主要工种（岗位），是结合 DL/T 799—2010《电力行业劳动环境监测技术规范》及电力行业工种实际，经摸底调查提供的资料，供电力企业参考。对接触标准中未列入的职业性有害因素作业人员的职业健康监护，应按照 GBZ 188—2014《职业健康监护技术规范》等国家职业卫生标准的规定执行。

三、职业健康监护的相关单位的职责和义务

1. 职业健康监护相关单位的职责

职业健康监护的相关单位是电力企业和职业健康检查机构，其职责和义务见表 2-2。

表 2-2 　　　　　　　　　职业健康监护的相关单位的职责和义务

相关单位	职责和义务
电力企业	（1）对接触职业性有害因素作业的劳动者实施职业健康监护是企业的职责。企业应结合作业环境中存在的职业性有害因素，建立职业健康监护制度，并将其列入劳动保护和安全生产工作范围，确定工作的牵头部门和协作部门，保证劳动者（包括劳务派遣制或临时用工人员）得到与其所接触的职业性有害因素相应的职业健康监护。 （2）企业应制订年度职业健康检查计划，编制相关费用预算；建立职业健康监护档案及应急职业病危害事故预案；开展职业健康与职业病防治知识宣教和培训；根据职业健康检查机构出具的报告建议，妥善处理和安置职业禁忌症者、疑似职业病人和职业病人。 （3）企业应对接触职业性有害因素的劳动者进行上岗前、在岗期间、离岗和应急职业健康检查，并将检查结果如实告知劳动者。

续表

相关单位	职责和义务
电力企业	（4）企业应对存在职业性有害因素的工作场所进行定期或不定期检查，包括职业性有害因素的现场监测、作业人员劳动保护的实施、作业场所职业性有害因素的警示标识、职业病危害事故隐患排查与事故处理、违反劳动保护职工的处罚等，并提出相应的改善劳动环境和作业条件的意见或建议。 （5）企业医疗机构宜争取获得所在地省级卫生行政主管部门批准的职业健康检查资质，为本企业劳动者的职业健康服务。不具备职业健康检查资质的医疗机构应配合企业相关职能部门，落实职业健康监护工作，包括掌握本企业接触职业性有害因素的岗位、工种和人员状况，考察委托的职业健康检查机构资质及其工作是否公正、公平、规范，协助企业建立并完善职业健康监护档案及应急职业病危害事故预案等。 （6）鼓励企业制订比 DL/T 325—2010 标准更高要求的职业健康监护实施细则
职业健康检查机构	（1）从事职业健康检查的医疗机构应具有其所在地省级卫生行政主管部门批准的职业健康检查资质，并在其获准的范围内从事相关工作。 （2）职业健康检查应由具有医疗执业资格的医师或技术人员进行，主检医师应具有中级或以上专业技术职称，同时熟悉电力企业工作场所可能存在的职业性有害因素。 （3）应保证职业健康检查工作的独立性，不受外来因素的影响和干预。 （4）应客观真实地报告职业健康检查结果，并对所出示的检查结果和总结报告承担责任。 （5）职业健康检查专业人员应遵守医学伦理道德规范，保护劳动者隐私。 （6）职业健康检查专业人员应做好检查相关的解释工作，并有义务接受电力企业劳动者对检查结果的咨询，如实回答其提出的问题。 （7）职业健康检查专业人员必要时可以向电力企业建议，增加除国家法律、法规、标准规定的最低要求之外的健康检查项目

2. 电力企业劳动者在职业健康方面的权利

电力企业劳动者在职业健康方面的权利如下：

（1）接触职业性有害因素作业的劳动者应获得职业健康检查服务。接触两种或两种以上职业性有害因素的电力企业劳动者，应以接触可能对健康影响较大和（或）接触时间较长的主要因素来确定职业健康检查项目，同时可增加相关的职业性有害因素的检查项目。

（2）了解所从事的工作对健康可能产生的影响和损害，劳动者或其代表应参与企业建立职业健康监护制度的决策过程。

（3）参加企业安排的职业健康检查，在检查过程中与职业健康检查专业人员和用人单位合作。

（4）对电力企业违反职业健康监护有关规定的行为提出批评或投诉。

（5）了解本人的职业健康检查结论，对本人的职业健康检查结论可提出异议或要求复查。

3. 电力企业劳动者在职业健康方面的义务

学习和了解相关的职业卫生知识和职业病防治法律、法规，掌握作业操作规程，正确使用、维护职业病防护设备和个人防护用品，发现职业危害事故隐患应及时报告。

四、职业健康监护的相关单位的工作程序

职业健康监护的相关单位是电力企业和职业健康检查机构，各自的工作程序见

表 2-3。

相关单位	职业健康监护工作程序
表 2-3	**职业健康监护相关单位的工作程序**
电力企业	（1）电力企业应根据《中华人民共和国职业病防治法》《职业健康监护管理办法》《作业场所职业健康监督管理暂行规定》等法律、法规的有关规定，结合 DL/T 325—2010 标准，制定本企业的职业健康监护实施细则。 （2）电力企业应选择并委托具有职业健康检查资质的医疗机构对本单位接触职业性有害因素的劳动者进行职业健康检查。考虑到工作的系统性和连续性，可选择相对固定的职业健康检查机构。 （3）电力企业应每年向职业健康检查机构提出下一年度职业健康检查申请，签订委托协议书。委托协议书内容包括工作场所职业性有害因素种类、接触人数、职业健康检查人数、检查项目和检查时间、地点，并需提供以下材料：电力企业的基本情况，职业性有害因素监测资料，产生职业性有害因素的生产技术、工艺和材料，职业病危害防护设施、应急救援设施及其他有关资料。同时，将年度职业健康检查计划报辖区的卫生监督机构备案
职业健康检查机构	职业健康检查机构对职业健康检查结果进行汇总，并按照委托协议要求，在规定的时间内向电力企业提交职业健康检查结果报告或职业健康检查评价报告。职业健康检查结果报告内容包括：所有受检者的检查结果，检出疑似职业病、职业禁忌症及出现异常结果的人员名单，疑似职业病、职业禁忌症的名称和相应的处置建议。职业健康检查评价报告应依据职业健康检查结果，结合作业环境监测资料，分析发生健康损害时原因，评价可能发生职业病的危险度和趋势，提出相应的干预措施、建议和需要说明的其他问题。对发现有健康损害的劳动者，需向劳动者出具个人检查报告，载明检查结果和建议

五、职业健康检查内容

职业健康检查的内容包括劳动者个人基本信息、医生问诊、体格检查、实验室及其他检查必检项目和实验室及其他检查的选检项目。

实验室及其他检查必检项目，是指作为基本健康检查和大多数职业性有害因素的健康检查都需要进行的检查项目；实验室及其他检查的选检项目，电力企业应听取具有资质的职业健康检查机构的说明和建议，由双方协商确定。

1. 劳动者个人基本信息

（1）个人资料：包括姓名、性别、出生年月、出生地、身份证号码、婚姻状况、教育程度、家庭住址、现工作单位、联系电话等。

（2）职业史：包括参加工作起止时间、工作单位、车间（部门）、班组、工种等。

（3）职业接触史：包括接触职业性有害因素的名称（接触两种以上有害因素应具体逐一填写）、接触时间、防护措施等。

（4）个人生活史：包括吸烟史、饮酒史、女工月经与生育史。

（5）既往史：包括既往预防接种及传染病史、药物及其他过敏史、过去的健康状况及患病史、是否做过手术及输血史、患职业病及外伤史等。

（6）家族史：主要包括父母、兄弟、姐妹及子女的健康状况，是否患结核、肝炎等传染病；是否患糖尿病、血友病等遗传性疾病；家族中死亡者的死因。

2. 问诊

职业健康检查时，应针对不同的职业性有害因素及其可能危害的靶器官，重点询问各系统的主要临床症状。

（1）神经系统：头晕、头痛、眩晕、失眠、嗜睡、多梦、记忆力减退、易激动、疲乏无力、四肢麻木、活动动作不灵活、肌肉抽搐等。

（2）呼吸系统：胸痛、胸闷、咳嗽、咳痰、咯血、气促、气短等。

（3）心血管系统：心悸、心前区不适、心前区疼痛等。

（4）消化系统：食欲不振、恶心、呕吐、腹胀、腹痛、肝区疼痛、便秘、便血等。

（5）泌尿生殖系统：尿频、尿急、尿痛、血尿、浮肿、性欲减退等。

（6）眼、耳、鼻、咽喉及口腔：视物模糊、视力下降、眼痛、羞明、流泪、嗅觉减退、鼻干燥、鼻塞、流鼻血、流涕、耳鸣、耳聋、流涎、牙痛、牙齿松动、刷牙出血、口腔异味、口腔溃疡、咽部疼痛、声嘶等。

（7）肌肉及四肢关节：全身酸痛、肌肉疼痛、肌无力及关节疼痛等。

（8）造血系统、内分泌系统：皮下出血、月经异常、低热、盗汗、多汗、口渴、消瘦、脱发、皮疹、皮肤瘙痒等。

3. 常规医学检查内容

常规医学检查内容包括内科、外科、神经科、其他专科以及实验室常规检查等，见表 2-4。

表 2-4　　　　　　　　　　　　常规医学检查内容

科目	检查内容
内科	测血压，心肺听诊，肝脾触诊等
外科	表浅淋巴结、甲状腺、乳腺、脊柱、四肢等
神经科	常规检查包括：意识、精神状况、膝、跟腱反射、"三颤"症、浅感觉、深感觉，肌力，肌张力等
眼科	视力、辨色力、外眼、结膜等
口腔科	口腔气味、黏膜、牙龈及牙齿状态
耳科	外耳、鼓膜及一般听力
鼻及咽部科	鼻的外形、鼻黏膜、鼻中隔及鼻窦部，咽部及扁桃体等
皮肤科	有无色素脱失或沉着，有无增厚、脱屑或皲裂，有无皮疹及其部位、形态、分布，有无出血点（斑），有无赘生物，有无水疱或大疱等
实验室	（1）血常规：血红蛋白定量、红细胞计数、白细胞计数和分类、血小板计数（如使用血细胞分析仪，则包括同时检测的其他指标）。 （2）尿常规：颜色、酸碱度、比重、尿蛋白、尿糖和常规镜检（如使用尿液自动分析仪，则包括可同时检测的其他指标）。 （3）肝功能：血清丙氨酸氨基转移酶（血清 ALT）、血清总胆红素、总蛋白、白蛋白和球蛋白。 （4）胸部 X 射线检查：胸部透视或胸部 X 射线摄片。 （5）心电图：用普通心电图仪进行肢体导联和胸前导联的心电图描记。 （6）肺通气功能测定，指标包括：用力肺活量（FVC），第 1s 用力呼气容积（FEV1），第 1s 用力呼气容积占用力肺活量百分比（FEV1/FVC%）。 （7）病毒性肝炎血清标志物：指乙肝血清标志物（乙肝五项）和其他病毒性肝炎血清标志物

六、职业健康检查的种类和目标疾病

1. 职业健康检查的种类

职业健康检查分为上岗前职业健康检查、在岗期间职业健康检查、离岗时职业健康检查、离岗后职业健康检查和应急职业健康检查五类，见表 2-5。

表 2-5 职业健康检查的种类、目的和要求

种类	目的和要求
上岗前职业健康检查	目的是发现有无职业禁忌症，建立接触职业性有害因素人员的基础健康档案。检查应在开始从事有害作业前完成。拟从事接触职业性有害因素作业的新录用人员（包括转岗人员）、拟从事有特殊健康要求作业的人员如高处作业、电工作业、驾驶作业、压力容器作业和高原作业等应进行上岗前职业健康检查
在岗期间职业健康检查	目的是早期发现疑似职业病或其他健康异常，及时发现职业禁忌症者；通过动态观察电力企业劳动者健康变化，评价工作场所职业性有害因素的控制效果。长期从事职业性有害因素作业的劳动者，应进行在岗期间的定期职业健康检查
离岗时职业健康检查	目的是确定劳动者在停止接触职业性有害因素时的健康状态。劳动者在调离或脱离所从事职业性有害因素作业时，应进行离岗时职业健康检查
离岗后职业健康检查	（1）接触具有慢性健康影响的职业性有害因素，或发病有较长的潜伏期、在脱离接触后仍有可能发生职业病者，需进行离岗后职业健康检查。 （2）尘肺病患者需进行离岗后职业健康检查。 （3）离岗后职业健康检查的周期，根据职业性有害因素致病特点、劳动者从事该作业时间长短、工作场所职业性有害因素浓度等综合考虑确定
应急职业健康检查	当发生急性职业病危害事故时，对遭受或者可能遭受急性职业病危害的劳动者，应立即组织应急职业健康检查。根据检查结果结合现场职业卫生学调查，确定职业性有害因素，为急救和治疗提供依据，并控制职业性有害因素的继续蔓延和发展

2. 职业健康检查的目标疾病

为有效地开展职业健康监护，每项职业健康检查应明确规定检查的目标疾病。职业健康检查目标疾病分为职业病和职业禁忌症。

七、职业健康监护档案

1. 建立职业健康监护档案的目的和意义

电力企业应建立规范的职业健康监护档案。职业健康监护档案是职业健康监护全过程的客观记录资料，是系统观察劳动者在接触职业性有害因素后健康状况变化、评价个体和群体健康损害的依据。

2. 职业健康监护档案的特征

职业健康监护档案的重要特征是资料的完整性和连续性。

3. 职业健康监护档案的分类和内容

职业健康监护档案分为劳动者的和企业的两类，见表 2-6。

表 2 - 6　　　　　　　　　　职业健康监护档案的分类和内容

分类	内　　容
劳动者职业健康监护档案	(1) 劳动者的职业史、既往史和职业性有害因素接触史。 (2) 相应工作场所职业性有害因素监测结果。 (3) 职业健康检查结果及处理情况。 (4) 职业病诊疗等相关资料
企业职业健康监护档案	(1) 职业健康检查委托书。 (2) 职业健康检查结果报告和评价报告。 (3) 职业病报告卡。 (4) 企业对疑似职业病、职业病患者和职业禁忌症者的处理意见和安置记录。 (5) 企业在职业健康检查中提供的其他资料和职业健康检查机构记录整理的相关资料。 (6) 国家职业卫生行政主管部门要求的其他资料

4. 职业健康监护档案管理

职业健康监护档案应有专人负责管理，按照国家档案管理相关法律法规的规定妥善保存。

八、职业健康监护资料的应用

1. 职业健康监护资料的范围

职业健康监护资料主要指职业健康检查记录、职业健康检查结果报告、职业健康检查评价报告及所有相关的原始资料和档案（包括电子档案）。

2. 职业健康监护资料的使用目的和保密要求

职业健康监护工作中收集的职工健康资料只能用于以保护劳动者个体和群体健康为目的的相关活动，防止资料的滥用和扩散，维护劳动者的隐私权、保密权。

3. 电力企业的劳动者查阅本人资料规定

电力企业的劳动者可查阅本人的职业健康检查资料，并可索取资料的复印件，企业应在复印件上签章。

4. 职业健康检查机构使用资料规定

职业健康检查机构应以适当的方式向电力企业、劳动者提供和解释个体或群体的职业健康信息，以促进制定干预措施，保护劳动者健康。

第二节　电力行业劳动环境监测

一、电力行业劳动环境监测类别和监测要求

电力行业劳动环境监测类别和监测要求，见表 2 - 7。

表 2-7 电力行业劳动环境监测类别和监测要求

监测类别	监测目的和监测要求
日常监测	指对工作场所职业性有害因素浓度（强度）进行的日常定期监测。根据 DL/T 799 对监测周期的要求和监测点确定原则进行。其目的是了解和掌握电力企业劳动环境中职业性有害因素浓度（强度）的现状及其动态变化。 （1）在评价职业接触限值为时间加权平均容许浓度时，应选定有代表性的采样点，在空气中有害物质浓度最高的工作日采样一个工作班。 （2）在评价职业接触限值为短时间接触允许浓度或最高允许浓度时，应选定具有代表性的采样点，在一个工作日内空气中有害物质浓度最高的时段进行采样
事故性监测	指对工作场所发生职业伤亡事故时，进行的紧急采样监测。 事故性监测应根据现场情况确定监测点，监测至空气中有害物质浓度低于短时间接触允许浓度或最高容许浓度为止
监督监测	指电力行业职业卫生检测监督部门对电力企业工作场所职业性有害因素浓度（强度）进行不定期的抽样考核监测，其目的是为了检查、考核企业劳动环境的现状或有关监测机构的监测工作质量。 （1）在考核职业接触限值为时间加权平均允许浓度时，应选定有代表性的工作日和采样点进行采样。 （2）在考核职业接触限值为短时间接触允许浓度或最高允许浓度时，应选定具有代表性的采样点，在一个工作班内空气中有害物质浓度最高的时段进行采样
评价监测	指进行建设项目职业病危害因素预评价、建设项目职业病危害因素控制效果评价和职业病危害因素现状评价的评价性监测。 （1）在评价职业接触限值为时间加权平均允许浓度时，应选定有代表性的采样点，连续采样 3 个工作日，其中应包括空气中有害物质浓度最高的工作日。 （2）在评价职业接触限值为短时间接触容许浓度或最高允许浓度时，应选定具有代表性的采样点，在一个工作日内空气中有害物质浓度最高的时段进行采样，连续采样 3 个工作日
劳动条件分级监测	按照 GBZ/T 229.1—229.4 等国家职业卫生标准及行业有关劳动条件分级标准，对劳动环境中的职业性有害因素浓度（强度）、作业人员接触职业性有害因素的时间、劳动强度等进行测定，综合计算评价不良劳动条件对职工作业岗位危害程度的级别

表 2-7 中所列五项监测采样均应符合 GB/T 17061《作业场所空气采样仪器的技术规范》和 GBZ 159《工作场所空气中有害物质监测的采样规范》等的规定。

表 2-7 中所涉及的术语含义，见表 2-8。

表 2-8 电力行业劳动环境监测术语及含义

术语	含义
劳动环境 （labour environment）	劳动者作业场所及周围空间的安全卫生状态和条件
作业场所 （work place）	劳动者进行职业活动，并由用人单位直接或间接控制的所有工作地点
职业性有害因素 （occupational hazards）	在职业活动中产生和（或）存在的、可能对职业人群健康、安全和作业能力造成不良影响的因素或条件，包括化学、物理、生物等因素

续表

术语	含　义
职业接触限值 （occupational exposure limits, OELS）	职业性有害因素的接触限制量值，指劳动者在职业活动过程中长期反复接触，对绝大多数接触者的健康不引起有害作用的允许接触水平。化学有害因素的职业接触限值包括时间加权平均允许浓度（permissible concentration-time weighted average, PC-TWA）、短时间接触允许浓度（permissible concentration-short term exposurd limit, PC-STEL）和最高允许浓度（maximum allowable concentration, MAC）3类。时间加权平均允许浓度是以时间为权数规定的 8h 工作日、40h 工作周的平均允许接触浓度；短时间接触允许浓度是在遵守 PC-TWA 的前提下容许短时间（15min）接触的浓度；最高允许浓度是指工作地点、在一个工作日内任何时间有害因素均不应超过的浓度
超限倍数 （excursion limits, EL）	指未制定 PC-STEL 的化学有害因素，在符合 8h 时间加权平均允许浓度的情况下，任何一次短时间（15min）接触的浓度均不应超过的 PC-TWA 的倍数值
劳动条件 （work condition）	劳动者在工作中的设施条件、劳动环境、劳动强度和工作时间的总和
体力劳动强度指数 （intensity index of physical work）	区分体力劳动强度等级的指数。指数大，反映劳动者体力劳动强度大；指数小，反映劳动者体力劳动强度小
能量代谢率 （energy metabolic rate）	从事某工种的劳动者在工作日内各类活动（包括休息）的能量消耗平均值，以单位时间（每分钟）内每平方米体表面积的能量消耗值表示，单位是 $kJ/(min \cdot m^2)$
劳动时间率 （working time rate）	劳动者在一个工作日内实际工作时间与日工作时间（8h）的比率，以百分率表示
职工伤亡事故 （inured and fatal accident of staffs）	职业活动过程中发生的劳动者人身伤亡或急性中毒事件
采样点 （sampled site）	根据监测需要和工作场所状况选定的具有代表性的、用于样品采集的工作地点
应测点 （determining spot in theory）	按监测点确定原则所确定的监测点
实测点 （determining spot in fact）	在应测点范围内实际进行测定的监测点
合格点 （qualifide spot in determining）	在任何一次有代表性的采样中，实测点的样品浓度（强度）未超过国家规定的工作场所有害因素职业接触限值的测点

二、监测点确定原则

电力行业劳动环境监测点的确定总原则是：监测点（简称测点）应是有代表性的工作地点，包括职业性有害因素浓度（强度）最高、作业人员接触时间最长的工作地点。测点确定后，应绘制测点平面布置图、设置标示牌并在标示牌上公布监测结果。

这里说的工作地点（work site）是指劳动者从事职业活动或进行生产管理过程中经常

或定时停留的岗位和作业地点。

监测点确定的具体原则见表 2-9。

表 2-9　　　　　　　　　　　　监测点确定的具体原则

情形	具 体 原 则
同一车间	(1) 同一职业性有害因素，不同工种、不同设备、不同工序，应分别设测点。 (2) 同一职业性有害因素，同一工种、同类设备或相同操作，至少设 1 个测点。 (3) 不同的职业性有害因素，应分别设测点
一个有代表性的作业场所内	(1) 一个有代表性的作业场所内，有多台同类设备时，1~3 台设置 1 个测点，4~10 台设置 2 个测点，10 台以上至少设置 3 个测点。 (2) 一个有代表性的作业场所内，有 2 台以上不同类型的生产设备产生同一种职业性有害因素时，测点应设置在浓度大的设备附近的工作地点；产生不同职业性有害因素时，测点应设置在产生待测有害因素设备的工作地点，测点数量参照 (1)
作业人员在多个工作地点工作	作业人员在多个工作地点工作时，在每个工作地点设置 1 个测点
控制室、休息室	控制室和作业人员休息室，至少各设置 1 个测点
测点位置	在不影响作业人员工作的情况下，测点尽可能靠近作业人员，测量空气中有害因素的空气收集器的进气口应当靠近作业人员呼吸带
评价	在评价工作场所防护设备或措施的防护效果时，应根据设备的情况选定测点 应根据 DL/T 799—2010 标准第 2、3、4、5、6、7 部分的具体规定，分别确定粉尘、噪声、毒物、高温、微波、工频电场、磁场等各类职业性有害因素的测点

三、电力行业劳动环境监测质量控制

1. 检测机构

(1) 检测机构应建立完善的质量控制体系；技术负责人应具有中级及以上相关专业技术职称，并从事职业性有害因素监测专业工作 3 年以上；质量负责人应具有中级及以上相关专业技术职称，并从事质量控制工作 3 年以上。

(2) 检测机构应建立规范的监测档案数据库，包括仪器的校准证书、监测方案、监测平面布置图、监测的原始数据、统计处理程序及结果等，以备复查。

(3) 存档和上报的监测结果应经过技术负责人的审核。

2. 监测人员

监测人员应当经过专业培训，熟悉电力企业生产工艺流程并取得上岗资格证书。

3. 测量仪器

测量仪器在量程、响应时间、频率、灵敏度等方面要与所测对象相符合。测量仪器应定期检验和校准。

4. 监测要求

(1) 日常监测与监督监测必须在正常工况下进行，且应包括职业性有害因素浓度（强度）最高时段。

(2) 监测前，应根据监测目的制订监测计划与实施方案。

（3）监测时应避免或尽可能减少干扰，对不可避免的干扰要估算其对测定结果可能产生的最大误差。

（4）监测时必须获得足够的数据量，以保证测量结果的统计学精度。

（5）监测结果中异常数据的取舍以及监测结果的处理，应按统计学原则执行。

四、对监测人员的监测防护要求

监测的防护要求如下：

（1）监测人员应遵守作业场所职业安全卫生操作规程、应急预案及相关制度。

（2）在对作业场所存在的职业危害因素调查基础上，对监测人员配备相应的个体防护用品。

（3）个体防护用品性能和质量必须符合相关国家标准和行业标准要求。

（4）监测人员应正确检查和使用个体防护用品。

五、电力行业劳动环境监测结果的评价

监测结果评价应按照 GBZ 2.1 和 GBZ 2.2 规定的职业接触限值以及表 2-10 中的指标进行评价。

表 2-10　　　　　　　　　电力行业劳动环境监测结果评价指标

评价指标	计　算　公　式
测点超标倍数	（1）测点超标倍数计算公式 $$测点超标倍数 = \frac{测点实测浓度值}{国家卫生职业接触限值} - 1 \qquad (2-1)$$ （2）粉尘及化学物质超限倍数的应用 许多有 PC-TWA 的化学物质尚未制定 PC-STEL。对于粉尘和未制定 PC-STEL 的化学物质，即使其 8h 时间加权平均浓度没有超过 PC-TWA，也应当控制其漂移上限。因此，应采用超限倍数控制其短时间接触水平的过高波动。粉尘和未制定 PC-STEL 的化学物质超限倍数应遵守表 2-11 的规定
测点合格率	测点合格率计算公式 $$合格率 = \frac{达标点数}{实测点总数} \times 100\% \qquad (2-2)$$
测点超标率	测点超标率计算公式 $$超标率 = \frac{测点未达标数}{实测点总数} \times 100\% \qquad (2-3)$$
实测率	实测率计算公式 $$实测率 = \frac{实测点总数}{应测点总数} \times 100\% \qquad (2-4)$$ 监测时，实测率应大于（等于）90％
防护设施评价指标	防护效率计算公式 $$防护效率 = \frac{停用防护设施时的浓度 - 采用防护设施时的浓度}{停用防护设施时的浓度} \times 100\% \qquad (2-5)$$
体力劳动强度评价指标	用体力劳动强度指数 I 评价和区分体力劳动强度等级，将体力劳动强度分为 4 级，指数大则等级高，反映体力劳动强度大，见表 2-12。 体力劳动强度指数应按照 GBZ/T 189.10 的要求并遵照体力劳动强度指数的测量与计算的规定进行测量计算。或参照表 2-13 的要求确定

表2-11为粉尘和尚未制定短时间接触允许浓度（PC-STEL）化学物质的超限倍数。

表2-11   粉尘和尚未制定短时间接触允许浓度（PC-STEL）化学物质的超限倍数

物质			PC-TWA（mg/m³）	最大超限倍数
粉尘	电焊烟尘		4（总尘）	2
	煤尘（游离 SiO_2 含量<10%）		4（总尘）	2
			2.5（呼尘）	2
	石膏粉尘		8（总尘）	2
			4（呼尘）	2
	石灰石粉尘		8（总尘）	2
			4（呼尘）	2
	石棉（石棉含量大于10%）	粉尘	0.8（总尘）	2
		纤维	0.8cm³	2
	水泥粉尘（游离 SiO_2 含量<10%）		4（总尘）	2
			1.5（呼尘）	2
	矽尘	10%≤游离 SiO_2 含量≤50%	1（总尘）	2
			0.7（呼尘）	2
		50%<游离 SiO_2 含量≤80%	0.7（总尘）	2
			0.3（呼尘）	2
		游离 SiO_2 含量>80%	0.5（总尘）	2
			0.2（呼尘）	2
	其他粉尘[a]		8（总尘）	2
化学物质			PC-TWA<1	3
			1≤PC-TWA<10	2.5
			10≤PC-TWA<100	2.0
			PC-TWA≥100	1.5

注   表中列出的各种粉尘（石棉纤维尘除外），凡游离 SiO_2 含量高于10%者，均按矽尘允许浓度对待。

a   指游离 SiO_2 含量低于10%、不含石棉和有毒物质、而尚未制定允许浓度的粉尘。

表2-12为体力劳动强度分级表。

表2-12   体力劳动强度分级表

体力劳动强度级别	体力劳动强度指数 I
Ⅰ	I≤15
Ⅱ	15<I≤20
Ⅲ	20<I≤25
Ⅳ	I>25

表 2 - 13	电力企业常见职业体力劳动强度分级表
体力劳动强度分级	职 业 描 述
Ⅰ（轻劳动）	坐姿：手工作业或腿的轻度活动，正常情况下如监盘、打字、脚踏开关等。 立姿：上臂用力为主的工作，如操作仪器，控制、查看设备等
Ⅱ（中等劳动）	手和臂的持续动作，如操作振捣器等；臂和腿的动作，如卡车、建筑设备运输操作等；臂和躯干的工作，如锻造、风动工具操作，间接搬运中等重物等
Ⅲ（重劳动）	臂和躯干负重的工作，如搬运重物、锻锤、挖掘等
Ⅳ（极重劳动）	大强度的挖掘、搬运，快到极限节律的极强活动

六、体力劳动强度指数的测量与计算

1. 平均能量代谢率 M 的计算方法

根据工时记录，将各种劳动与休息加以归类（近似的活动归为一类），按表 2-14 的内容及计算公式求出各单项劳动与休息时的能量代谢率，分别乘以相应的累计时间，得出一个工作日各种劳动休息时的能量消耗值，再把各项能量消耗值总计，除以工作日总时间，即得出工作日平均能量代谢率（M），计算公式为

$$M = \frac{\sum E_{S_i} \times T_{S_i} + \sum E_{r_k} \times T_{r_k}}{T} \tag{2-6}$$

式中 M——工作日平均能量代谢率，$kJ/(min \cdot m^2)$；

E_{S_i}——单项劳动能量代谢率，$kJ/(min \cdot m^2)$；

T_{S_i}——单项劳动占用时间，min；

E_{r_k}——休息时的能量代谢率，$kJ/(min \cdot m^2)$；

T_{r_k}——休息时占用时间，min；

T——工作日总时间，min。

单项劳动能量代谢率测定见表 2-14。

表 2 - 14		单项劳动能量代谢率测定表		
工种：		动作项目：		
姓名：	年龄：	岁	工龄：	年
身高：	cm	体重：	kg	体表面积：　m²
采气时间：	min		s	
采气量：				
气量计的初读数				L
气量计的终读数				L
采气量（气量计的终读数减去气量计的初读数）				L
通气时气温				℃
气压				Pa

续表

标准状态下干燥气体换算系数（查标准状态下干燥气体体积换算表）：	
标准状态下气体体积（采气量乘标准状态下干燥气体换算系数）：	L
每分钟气体体积：标准状态气体体积/采气时间＝	L/min
换算单位体表面积气体体积：每分钟气体体积/体表面积＝	L/(min·m²)
能量代谢率：	kJ/(min·m²)
调查人签名：	年　月　日

每分钟肺通气量为 3.0～7.3L 时，通过对式（2-7）求解得出能量代谢率

$$\lg M = 0.0945X - 0.537\,94 \tag{2-7}$$

式中　M——能量代谢率，kJ/(min·m²)；

　　　X——单位体表面积气体体积，L/(min·m²)。

每分钟肺通气量为 8.0～30.9L 时，通过对式（2-8）求解得出能量代谢率

$$\lg(13.26 - M) = 1.1648 - 0.0125X \tag{2-8}$$

每分钟肺通气量为 7.3～8.0L 时，通过对式（2-7）或式（2-8）求得结果取平均值，得出能量代谢率。

2. 劳动时间率 R_t 的计算方法

每天选择接受测定的作业人员 2～3 名，按表 2-15 所示工时记录表的格式记录自上班到下班整个工作日从事各种劳动与休息（包括工作中间暂停）的时间。每个测定对象应连续记录 3 天（如遇生产不正常或发生事故时不做正式记录，应另选正常生产日，重新测定记录），取平均值，按式（2-9）求出劳动时间率 R_t

$$R_t = \frac{\sum T_{S_t}}{T} \times 100\% \tag{2-9}$$

式中　R_t——劳动时间率，%；

　　　$\sum T_{S_t}$——工作日内净劳动时间，min。

表 2-15　　　　　　　　　　工 时 记 录 表

动作名称	开始时间	耗费工时	主要内容（如物体重量、动作频率、行走距离、劳动体位）

调查人签名：

年　月　日

3. 肺通气量的测定

肺通气量的测量使用肺通气量计，按式（2-10）换算肺通气量值

$$Q = NA + B \tag{2-10}$$

式中　Q——肺通气量，L；

N——仪器显示器显示数值；

A、B——仪器常数。

4. 体力劳动强度指数的计算

体力劳动强度指数计算公式为

$$I = 10R_t MSW \tag{2-11}$$

式中　M——8h 工作日平均能量代谢率，kJ/(min·m²)；

S——性别系数，男性为 1，女性为 1.3；

W——体力劳动方式系数，搬为 1，扛为 0.40，推或拉为 0.05。

第三章

粉尘作业人员职业健康监护

第一节 粉尘作业人员的职业健康检查

一、粉尘与生产性粉尘

1. 粉尘

粉尘是一种通俗地对能较长时间悬浮于空气中的固体颗粒物的总称。

粉尘是一种气溶胶，固体微小尘粒实际是分布于以空气作为胶体溶液里的固体分散介质。

2. 生产性粉尘

在生产中，与生产过程有关而形成的粉尘叫生产性粉尘。

生产性粉尘来源甚广，几乎所有矿山和厂矿在生产过程中均可产生粉尘。如采矿和隧道的打钻、爆破、搬运等，矿石的破碎、磨粉、包装等，机械工业的铸造、翻砂、清砂等，以及玻璃、耐火材料等工业，均可接触大量粉尘、煤尘；而从事皮革、棉毛、烟茶等加工行业和塑料制品行业的人，可接触相应的有机性粉尘。

3. 生产性粉尘来源

生产性粉尘的主要来源有：

(1) 固体物料经机械性撞击、研磨、碾乳而形成，经气流扬散而悬浮于空气中的固体微粒。

(2) 物质加热时生产的蒸气在空气中凝结或被氧化形成的烟尘。

(3) 有机物质的不完全燃烧，形成的烟。

4. 生产性粉尘的分类

(1) 根据生产性粉尘的性质，可分以下三类。

1) 无机性粉尘（inorganic dust）。根据来源不同，可分：①金属性粉尘，例如铝、铁、锡、铅、锰等金属及化合物粉尘；②非金属的矿物粉尘，例如石英、石棉、滑石、煤等；③人工无机粉尘，如水泥、玻璃纤维、金刚砂等。

2) 有机性粉尘（organic dust）：①植物性粉尘，如木尘、烟草、棉、麻、谷物、茶、甘蔗等粉尘。②动物性粉尘，例如畜毛、羽毛、角粉、骨质等粉尘。

3) 合成材料粉尘（synthetic material dust）。主要见于塑料加工过程中。塑料的基本成分除高分子聚合物外，还含有填料、增塑剂、稳定剂、色素及其他添加剂。

(2) 按粉尘的来源分，可分为以下三类。

1) 尘：固态分散性气溶胶，固体物料经机械性撞击、研磨、碾乳而形成，粒径为

$0.25\sim20\mu m$，其中大部分为 $0.5\sim5\mu m$。

2）**雾**：分散性气溶胶，为溶液经蒸发、冷凝或受到冲击形成的溶液粒子，粒径为 $0.05\sim50\mu m$。

3）**烟**：固态凝聚性气溶胶，包括金属熔炼过程中产生的氧化微粒或升华凝结产物、燃烧过程中产生的烟，粒径小于 $1\mu m$，其中较多的粒径为 $0.01\sim0.1\mu m$。

（3）按产生粉尘的生产工序分类，可分为以下两类。

1）一次性烟尘：由烟尘源直接排出的烟尘。

2）二次性烟尘：经一次收集未能全部排除而散发出的烟尘，相应的各种移动、零散的烟尘点。

（4）按粉尘的物性分类，可分为以下六类。

1）吸湿性粉尘、非吸湿性粉尘。

2）不黏尘、微黏尘、中黏尘、强黏尘。

3）可燃尘、不燃尘。

4）爆炸性粉尘、非爆炸性粉尘。

5）高比电阻尘、一般比电阻尘、导电性尘。

6）可溶性粉尘、不溶性粉尘。

（5）按粉尘对人体危害的机制分类，可分为以下五类。

1）矽尘、煤矽尘。

2）石棉尘。

3）放射性粉尘。

4）有毒粉尘。

5）一般无毒粉尘。

在各种不同生产声所，可以接触到不同性质的粉尘。如在采矿、开山采石、建筑施工、铸造、耐火材料及陶瓷等行业，主要接触的粉尘是石英的混合粉尘；石棉开采、加工制造石棉制品时接触的是石棉或含石棉的混合粉尘；焊接、金属加工、冶炼时接触金属及其化合物粉尘、农业、粮食加工、制糖工业、动物管理及纺织工业等，接触植物或动物性有机粉尘为主。

5. 粉尘的危害

根据不同特性，粉尘可对机体引起各种损害。如可溶性有毒粉尘进入呼吸道后；能很快被吸收入血流，引起中毒；放射性粉尘，则可造成放射性损伤；某些硬质粉尘可损伤角膜及结膜，引起角膜混浊和结膜炎等；粉尘堵塞皮脂腺和机械性刺激皮肤时，可引起粉刺、毛囊炎、脓皮病及皮肤皲裂等；粉尘进入外耳道混在皮脂中，可形成耳垢等。

粉尘对机体影响最大的是呼吸系统损害，包括上呼吸道炎症、肺炎（如锰尘）、肺肉芽肿（如铍尘）、肺癌（如石棉尘、砷尘）、尘肺（如二氧化硅等尘）以及其他职业性肺部疾病等。

6. 粉尘引起的职业病

生产性粉尘的种类繁多，理化性状不同，对人体所造成的危害也是多种多样的。就其病理性质可概括为如下几种：

（1）全身中毒性：如铅、锰、砷化合物等粉尘。

（2）局部刺激性：如生石灰、漂白粉、水泥、烟草等粉尘。

（2）变态反应性：如大麻、黄麻、面粉、羽毛、锌烟等粉尘。

（3）光反应性：如沥青粉尘。

（5）感染性：如破烂布屑、兽毛、谷粒等有时附有病原菌的粉尘。

（6）致癌性：如铬、镍、砷、石棉及某些光感应性和放射性物质的粉尘。

（7）尘肺：如矽尘、煤尘、硅酸盐尘等。

7. 尘肺

生产性粉尘引起的职业病中以尘肺为最严重。据不完全统计，尘肺病例约占职业病患病总人数的三分之二。尘肺是由于在生产环境中长期吸入生产性粉尘而引起的肺弥漫性间质纤维性改变为主的疾病。它是职业性疾病中影响面最广、危害最严重的一类疾病。

根据粉尘性质不同，尘肺的病理学特点也轻重不一。如石英、石棉所引起的间质反应以胶原纤维化为主，胶原纤维化往往成层排列成结节状，肺部结构永久性破坏，肺功能逐渐受影响，一旦发生，即使停止接触粉尘，肺部病变仍继续进展；锡、铁、锑等粉尘，主要沉积于肺组织中，呈现异物反应，以网状纤维增生的间质纤维化为主，在 X 线胸片上可以看到满肺野结节状阴影，主要是这些金属的沉着，这类病变不损伤肺泡结构，因此肺功能一般不受影响，脱离粉尘作业，病变可以不再继续发展，甚至肺部阴影逐渐消退。

在十二种尘肺中，其病变轻重程度主要与生产性粉尘中所含二氧化硅量有关，以矽肺最严重，石棉肺次之，后者由含结合型二氧化硅（硅酸盐）粉尘引起。其他尘肺病理改变和临床表现均较轻。

其他职业性肺部疾病有吸入棉、亚麻或大麻尘引起的棉尘病，它是休息后第一天上班末出现胸闷、气急和（或）咳嗽症状，可有急性肺通气功能改变，吸烟又吸入棉尘可引起非特异性慢性阻塞性肺病（chronic obstructive pulmonary diseases，COPD）；职业性变态反应肺泡炎是由于吸入带有霉菌孢子的植物性粉尘、如草料尘、粮谷尘、蔗渣尘等引起，患者常在接触粉尘 4～8h 后出现畏寒、发热、气促、干咳，第二天后自行消失，急性症状反复发作可以发展为慢性，并产生不可逆的肺组织纤维增生和 COPD；职业性哮喘可在吸入很多种粉尘（如铬酸盐、硫酸镍、氯铂酸铵等）后发生。这些均已纳入职业病范围。

二、矽尘（silica dust）作业人员的职业健康检查

1. 矽尘

矽尘（硅尘）是指含有大于或等于 10% 游离二氧化硅量的无机性粉尘，以石英为代表，如岩石开采、隧洞挖掘、煤矿掘进等产生的粉尘和燃煤电厂产生的锅炉尘等。

矽尘主要通过呼吸道吸入肺部，对人体产生危害，可造成的职业病称为矽肺。

（1）矽肺（硅沉着病）：生产过程中，因长期吸入含有游离二氧化硅高浓度粉尘而引起以肺纤维化为主的疾病。会出现气短、胸闷、胸痛、咳嗽、通气功能减退等症状。

（2）速发性矽肺：1～2 年之内。

（3）晚发性矽肺：脱尘作业若干年后；通常 15～20 年发病。

2. 矽尘作业人员的职业健康检查

矽尘作业人员的职业健康检查分为上岗前、在岗期间、离岗时以及离岗后的职业健康检查，其检查方法和检查项目要求见表3-1。对观察对象和矽肺患者的职业健康检查方法和检查项目要求见表3-2。

表3-1 矽尘作业人员职业健康检查方法和检查项目要求

作业状态	问诊	体格检查	实验室及其他检查		目标疾病		检查周期	
			必检项目	选检项目	职业病	职业禁忌症		
上岗前	询问吸烟史、呼吸系统、心血管系统疾病史及呼吸系统症状如咳嗽、咳痰	内科常规检查，重点检查呼吸系统、心血管系统	血常规、血沉、尿常规、丙氨酸氨基转移酶、心电图、后前位X射线高千伏胸片、肺通气功能测定			（1）活动性肺结核。（2）慢性阻塞性肺病。（3）慢性间质性肺病。（4）伴肺功能损害的疾病		
在岗期间			后前位X射线高千伏胸片、肺通气功能测定、心电图	血常规、血沉、尿常规、丙氨酸氨基转移酶	矽肺（见GBZ 70）	（1）活动性肺结核。（2）慢性阻塞性肺病。（3）慢性间质性肺病。（4）伴肺功能损害的疾病	1年	
离岗时	询问呼吸系统症状		后前位X射线高千伏胸片、肺通气功能测定、心电图	血常规、血沉、尿常规、丙氨酸氨基转移酶	肺			
离岗后			后前位X射线高千伏胸片	肺通气功能测定、心电图	矽肺		接尘10年以下	接尘10年以上
							每2年检查1次，共16年	每2年检查1次，共20年

表 3-2 对观察对象及矽肺患者的职业健康检查方法和检查项目要求

问诊	体格检查	实验室及其他检查		检查周期	
		必检项目	选检项目	观察对象	矽肺患者
询问呼吸系统症状	内科常规检查，重点检查呼吸系统、心血管系统	后前位 X 射线高千伏胸片	肺通气功能测定、心电图	每年 1 次，连续 10 年，若不能诊断为矽肺，则按离岗后职业健康检查	每年 1 次（包括离岗、退职或退休后）

三、煤尘（包括煤矽尘）作业人员的职业健康检查

1. 煤尘（包括煤矽尘）

煤尘中含有 5% 以下游离二氧化硅的粉尘被称为单纯性煤尘。在生产过程中长期吸入煤尘引起的尘肺称为煤肺。煤肺多见于煤矿采煤工、选煤厂选煤工、煤球制造工、车站和码头煤炭装卸工等工种。长期以来对煤尘能否引起煤肺问题，认识不一致。有人认为，煤矿工人多因工种不固定，煤尘中所含二氧化硅的致病作用比煤尘更为重要，所谓煤肺，实际上不过是一种轻型煤矽肺。但目前公认，长期吸入煤尘也可以引起肺组织纤维化，并存在剂量反应关系。煤肺发病工龄多在 20～30 年，病情进展缓慢，危害较轻。在煤炭开采过程中，由于煤矿岩层含游离二氧化硅量有时可高达 40% 以上，矿工作业工种调动频繁，故采矿工人所接触的粉尘多为煤矽混合性粉尘（煤矽尘）。生产中长期吸入大量煤矽粉尘所引起的以肺纤维化为主的疾病，称为煤矽肺。这是煤矿工人尘肺的最常见的一种类型。发病工龄多在 15～20 年，病变发展较快，危害较重。

2. 煤尘（包括煤矽尘）作业人员的职业健康检查

煤尘（包括煤矽尘）作业人员的职业健康检查分为上岗前、在岗期间、离岗时以及离岗后的职业健康检查，其检查方法和检查项目要求见表 3-3。对观察对象及煤工尘肺患者的职业健康检查方法和检查项目要求见表 3-4。

表 3-3 煤尘（包括煤矽尘）作业人员职业健康检查方法和检查项目要求

作业状态	问诊	体格检查	实验室及其他检查		目标疾病		检查周期
			必检项目	选检项目	职业病	职业禁忌症	
上岗前	询问吸烟史、呼吸系统、心血管系统病史及呼吸系统症状	内科常规检查，重点检查呼吸系统、心血管系统	血常规、血沉、尿常规、丙氨酸氨基转移酶、心电图、后前位 X 射线高千伏胸片、肺通气功能测定			（1）活动性肺结核。（2）慢性阻塞性肺病。（3）慢性间质性肺病。（4）伴肺功能损害的疾病	

续表

作业状态	问诊	体格检查	实验室及其他检查		目标疾病		检查周期
			必检项目	选检项目	职业病	职业禁忌症	
在岗期间	询问呼吸系统症状	内科常规检查，重点检查呼吸系统、心血管系统；外科常规检查，重点检查肘膝关节	后前位X射线高千伏胸片、肺通气功能测定、心电图	血常规、血沉、尿常规、丙氨酸氨基转移酶、肘、膝关节X射线摄片	（1）煤工尘肺（见GBZ70）。（2）煤矿井下工人滑囊炎（见GBZ82）	（1）活动性肺结核。（2）慢性阻塞性肺病。（3）慢性间质性肺病。（4）伴肺功能损害的疾病	1年
离岗时	询问呼吸系统症状	内科常规检查，重点检查呼吸系统、心血管系统；外科常规检查，重点检查肘膝关节	后前位X射线高千伏胸片、肺通气功能测定、心电图	血常规、血沉、尿常规、丙氨酸氨基转移酶、肘、膝关节X射线摄片	（1）煤工尘肺。（2）煤矿井下工人滑囊炎		
离岗后	询问呼吸系统症状	内科常规检查，重点检查呼吸系统、心血管系统	后前位X射线高千伏胸片	肺通气功能测定、心电图	煤工尘肺	接尘10年以下，每3年检查1次，共15年	接尘10年以上，每2年检查1次，共20年

表3-4 对观察对象及煤工尘肺患者的职业健康检查方法和检查项目要求

问诊	体格检查	实验室及其他检查		检查周期	
		必检项目	选检项目	观察对象	煤工尘肺患者
询问呼吸系统症状	内科常规检查，重点检查呼吸系统、心血管系统	后前位X射线高千伏胸片	心电图、肺通气功能测定	每年1次，连续10年，若不能诊断为煤工尘肺，则按离岗后职业健康检查	每年1次（包括离岗、退职或退休后）

四、石棉粉尘（asbestos dust）作业人员的职业健康检查

1. 石棉粉尘

石棉是一种天然的矿物结晶，其化学成分是含有铁、镁、铝、钙、镍等元素的硅酸盐复合物。石棉纤维具有耐酸、碱，隔热，绝缘等特性，在工业上用途很广。石棉矿的开采工、选矿工、运输工，石棉加工厂的分类工、弹棉工，石棉制品的绝缘、隔热材料制品工等都可因长期吸入石棉粉尘而发生职业性石棉肺。发病工龄一般在10年左右。临床上，

患者主要出现慢性支气管炎、肺气肿的症状，如咳嗽、咳痰、气急、胸胀痛等，晚期出现肺功能障碍和肺心病的症状和体征，患者痰内可检见石棉小体。石棉肺（asbestosis）是因长期吸入石棉粉尘而引起的以肺间质纤维化为主要病变的职业性尘肺。石棉矿的开采及运输工人，石棉加工厂和石棉制品厂的工人长期在操作过程中吸入石棉粉尘而导致石棉肺。本病在不知不觉中发病，患者逐渐出现咳嗽、咳痰、气急胸闷等症状，晚期因并发肺源性心脏病而出现右心室肥大。石棉肺较矽肺发展更慢，往往在接触 10 年后发病。主要症状有气急、咳嗽、咯痰、胸痛等，可较早出现活动时气急、干咳。气急往往较 X 线片上纤维化改变出现早。吸气时可听到两肺基底部捻发音或干、湿罗音。严重病例呼吸明显困难，有紫绀、杵状指，并出现肺源性心脏病等表现。

石棉可引起皮肤疣状赘生物——石棉疣。常发生于手指屈面、手掌和足底。是石棉纤维进入皮肤引起的局部慢性增生性改变。疣状物自针头至绿豆大，表面粗糙，有轻度压痛。病程缓慢，可经久不愈。

石棉肺患者易并发呼吸道感染、自发性气胸、肺源性心脏病等。合并肺结核的发病率较矽肺为低，且病情进展缓慢。

石棉工人的肺癌发病率较一般人群高 2～10 倍。发病率与接触石棉的量有明显关系。吸烟的石棉工人肺癌发病率更高。间皮瘤是极少见的肿瘤，但在石棉工人中，发生率很高，主要发生在胸膜和腹膜。一般在接触石棉尘 35～40 年后发病，发病与剂量关系不如肺癌明确。以青石棉和铁石棉引起间皮瘤较多，可能与其坚硬挺直而易穿透到肺的深部有关。

2. 石棉粉尘作业人员的职业健康检查

石棉粉尘作业人员的职业健康检查分为上岗前、在岗期间、离岗时以及离岗后的职业健康检查，其检查方法和检查项目要求见表 3-5。对观察对象及石棉肺患者的职业健康检查方法和检查项目要求见表 3-6。

表 3-5　　　　　　石棉粉尘作业人员职业健康检查方法和检查项目要求

作业状态	问诊	体格检查	实验室及其他检查		目标疾病		检查周期
			必检项目	选检项目	职业病	职业禁忌症	
上岗前	询问呼吸系统、心血管系统病史，吸烟史及呼吸系统症状	内科常规检查，重点检查呼吸系统、心血管系统	血常规、血沉、尿常规、丙氨酸氨基转移酶、心电图、后前位 X 射线高千伏胸片、肺通气功能测定	肺弥散功能测定		（1）活动性肺结核。（2）慢性阻塞性肺病。（3）慢性间质性肺病。（4）伴肺功能损害的疾病	

续表

作业状态	问诊	体格检查	实验室及其他检查		目标疾病		检查周期
			必检项目	选检项目	职业病	职业禁忌症	
在岗期间	询问呼吸系统症状	内科常规检查，重点检查呼吸系统、心血管系统	心电图、后前位X射线高千伏胸片、肺通气功能测定	血常规、血沉、尿常规、丙氨酸氨基转移酶、侧位高千伏X线胸片、CT检查、胸膜活检和病理检查、肺弥散功能测定	(1) 石棉肺（见 GBZ 70）。(2) 石棉所致肺癌、间皮瘤（见 GBZ 94）	(1) 活动性肺结核。(2) 慢性阻塞性肺病。(3) 慢性间质性肺病。(4) 伴肺功能损害的疾病	1年
离岗时	询问呼吸系统症状	内科常规检查，重点检查呼吸系统、心血管系统	心电图、后前位X射线高千伏胸片、肺通气功能测定	血常规、血沉、尿常规、丙氨酸氨基转移酶、侧位X线高千伏胸片、CT检查、胸膜活检和病理检查、肺弥散功能测定	(1) 石棉肺。(2) 石棉所致肺癌、间皮瘤		
离岗后	询问呼吸系统症状	内科常规检查，重点检查呼吸系统、心血管系统	后前位X射线高千伏胸片	心电图、肺通气功能测定、侧位X射线高千伏胸片	(1) 石棉肺。(2) 石棉所致肺癌、间皮瘤		接尘10年以下，每2年检查1次，共16年 / 接尘10年以上，每2年检查1次，共20年

表 3-6   对观察对象及石棉肺患者的职业健康检查方法和检查项目要求

问诊	体格检查	实验室及其他检查		检查周期	
		必检项目	选检项目	观察对象	石棉肺患者
询问呼吸系统症状	内科常规检查，重点检查呼吸系统、心血管系统	后前位X射线高千伏胸片	心电图、肺通气功能测定、侧位X射线高千伏胸片	每年1次，连续10年，若不能诊断为石棉肺，则按离岗后职业健康检查	每年1次（包括离岗、退职或退休后）

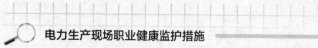

五、其他粉尘（包括电焊烟尘、铸造粉尘、水泥粉尘等）作业人员的职业健康检查

1. 电焊烟尘（welding fume）

当今社会电焊作业几乎涉及所有的工业领域，电焊工的数量急剧上升，电焊中的职业危害也日趋突出。电弧焊接时，焊条中的焊芯、药皮和金属母材在电弧高温下熔化、蒸发、氧化、凝集，产生大量金属氧化物及其他物质的烟尘，长期吸入可引起焊工尘肺。电焊工尘肺一般发生在密闭、通风不良的作业条件下，吸烟因素与接尘因素对电焊工的肺通气功能可能产生协同作用；电焊工的肺通气功能损伤有随接尘工龄的延长而加重的趋势。

电焊作业中的主要危害如下：

（1）金属烟尘的危害。电焊烟尘的成分因使用焊条的不同而有所差异。焊条由焊芯和药皮组成。焊芯除含有大量的铁外，还有碳、锰、硅等；药皮内材料主要由大理石、荧石、锰铁等组成。焊接时，电弧放电产生 4000～6000℃高温，在熔化焊条和焊件的同时，产生了大量的烟尘，其成分主要为氧化物、二氧化锰、二氧化硅、硅酸盐等，烟尘粒弥漫于作业环境中，极易被吸入肺内。

（2）有毒气体的危害在焊接电弧所产生的高温和强紫外线作用下，弧区周围会产生一氧化碳、氮氧化物等。一氧化碳为无色、无味、无刺激性气体，它极易与人体中运输氧的血红蛋白相结合，而且极难分离，因而，当大量的血红蛋白与一氧化碳结合以后，氧便失去了与血红蛋白结合的机会，使人体输送和利用氧的功能发生障碍，造成人体组织因缺氧而坏死。氮氧化物是有刺激性气味的有毒气体，其中常接触到的氮氧化物主要是二氧化氮。它为红褐色气体，有特殊臭味，当被人吸入时，经过上呼吸道进入肺泡内，逐渐与水起作用，形成硝酸及亚硝酸，对肺组织产生剧烈的刺激与腐蚀作用，引起肺水肿。

（3）电弧光辐射的危害焊接产生的电弧光有紫外线等。紫外线主要通过光化学作用对人体产生危害，它损伤眼睛及裸露的皮肤，引起角膜结膜炎（电光性眼炎）和皮肤胆红斑症。主要表现为患者眼痛、羞明、流泪、眼睑红肿痉挛，受紫外线照射后皮肤可出现界限明显的水肿性红斑，严重时可出现水泡、渗出液和浮肿，并有明显的烧灼感。

2. 铸造粉尘（dust produced by foundry process）

铸造生产过程中，型砂配制、造型、打箱、清砂和砂轮加工等过程中，均可产生粉尘。由于铸件品种和砂型的制造方法不同，型砂的成分也不一样。一般型砂粉尘中游离二氧化硅含量约为 20%～30%，有的高达 70%左右。产生粉尘的设备有碾砂机、筛砂机、拌砂机、皮带输送机、电弧炉、冲天炉、落砂机、喷抛丸机。我国铸造工厂（车间）除少数重点企业外，多数工艺操作及装备都比较落后，仍为手工造型，就地浇注，清砂机械化程度低，工人劳动强度大。据有关资料介绍，每熔炼 1t 铁水，散发粉尘 6～15kg。非熔炼的工艺过程中，每生产 1t 铸件，散发粉尘约 50kg。由于铸造生产中粉尘浓度高，粉尘含硅量大，因此铸造工人的矽肺病发病情况比较严重。

铸造粉尘的危害主要有：

（1）早期无或有轻微症状，可有黏膜及上呼吸道刺激，鼻、喉、眼的刺痒，干咳，主要表现出流感样的发热、发冷、头痛、肌肉关节痛、乏力，严重者出现寒战。病程短，非进行性，一般持续 1～2 天症状可消失。

（2）胸部 X 线表现：病变以纤维化结节为主，并常先发生在肺上叶，是由于纤维结节融合所致。单纯肺结节一般小于 5mm，对肺功能的损害也多不明显。研究表明，没有临床症状和肺功能损害 X 射线胸片上只有小阴影改变的病人寿命并不受影响。

3. 水泥粉尘（cement dust）

水泥厂粉尘粒径小于 $2\mu m$ 的占 61.0%，小于 $5\mu m$ 占 92.9%。尘粒小，分散度高，对人群健康危害性大，灰尘自然沉降量夏秋高于冬春，均以立窑点含量〔分别为 240.4550t/（km^2·月）和 227.0514t/（km^2·月）〕最高，其次是窑尾点〔分别为 214.5139t/（km^2·月）和 153.4192t/（km^2·月）〕，大气总悬浮微粒（TSP）一次最高浓度与日平均最高浓度均越过国家大气环境二级标准。一日时点变化以 8 时和 18 时浓度最高，13 时最低；空间分布仍以立窑点浓度最高。该地区人群中上呼吸道疾病占 67.5%，其余为眼疾、慢性鼻炎、慢性咽喉炎、中耳炎、肺功能低下等疾患，极大的危害了人群健康。

水泥生产中主要职业危害是粉尘，在粉碎、研磨、过筛、配料、出窑、包装等工序都有大量粉尘产生。通常，生料中游离二氧化硅含量约 10%，熟料含 1.7%～9.0%，成品水泥含 1.2%～2.6%。长期吸入生料粉尘可引起矽肺，吸入烧成后的熟料或水泥粉尘可引起水泥尘肺，水泥遇水或汗液，能生成氢氧化钙等碱性物质，刺激皮肤引起皮炎。进入眼内引起结膜炎、角膜炎。原料烘干、立窑煅烧等作业地点，有高温、热辐射。此外，各种设备运转时，可产生不同程度的噪声，损伤听力。水泥生产企业生产场所排放的砖质粉尘是造成矽肺病的主要污染物，慢性的病理改变即使在脱离粉尘接触之后也仍然会进展。

4. 其他粉尘（包括电焊烟尘、铸造粉尘、水泥粉尘等）作业人员的职业健康检查

其他粉尘作业人员的职业健康检查分为上岗前、在岗期间、离岗时以及离岗后职业健康检查，其检查方法和检查项目要求见表 3-7。对观察对象及其他尘肺患者的职业健康检查方法和检查项目要求见表 3-8。

表 3-7　　　其他粉尘作业人员职业健康检查方法和检查项目要求

作业状态	问诊	体格检查	实验室及其他检查		目标疾病		检查周期
			必检项目	选检项目	职业病	职业禁忌症	
上岗前	询问吸烟史，呼吸系统、心血管系统病史及呼吸系统症状	内科常规检查，重点检查呼吸系统、心血管系统	血常规、血沉、尿常规、丙氨酸氨基转移酶、心电图、后前位 X 射线高千伏胸片、肺通气功能测定			（1）活动性肺结核。（2）慢性阻塞性肺病。（3）慢性间质性肺病。（4）伴肺功能损害的疾病	

作业状态	问诊	体格检查	实验室及其他检查		目标疾病		检查周期
			必检项目	选检项目	职业病	职业禁忌症	
在岗期间	询问呼吸系统症状	内科常规检查，重点检查呼吸系统、心血管系统	后前位X射线高千伏胸片、肺通气功能测定、心电图	血常规、血沉、尿常规、丙氨酸氨基转移酶	电焊工尘肺、铸工尘肺、水泥尘肺等（见GBZ 70）	(1) 活动性肺结核。(2) 慢性阻塞性肺病。(3) 慢性间质性肺病。(4) 伴肺功能损害的疾病	1年
离岗时	询问呼吸系统症状	内科常规检查，重点检查呼吸系统、心血管系统	后前位X射线高千伏胸片、肺通气功能测定、心电图	血常规、血沉、尿常规、丙氨酸氨基转移酶	电焊工尘肺、铸工尘肺、水泥尘肺等		
离岗后	询问呼吸系统症状	内科常规检查，重点检查呼吸系统、心血管系统	后前位X射线高千伏胸片	心电图、肺通气功能测定	电焊工尘肺、铸工尘肺、水泥尘肺等		接尘20年以下，每3年检查1次，共15年 / 接尘20年以上，每3年检查1次，共21年

表3-8　　对观察对象及其他尘肺患者的职业健康检查方法和检查项目要求

问诊	体格检查	实验室及其他检查		检查周期	
		必检项目	选检项目	观察对象	尘肺患者
询问呼吸系统症状	内科常规检查，重点检查呼吸系统、心血管系统	后前位X射线高千伏胸片	心电图、肺通气功能测定	每年1次，连续10年，若不能诊断为尘肺，则按离岗后职业健康检查	每年1次（包括离岗、退职或退休后）

第二节　电力行业作业场所生产性粉尘监测方法

一、生产性粉尘监测内容和监测周期

生产性粉尘监测内容和监测周期见表3-9。

表 3 - 9　　　　　　　　电力行业作业场所生产性粉尘监测内容和监测周期

项目	监测内容和要求	监测周期
粉尘浓度	遵照 GBZ/T 192.1 和 GBZ/T 192.2 的规定，采用滤膜质量法进行总粉尘浓度监测和呼吸性粉尘浓度监测。 对只制定了总粉尘 PC-TWA 的粉尘，应测定总粉尘的时间加权平均浓度，同时应监测总粉尘的短时间接触浓度以确定超限倍数。对分别制定了总粉尘和呼吸性粉尘 PC-TWA 的粉尘，应监测总粉尘和呼吸性粉尘的时间加权平均浓度，同时应监测总粉尘和呼吸性粉尘的短时间接触浓度以确定相应的超限倍数	粉尘浓度每半年测定一次，特殊情况下（如煤种变化、工艺变化等）应及时采样分析
游离二氧化硅含量和分散度	按照 GBZ/T 192.4 的要求，采用焦磷酸法、红外分光光度法、X 线衍射法，监测粉尘中游离二氧化硅含量。粉尘分散度按照 GBZ/T 192.3 的要求监测	游离二氧化硅含量和分散度按粉尘种类每年测定一次，特殊情况下（如煤种变化、工艺变化等）应及时采样分析

表 3 - 9 中所涉及的术语及其含义见表 3 - 10。

表 3 - 10　　　　　　　　生产性粉尘监测相关术语及其含义

术语	含　义
生产性粉尘 （industrial dust）	在生产过程中形成的、并能长时间浮游在空气中的固体微粒
总粉尘 （total dust）	可进入整个呼吸道（鼻、咽和喉、支气管、细支气管和肺泡）的粉尘，简称总尘。技术上系用总粉尘采样器按标准方法在呼吸带测得的所有粉尘
呼吸性粉尘 （respirable dust）	按呼吸性粉尘标准测定方法所采集的可进入肺泡的粉尘粒子，其空气动力学直径均在 7.07 μm 以下，而且空气动力学直径为 5 μm 粉尘粒子的采集效率为 50%，简称呼尘
粉尘浓度 （dust concentration）	单位体积空气中所含粉尘的质量（mg/m³）或数量（粒/cm³）。根据职业接触限值要求的不同，粉尘浓度可进行时间加权平均浓度（C_{TWA}）和短时间接触浓度（C_{STEL}）两种浓度的检测
游离二氧化硅含量 （content of free silica in dust）	粉尘中含有结晶型游离二氧化硅的质量百分比
粉尘分散度 （distribution of particulate）	各粒径区间的粉尘数量或质量分布的百分比。本书采用数量分布百分比
时间加权平均容许浓度 （permissible concentration-time weighted average，PC-TWA）	以时间为权数规定的 8h 工作日的平均容许接触浓度，亦可是 40h 工作周的平均容许接触浓度
短时间接触浓度 （concentration-short term exposure limit，C_{STEL}）	空气中粉尘 15min 时间加权平均浓度。选定有代表性的、空气中粉尘浓度最高的工作地点作为重点采样点，在空气中粉尘浓度最高的时段进行采样。采样时间一般为 15min，采样时间不足 15min 时，可进行 1 次以上的采样
超限倍数 （excursion limits，EL）	指未制定 PC-STEL 的化学有害因素，在符合 8h 时间加权平均容许浓度的情况下，任何一次短时间（15min）接触的浓度均不应超过的 PC-TWA 的倍数值

二、生产性粉尘监测的样品采集

样品采样可分为个体采样和定点采样。定点采样又可分为短时间采样和长时间采样。

1. 个体采样及其要求

个体采样（personal sampling）是指将空气收集器佩戴在采样对象的前胸上部，其进气口尽量接近呼吸带所进行的采样。

个体采样的要求如下：

（1）在需要确定劳动者实际接触粉尘的水平时，可采用个体采样。劳动者在一个以上工作地点工作或移动工作时，个体采样是比较理想的采样方法。

（2）采样对象中必须包括不同工作岗位的、接触粉尘浓度最高和接触时间最长的劳动者，其余的采样对象应随机选择。

（3）将连接好的粉尘采样器佩戴在采样对象的前胸上部，进气口尽量接近呼吸带，以1~5L/min 的流量（测总粉尘）或以预分离器要求的流量（测呼吸性粉尘）采集 1~8h（由采样现场的粉尘浓度和采样器的性能等确定）空气样品。

2. 定点采样及其要求

定点采样（area sampling）是指将空气收集器放置在选定的采样点、劳动者的呼吸带进行采样。

定点采样的要求如下：

在需要确定某一工作地点的环境卫生状况，或需要确定劳动者在一个工作地点工作的实际接触水平，或需要评价粉尘治理的效果时，可采用定点采样。根据监测的目的和要求，可以采用短时间采样或长时间采样。

（1）短时间采样

短时间采样（short time sampling）是指采样时间一般不超过 15min 的采样。在测定短时间接触浓度时，应选定具有代表性的采样点，在一个工作班内空气中粉尘浓度最高的时段进行采样。在采样点，将装好滤膜的粉尘采样夹（或采样器）置于呼吸带高度，以15~40L/min 的流量（测总粉尘）或以预分离器要求的流量（测呼吸性粉尘）采集 15min 空气样品。

（2）长时间采样

长时间采样（long time sampling）是指采样时间一般在 1h 以上的采样。在测定时间加权平均浓度时，应选定有代表性的采样点，其中应包括空气中粉尘浓度最高的工作日。在采样点，将装好滤膜的粉尘采样夹（或采样器）置于呼吸带高度，以 1~5L/min 的流量（测总粉尘）或以预分离器要求的流量（测呼吸性粉尘）采集 1~8h（由采样现场的粉尘浓度和采样器的性能等确定）空气样品。

三、电力行业作业场所生产性粉尘测点设置

1. 火电厂粉尘测点设置

火电厂粉尘测点按生产系统和检修场所设置，测点个数见表 3-11。

表 3-11	火电厂粉尘测点位置和测点个数
系统或场所	测点具体位置和个数
输煤系统	(1) 煤场装卸机械的操作室内设 1 个测点。 (2) 翻车机上、下平台各设 1 个测点。 (3) 输煤皮带头、尾各设 1 个测点，输煤皮带在 100m 以上者中间增设 1 个测点，犁煤器处设 1 个测点。 (4) 输煤集控室、输煤皮带值班室各设 1 个测点。 (5) 叶轮给煤机操作位置设 1 个测点。 (6) 碎煤机室、筛煤机室各设 1 个测点。 (7) 给煤机处设 1 个测点
制粉系统	(1) 磨煤机、排粉机处各设 1 个测点。 (2) 绞笼层设 1 个测点。 (3) 给粉机处设 1 个测点
锅炉系统	(1) 集中控制室设 1 个测点。 (2) 喷燃器、吹灰器处各设 2 个测点。 (3) 运行平台至少设 2 个测点。 (4) 炉顶平台处设 1 个测点。 (5) 过热器平台设 1 个测点。 (6) 送风机、引风机处各设 1 个测点
除灰系统	(1) 电除尘间零米、排灰阀平台各设 1 个测点。 (2) 灰库、灰库控制室各设 1 个测点
脱硫系统	(1) 石灰石堆场（或石灰石粉仓）设 1 个测点。 (2) 石灰石卸料间设 1 个测点。 (3) 破碎机层设 1 个测点。 (4) 斗式提升机底部设 1 个测点。 (5) 埋刮板输送机设 1 个测点。 (6) 石灰石磨制车间设 2 个测点。 (7) 石膏堆料间设 1 个测点。 (8) 脱硫废水处理配药处各设 1 个测点。 (9) 脱硫控制室设 1 个测点
锅炉系统检修场所	(1) 炉内更换设备时设 3 个测点。 (2) 炉顶检修时设 1 个测点。 (3) 磨煤机内检修时设 1 个测点。 (4) 检修给煤机层设备时设 1 个测点。 (5) 拆炉墙作业时设 3 个测点。 (6) 制粉系统检修时设 2 个测点。 (7) 电除尘器检修时其内部设 1 个测点。 (8) 拆保温管道时设 2 个测点。 (9) 零米地面检修场地设 3 个测点。 (10) 干除灰系统检修时设 3 个测点
其他检修场所	脱硫、脱硝、输煤、石灰水预处理等存在粉尘的检修场所应视情况设定测点

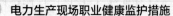

2. 修造企业粉尘测点设置

修造企业粉尘测点位置和个数见表 3-12。

表 3-12 修造企业粉尘测点位置和个数

测点位置	测点个数
震动落砂机处	设 2 个测点
混砂机平台	设 1 个测点
型砂手工拆包作业处	设 2 个测点
清砂作业点	设 2 个测点
造型作业点	设 2 个测定
铸件切削加工操作者位置	设 1 个测点
喷砂除锈作业点	设 2 个测点
打磨作业点	设 2 个测点

3. 电建施工作业粉尘测点设置

电建施工作业粉尘测点位置和测点个数见表 3-13。

表 3-13 电建施工作业粉尘测点位置和测点个数

作业内容	测点位置和测点个数
凿岩作业	(1) 每台钻机（潜孔钻、冲击钻等）的司机室内设 1 个测点，钻机外距工人操作处 1～2m 的上风侧和距工人操作处 3～5m 的下风侧各设 1 个测点。 (2) 台架式风钻（包括轻型、重型凿岩机）作业，按工作面设 2 个测点，其采样位置设在距工人操作处 1.5～3m 的下风侧。 (3) 隧道凿岩作业测点的设定应在 (1) 或 (2) 的基础上增设 1～2 个测点。隧道掘进机的司机室内设计 2 个测点
除渣作业	(1) 每台电铲、正铲、反铲、装载机、柴油铲的司机室内各设 1 个测点。 (2) 装载运输车的司机室内设 1 个测点，当同型号载重车辆多于 5 台时，只选 5 台设测点
喷锚作业	喷浆、打锚杆（筋）孔作业各设 2 个测点，其采样位置分别设于距工人作业点 2～5m 和 5～10m 处的下风侧
破碎筛分作业	(1) 破碎机操作平台设 2 个测点。 (2) 筛分楼每层设 1～3 个测点。 (3) 石料输送皮带长度 10m 以下设 1 个测点，10m 以上皮带头、尾各设 1 个测点。 (4) 砂、石成品料仓放料口设 1～2 个测点
拌和作业	(1) 水泥拆包操作点设 2 个测点。 (2) 称量层、储料层、操作室各设 1 个测点。 (3) 罐装水泥、粉煤灰站设 2 个测点
焊接作业	在焊接作业点上风侧和下风侧各设 1 个测点
爆破作业	(1) 炮后 5min 喷雾洒水，通风时于操作人员停留处设 1 个测点。 (2) 炮后 30min 安全处理时室内设 1 个测点
灌浆作业	制浆站设 2 个测点

四、样品称量和监测计算

1. 滤膜的准备

（1）干燥。称量前，将滤膜置于干燥器内 2h 以上。

（2）称量。用镊子取下滤膜的衬纸，除去滤膜的静电；在分析天平上准确称量。在衬纸上和记录表上记录滤膜的质量 m_1 和编号；将滤膜和衬纸放入相应容器中备用，或将滤膜直接安装在采样头（测总粉尘时）或预分离器（测呼吸性粉尘时）上。

（3）安装。滤膜毛面应朝进气方向，滤膜放置应平整，不能有裂隙或褶皱。用直径 75mm 的滤膜时，做成漏斗状装入采样夹。

2. 滤膜上粉尘的增量（Δm）要求

无论定点采样还是个体采样，均要根据现场空气中粉尘的浓度、使用采样夹的大小、采样流量及采样时间，估算滤膜上粉尘的增量（Δm）。滤膜上粉尘的增量要求与称量使用的分析天平感量和采样使用的滤膜直径有关。采样时要通过调节采样流量和采样时间，控制滤膜粉尘增量在表 3-14 要求的范围内。否则，有可能因过载造成粉尘脱落。采样过程中，若有过载可能，应及时更换采样器。

表 3-14   滤膜上粉尘的增量要求

分析天平感量（mg）	滤膜直径（mm）	增量（Δm）要求（mg）
0.1	≤37	$1 \leqslant \Delta m \leqslant 5$
	40	$1 \leqslant \Delta m \leqslant 10$
	75	$\Delta m \geqslant 1$，最大增量不限
0.01	≤37	$0.1 \leqslant \Delta m \leqslant 5$
	40	$0.1 \leqslant \Delta m \leqslant 10$
	75	$\Delta m \geqslant 0.1$，最大增量不限

3. 采样位置

（1）采样位置应选择在接尘人员经常活动范围的作业点呼吸带高度。在设置 1 个及以上测点的采样位置时，应接近粉尘源或被认为浓度最高的作业位置的呼吸带高度。

（2）控制室、值班室、操作室等室内采样位置，应设在作业人员呼吸带高度。

（3）有气流影响时，采样位置应在下风侧或回风侧。

4. 样品称量

称量前，将采样后的滤膜置于干燥器内 2h 以上，除静电后，在分析天平上准确称量，记录滤膜和粉尘的质量。

5. 监测计算

（1）空气中粉尘的浓度按式（3-1）进行计算

$$c = \frac{m_2 - m_1}{Vt} \times 1000 \qquad (3-1)$$

式中　c——空气粉尘的浓度数值，mg/m^3；

　　　m_2——采样后的滤膜质量数值，mg；

m_1——采样前的滤膜质量数值，mg；

  V——采样流量数值，L/min；

  t——采样时间数值，min。

（2）空气中粉尘时间加权平均浓度按 GBZ 159《工作场所空气中有害物质监测的采样规范》规定计算。

五、评判标准

按照 GBZ2.1 中"工作场所空气中粉尘容许浓度"的要求或表 3‑15 的规定评价粉尘浓度是否超标。在符合 PC‑TWA 的前提下，粉尘的超限倍数是 PC‑TWA 的 2 倍。

表 3‑15　　　　　　　　　电力行业工作场所空气中粉尘容许浓度表

序号	中文名		英文名		PC‑TWA（mg/m³）		备注
					总粉尘	呼吸性粉尘	
1	电焊烟尘		welding fume		4	—	G2B
2	煤尘（游离 SiO₂ 含量＜10%）		coal dust（free SiO₂＜10%）		4	2.5	—
3	石膏粉尘		gypsum dust		8	4	—
4	石灰石粉尘		limestone dust		8	4	—
5	石棉（石棉含量＞10%）	粉尘	asbestos（asbestos＞10%）	dust	0.8	—	G1
		纤维		asbestos fibre	0.8f/mL	—	
6	水泥粉尘（游离 SiO₂ 含量＜10%）		gment dust（free SiO₂＜10%）		4	1.5	—
7	矽尘	10%≤游离 SiO₂ 含量≤50%	silica dust	10%≤free SiO₂≤50%	1	0.7	G1（结晶型）
		50%＜游离 SiO₂ 含量≤80%		50%≤free SiO₂≤80%	0.7	0.3	
		游离 SiO₂ 含量＞80%		free SiO₂＞80%	0.5	0.2	
8	其他粉尘ᵃ		particles not otherwise regulated		8	—	—

注　国际癌症研究中心（IARC）将潜在化学致癌性物质分为：①G1，确认人类致癌物（carcinogenic to humans）；②G2A，可能人类致癌物（probably carcinogenic to humans）；③G2B，可疑人类致癌物（possibly carcinogenic to bumans）；④G3，对人及动物致癌性证据不足（not classifiable as to carcinogenicity to humans）；⑤G4，未列为人类致癌物（probably not carcinogenic to humans）。备注栏中引用国际癌症研究中心的致癌性分级标识 G1、G2B，作为职业病危害预防控制的参考。对于标有致癌性标识的粉尘，应采取技术措施与个人防护，减少接触机会，尽可能保持最低接触水平。

a　指游离 SiO₂ 含量低于 10%，不含石棉和有毒物质，而尚未制定允许浓度的粉尘；表中列出的各种粉尘（石棉纤维除外），凡游离 SiO₂ 含量高于 10% 者，均按矽尘允许浓度对待。

第四章

接触有害化学因素作业人员职业健康监护

第一节 接触有害化学因素作业人员的职业健康检查

一、接触氨作业人员的职业健康检查

1. 氨及氨气的危害

氨（ammonia）即阿摩尼亚，或称"氨气"，氮和氢的化合物，分子式为 NH_3，是一种无色气体，有强烈的刺激气味。极易溶于水，常温常压下 1 体积水可溶解 700 倍体积氨，除去压力后吸收周围的热变成气体，是一种制冷剂。氨也是制造硝酸、化肥、炸药的重要原料。氨对地球上的生物相当重要，它是所有食物和肥料的重要成分。氨也是所有药物直接或间接的组成。氨有很广泛的用途，同时它还具有腐蚀性等危险性质。由于氨有广泛的用途，氨是世界上产量最多的无机化合物之一，多于八成的氨被用于制作化肥。由于氨可以提供孤对电子，所以它也是一种路易斯碱。氨气危害的表现如下：

（1）吸入。氨的刺激性是可靠的有害浓度报警信号。但由于嗅觉疲劳，长期接触后会对低浓度的氨气难以察觉。吸入是接触的主要途径，吸入氨气后的中毒表现主要有以下几个方面。

1）轻度吸入氨中毒表现有鼻炎、咽炎、喉痛、发音嘶哑。氨进入气管、支气管会引起咳嗽、咳痰、痰内有血。严重时可咯血及肺水肿，呼吸困难、咯白色或血性泡沫痰，双肺布满大、中水泡音。患者有咽灼痛、咳嗽、咳痰或咯血、胸闷和胸骨后疼痛等。

2）急性吸入氨中毒的发生多由意外事故如管道破裂、阀门爆裂等造成。急性氨中毒主要表现为呼吸道黏膜刺激和灼伤。其症状根据氨的浓度、吸入时间以及个人感受性等而轻重不同。

a. 急性轻度中毒：咽干、咽痛、声音嘶哑、咳嗽、咳痰，胸闷及轻度头痛，头晕、乏力，支气管炎和支气管周围炎。

b. 急性中度中毒：上述症状加重，呼吸困难，有时痰中带血丝，轻度发绀，眼结膜充血明显，喉水肿，肺部有干湿性啰音。

c. 急性重度中毒：剧咳，咯大量粉红色泡沫样痰，气急、心悸、呼吸困难，喉水肿进一步加重，明显发绀，或出现急性呼吸窘迫综合症、较重的气胸和纵隔气肿等。

3）严重吸入中毒可出现喉头水肿、声门狭窄以及呼吸道黏膜脱落，可造成气管阻塞，引起窒息。吸入高浓度的氨气可直接影响肺毛细血管通透性而引起肺水肿，可诱发惊厥、抽搐、嗜睡、昏迷等意识障碍。个别病人吸入极浓的氨气可发生呼吸心跳停止。

人对氨气的嗅觉阈为 $0.5\sim2mg/m^3$。氨气在空气中的浓度及对人的危害见表 4-1。

表 4 - 1　　　　　　　　　　　　　　氨气在空气中的浓度及对人的危害

浓度（mg/m³）	接触时间（min）	危害程度	危害分级
0.7		感觉到气味	对人体无危害
9.8		无刺激作用	
67.2	45	鼻、咽部位有刺激感，眼有灼痛感	轻微危害
70	30	呼吸变慢	
140	30	鼻和上呼吸道不适、恶心、头痛	
140~210	20	身体有明显不适但尚能工作	中等危害
175~350	20	鼻眼刺激、呼吸和脉搏加速	
553	30	强刺激感，可耐受 1.25min	重度危害
700	30	立即咳嗽	
1750~3500	30	危及生命	
3500~7000	30	即刻死亡	

（2）接触皮肤和眼睛。低浓度的氨对眼和潮湿的皮肤能迅速产生刺激作用。潮湿的皮肤或眼睛接触高浓度的氨气能引起严重的化学烧伤。

1）皮肤接触氨气可引起严重疼痛和烧伤，并能发生咖啡样着色。被腐蚀部位呈胶状并发软，可发生深度组织破坏。

2）高浓度蒸气对眼睛有强刺激性，可引起疼痛和烧伤，导致明显的炎症并可能发生水肿、上皮组织破坏、角膜混浊和虹膜发炎。轻度病例一般会缓解，急性轻度中毒可引起流泪、畏光、视物模糊、眼结膜充血。严重病例可能会长期持续，并发生持续性水肿、疤痕、永久性混浊、眼睛膨出、白内障、眼睑和眼球黏连及失明等并发症。多次或持续接触氨会导致结膜炎。

2. 急救措施

（1）清除污染。如果患者只是单纯接触氨气，并且没有皮肤和眼的刺激症状，则不需要清除污染。假如接触的是液氨，并且衣服已被污染，应将衣服脱下并放入双层塑料袋内。

如果眼睛接触或眼睛有刺激感，应用大量清水或生理盐水冲洗 20min 以上。如在冲洗时发生眼睑痉挛，应慢慢滴入 1~2 滴 0.4% 奥布卡因，继续充分冲洗。如患者戴有隐形眼镜，又容易取下并且不会损伤眼睛的话，应取下隐形眼镜。

对接触的皮肤和头发用大量清水冲洗 15min 以上。冲洗皮肤和头发时要注意保护眼睛。

（2）病人复苏。应立即将患者转移出污染区，至空气新鲜处，对病人进行复苏三步法

（气道、呼吸、循环）。气道：保证气道不被舌头或异物阻塞。呼吸：检查病人是否呼吸，如无呼吸可用袖珍面罩等提供通气。循环：检查脉搏，如没有脉搏应施行心肺复苏。

（3）初步治疗。氨中毒无特效解毒药，应采用支持治疗。

如果接触浓度大于或等于 500ppm（$1ppm = 1mg/kg = 1 \times 10^{-6}$），并出现眼刺激、肺水肿的症状，则推荐采取以下措拖：先喷 5 次地塞米松（用定量吸入器），然后每 5min 喷两次，直至到达医院急症室为止。

如果接触浓度大于或等于 1500ppm，应建立静脉通路，并静脉注射 1.0g 甲基泼尼松龙（methyl-prednisolone）或等量类固醇。注意：在临床对照研究中，皮质类固醇的作用尚未证实。

对氨吸入者，应给湿化空气或氧气。如有缺氧症状，应给湿化氧气。

如果呼吸窘迫，应考虑进行气管插管。当病人的情况不能进行气管插管时，如条件许可，应施行环甲状软骨切开术。对有支气管痉挛的病人，可给支气管扩张剂喷雾。

如皮肤接触氨，会引起化学烧伤，可按热烧伤处理：适当补液，给止痛剂，维持体温，用消毒垫或清洁床单覆盖伤面。如果皮肤接触高压液氨，要注意冻伤。

误服者给饮牛奶，有腐蚀症状时忌洗胃。

3. 预防氨的职业危害措施

（1）氨作业工人应进行作业前体检，患有严重慢性支气管炎、支气管扩张、哮喘以及冠心病者不宜从事氨作业。

（2）工作时应选用耐腐蚀的工作服、防碱手套、眼镜、胶鞋、用硫酸铜或硫酸锌防毒口罩，防毒口罩应定期检查，以防失效。

（3）在使用氨水作业时，应在作业者身旁放一盆清水，以防万一；在氨水运输过程中，应随身携带 2～3 只盛满 3‰硼酸液的水壶，以备急救冲洗；配制一定浓度氨水时，应戴上风镜；使用氨水时，作业者应在上风处，防止氨气刺激面部；操作时要严禁用手揉擦眼睛，操作后洗净双手。

（4）预防皮肤被污染，可选用 5‰硼酸油膏。

（5）配备良好的通风排气设施、合适的防爆、灭火装置。

（6）工作场所禁止饮食、吸烟、禁止明火、火花。

（7）应急救援时，必须佩带空气呼吸器。

（8）发生泄漏时，将泄漏钢瓶的渗口朝上，防止液态氨溢出。

（9）加强生产过程的密闭化和自动化，防止跑、冒、滴、漏。

（10）使用、运输和储存时应注意安全，防止容器破裂和冒气。

（11）现场安装氨气监测仪，发现异常及时报警。

4. 接触氨作业人员的职业健康检查

接触氨作业人员的职业健康检查分为上岗前、在岗期间和应急职业健康检查，其检查方法和检查项目要求见表 4 - 2。

表 4 - 2 接触氨作业人员职业健康检查方法和检查项目要求

作业状态	问诊	体格检查	实验室及其他检查		目标疾病		检查周期
			必检项目	选检项目	职业病	职业禁忌症	
上岗前	询问呼吸系统病史和呼吸系统症状	内科常规检查，重点检查呼吸系统	血常规、尿常规、丙氨酸氨基转移酶、心电图、胸部X射线检查、肺通气功能测定			（1）慢性阻塞性肺病。（2）支气管哮喘。（3）慢性间质性肺病。（4）支气管扩张	
在岗期间	询问呼吸系统病史和呼吸系统症状	内科常规检查，重点检查呼吸系统	血常规、尿常规、丙氨酸氨基转移酶、心电图、胸部X射线检查、肺通气功能测定	肺弥散功能测定		（1）慢性阻塞性肺病。（2）支气管哮喘。（3）慢性间质性肺病。（4）支气管扩张	1年
应急	询问呼吸系统症状、上呼吸道及眼部刺激症状	内科常规检查，重点检查呼吸系统和心血管系统	血常规、尿常规、肝功能、心电图、胸部X射线检查	血气分析	职业性急性氨中毒（见GBZ 14）		

二、接触苯作业人员的职业健康检查

1. 苯

苯（benzene，C_6H_6）在常温下为一种无色、有甜味的透明液体，并具有强烈的芳香气味。苯可燃，毒性较高，是一种致癌物质。可通过皮肤和呼吸道进入人体，体内极其难降解，因为其有毒，常用甲苯代替，苯是一种碳氢化合物也是最简单的芳烃。它难溶于水，易溶于有机溶剂，本身也可作为有机溶剂。苯是一种石油化工基本原料。苯的产量和生产的技术水平是一个国家石油化工发展水平的标志之一。苯具有的环系叫苯环，是最简单的芳环。苯分子去掉一个氢以后的结构叫苯基，用 Ph 表示，因此，苯也可表示为 PhH。

2. 健康危害

由于苯的挥发性大，暴露于空气中很容易扩散。人和动物吸入或皮肤接触大量苯进入体内，会引起急性和慢性苯中毒。有研究报告表明，引起苯中毒的部分原因是由于在体内苯生成了苯酚。

（1）长期吸入会侵害人的神经系统，急性中毒会产生神经痉挛甚至昏迷、死亡。

（2）白血病患者中的很大一部分都有苯及其有机制品接触历史。

3. 苯中毒症状

国家颁布的《住宅设计规范》GB 500096—2011 规定：氡≤200（Bq/m³）；游离甲醛≤0.08（mg/m³）；苯≤0.09（mg/m³）；氨≤0.2（mg/m³）；TVOC≤0.5（mg/m³）。

由于每个人的健康状况和接触条件不同，对苯的敏感程度也不相同。嗅出苯的气味时，它的浓度大概是 1.5×10^{-6} mg/kg，这时就应该注意到中毒的危险。在检查时，通过尿和血液的检查可以很容易查出苯的中毒程度。

（1）短期接触中毒症状。苯对中枢神经系统产生麻痹作用，引起急性中毒。重者会出现头痛、恶心、呕吐、神志模糊、知觉丧失、昏迷、抽搐等，严重者会因为中枢系统麻痹而死亡。少量苯也能使人产生睡意、头昏、心率加快、头痛、颤抖、意识混乱、神志不清等现象。摄入含苯过多的食物会导致呕吐、胃痛、头昏、失眠、抽搐、心率加快等症状，甚至死亡。吸入 $20\,000 \times 10^{-6}$ mg/kg 的苯蒸气 5～10min 会有致命危险。

（2）长期接触中毒症状。长期接触苯会对血液造成极大伤害，引起慢性中毒。引起神经衰弱综合症。苯可以损害骨髓，使红血球、白细胞、血小板数量减少，并使染色体畸变，从而导致白血病，甚至出现再生障碍性贫血。苯可以导致大量出血，从而抑制免疫系统的功用，使疾病有机可乘。有研究报告指出，苯在体内的潜伏期可长达12～15 年。

（3）妇女吸入过量苯后，会导致月经不调达数月，卵巢会缩小。对胎儿发育和对男性生殖力的影响尚未明了。孕期动物吸入苯后，会导致幼体的重量不足、骨骼延迟发育、骨髓损害。

（4）对皮肤、黏膜有刺激作用。国际癌症研究中心（IARC）已经确认为致癌物。

（5）急性苯中毒临床表现。

1）轻度中毒者可有头痛、头晕、流泪、咽干、咳嗽、恶心呕吐、腹痛、腹泻、步态不稳、皮肤、指甲及黏膜紫组、急性结膜炎、耳鸣、畏光、心悸以及面色苍白等症状。

2）中度和重度中毒者，除上述症状加重、嗜睡、反应迟钝、神志恍惚等外，还可能迅速昏迷、脉搏细速、血压下降、全身皮肤、黏膜紫绀、呼吸增快、抽搐、肌肉震颤，有的患者还可出现躁动、欣快、谵妄及周围神经损害，甚至呼吸困难、休克。

4. 急救处理

（1）吸入中毒者，应迅速将患者移至空气新鲜处，脱去被污染衣服，松开所有的衣服及颈、胸部纽扣、腰带，使其静卧，口鼻如有污垢物，要立即清除，以保证肺通气正常，呼吸通畅。此外，要注意身体的保暖。

（2）口服中毒者应用 0.005 的活性炭悬液或 0.02 碳酸氢钠溶液洗胃催吐，然后服导泻和利尿药物，以加快体内毒物的排泄，减少毒物吸收。

（3）皮肤中毒者，应换去被污染的衣服和鞋袜，用肥皂水和清水反复清洗皮肤和头发。

（4）有昏迷、抽搐患者，应及早清除口腔异物，保持呼吸道的通畅，由专人护送医院救治。

5. 操作和储存注意事项

（1）操作处置注意事项：密闭操作，加强通风。操作人员必须经过专门培训，严格遵守操作规程。建议操作人员佩戴自吸过滤式防毒面具（半面罩），戴化学安全防护眼镜，穿防毒物渗透工作服，戴橡胶耐油手套。远离火种、热源，工作场所严禁吸烟。使用防爆型的通风系统和设备。防止蒸气泄漏到工作场所空气中。避免与氧化剂接触。灌装时应控制流速，且有接地装置，防止静电积聚。搬运时要轻装轻卸，防止包装及容器损坏。配备相应品种和数量的消防器材及泄漏应急处理设备。倒空的容器可能残留有害物。

（2）储存注意事项：储存于阴凉、通风的库房。远离火种、热源。库温不宜超过30℃。保持容器密封。应与氧化剂、食用化学品分开存放，切忌混储。采用防爆型照明、通风设施。禁止使用易产生火花的机械设备和工具。储区应备有泄漏应急处理设备和合适的收容材料。

6. 接触苯职业人员的职业健康检查

接触苯职业人员的职业健康检查，分为上岗前、在岗期间、离岗时以及应急职业健康检查，其检查方法和检查项目要求见表4-3。

表4-3　　　　　　　　接触苯作业人员职业健康检查方法和检查项目要求

作业状态	问诊	体格检查	实验室及其他检查		目标疾病		检查周期
			必检项目	选检项目	职业病	职业禁忌症	
上岗前	询问神经系统和血液系统症状及病史	内科常规检查	血常规、尿常规、丙氨酸氨基转移酶、心电图	溶血试验、肝脾B超		（1）血常规检查有如下异常者：白细胞计数低于 4.5×10^9/L；血小板计数低于 80×10^9/L；红细胞计数男性纸于 4.0×10^{12}/L，女性低于 3.5×10^{12}/L 或血红蛋白定量男性低于 120g/L，女性低于 110g/L。（2）造血系统疾病如各类贫血、白细胞减少症或粒细胞缺乏症、血红蛋白病、血液肿瘤以及凝血功能障碍。（3）脾功能亢进	

续表

作业状态	问诊	体格检查	实验室及其他检查		目标疾病		检查周期
			必检项目	选检项目	职业病	职业禁忌症	
在岗期间	询问神经系统和血液系统症状	内科常规检查	血常规、尿常规、丙氨酸氨基转移酶、心电图、肝脾B超	尿反—反黏糠酸、尿酚、骨髓穿刺、溶血试验	(1) 职业性慢性苯中毒（见GBZ 68）。(2) 职业性苯所致白血病（见GBZ 94）		复查对象的血常规指标异常者，应1～2周复查1次，连续3次	1年
离岗时	询问神经系统和血液系统症状	内科常规检查	血常规、尿常规、丙氨酸氨基转移酶、心电图、肝脾B超	尿反—反黏糠酸、尿酚、骨髓穿刺、溶血试验	(1) 职业性慢性苯中毒。(2) 职业性苯所致白血病		
应急	重点询问酒醉样神经系统症状	内科常规检查、神经系统常规检查	血常规、尿常规、肝功能、心电图、肝脾B超	尿反—反黏糠酸、尿酚、血苯	职业性急性苯中毒		

三、接触甲苯（包括二甲苯）作业人员的职业健康检查

1. 甲苯（methyl benzene）

甲苯，又称甲基苯或苯基甲烷，分子式为 C_7H_8，苯环 C 原子以 sp2 杂化轨道形成 σ 键，其他 C 原子以 sp3 杂化轨道形成键。其蒸汽和液体易燃，液体会累积电荷，蒸气比空气轻会传播至远处，遇火源可能造成回火。高温会分解产生毒气，炎场中的容器可能会破裂、爆炸。吸入或吞食会造成中枢神经系统抑制。蒸汽可能造成头痛、疲劳、晕眩、眼花、麻木、恶心、精神混乱、动作不协调，食入或呕吐时可能引起倒吸入肺部。长期接触可出现神经衰弱综合征，肝肿大，女工月经异常，皮肤干燥、皲裂、皮炎等。

2. 甲苯的毒性

（1）急毒性。

1）吸入：蒸汽浓度约 $50×10^{-6}$ mg/kg 会发生轻微嗜睡和头痛；$50～100×10^{-6}$ mg/kg 会刺激鼻子、喉咙和呼吸道；约 $100×10^{-6}$ mg/kg 引起疲劳和晕眩；超过 $200×10^{-6}$ mg/kg 引起之症状与酒醉类似，眼花、麻木和轻微恶心；超过 $500×10^{-6}$ mg/kg 引起精神混乱和不协调；更高浓度（约 $1000×10^{-6}$ mg/kg）则更进一步抑制中枢神经系统，导致无意识和死亡；更严重暴露可能会引起肾脏衰竭。

2）皮肤：接触初期可能引起温和的刺激，长期接触可能导致皮肤炎（皮肤干、红）。

3）眼睛：短暂（3～5min）暴露于 $300×10^{-6}$ mg/kg 或蒸汽式长时间（6～7h）暴露于 $100×10^{-6}$ mg/kg 皆会引起轻微刺激。

4）食入：自食入而吸收，产生抑制中枢神经，症状如吸入所述。食入或呕吐时可能将物质吸入肺部，可能导致肺部刺激，肺部组织受损和死亡。

（2）慢毒性或长期毒性。长期暴露可能影响听力，引起皮肤炎（皮肤红、痒、干燥）中枢神经系统受损，记忆力丧失、睡眠不安、意志力不集中和动作不协调。

3．接触甲苯作业人员的职业健康检查

接触甲苯作业人员的职业健康检查，分为上岗前、在岗期间以及应急职业健康检查，其检查方法和检查项目要求见表 4-4。

表 4-4　　　　　接触甲苯作业人员职业健康检查方法和检查项目要求

作业状态	问诊	体格检查	实验室及其他检查		目标疾病		检查周期
			必检项目	选检项目	职业病	职业禁忌症	
上岗前	询问神经系统和血液系统症状及病史	内科常规检查，神经系统常规检查	血常规、尿常规、丙氨酸氨基转移酶、心电图、肝脾B超	溶血试验、肾功能		（1）神经系统器质性疾病。（2）慢性肝炎。（3）慢性肾炎。（4）器质性心脏病	
在岗期间	询问神经系统和血液系统症状	内科常规检查，神经系统常规检查	血常规、尿常规、丙氨酸氨基转移酶、心电图、肝脾B超	肾功能、神经—肌电图、心脏多普勒		（1）神经系统器质性疾病。（2）慢性肝炎。（3）慢性肾炎。（4）器质性心脏病	1年
应急	询问神经系统症状	内科常规检查，神经系统常规检查	血常规、尿常规、肝功能、心电图、肝脾B超	尿马尿酸、甲基马尿酸	职业性急性甲苯中毒（见GBZ 16）		

四、接触甲醛作业人员的职业健康检查

1．甲醛（formaldehyde）

甲醛，又称蚁醛，化学式 HCHO，式量 30.03。无色气体，有特殊的刺激气味，对人眼、鼻等有刺激作用；气体相对密度 1.067（空气＝1），液体密度 0.815g/cm³（－20℃）；熔点－92℃，沸点－19.5℃；易溶于水和乙醇。水溶液的浓度最高可达 55%，通常是40%，称作甲醛水，俗称福尔马林（formalin），是有刺激气味的无色液体。

甲醛具有强还原作用，特别是在碱性溶液中。甲醛能燃烧，甲醛蒸气与空气可以形成爆炸性混合物，爆炸极限 7%～73%（体积），着火温度约 300℃。

甲醛可由甲醇在银、铜等金属催化下脱氢或氧化制得，也可由烃类氧化产物分出。用作农药和消毒剂，是制造酚醛树脂、脲醛树脂、维纶、乌洛托品、季戊四醇和染料等的原料。工业品甲醛溶液一般含 37%甲醛和 15%甲醇，工业品甲醛作阻聚剂时，沸点 101℃。

2. 甲醛的危害

甲醛的主要危害表现为对皮肤黏膜的刺激作用。甲醛在室内达到一定浓度时，人就有不适感，大于 0.08m³ 的甲醛浓度可引起眼红、眼痒、咽喉不适或疼痛、声音嘶哑、喷嚏、胸闷、气喘、皮炎等。新装修的房间甲醛含量较高，是众多疾病的主要诱因。甲醛对健康危害主要有以下几个方面：

（1）刺激作用：甲醛是原浆毒物质，能与蛋白质结合、高浓度吸入时出现呼吸道严重的刺激和水肿、眼刺激、头痛。

（2）致敏作用：皮肤直接接触甲醛可引起过敏性皮炎、色斑、坏死，吸入高浓度甲醛时可诱发支气管哮喘。

（3）致突变作用：高浓度甲醛还是一种基因毒性物质。实验动物在实验室高浓度吸入的情况下，可引起鼻咽肿瘤。

3. 甲醛中毒后的表现

头痛、头晕、乏力、恶心、呕吐、胸闷、眼痛、嗓子痛、胃纳差、心悸、失眠、体重减轻、记忆力减退以及植物神经紊乱等；孕妇长期吸入可能导致胎儿畸形，甚至死亡；男子长期吸入可导致男子精子畸形、死亡等。

甲醛有刺激性气味，低浓度即可嗅到，人对甲醛的嗅觉阈通常是 0.06～0.07mg/m³，但有较大的个体差异性，有人可达 2.66mg/m³。长期、低浓度接触甲醛会引感头痛、头晕、乏力、感觉障碍、免疫力降低，并可出现瞌睡、记忆力减退或神经衰弱、精神抑郁；慢性中毒对呼吸系统的危害也是巨大的，长期接触甲醛可引发呼吸功能障碍和肝中毒性病变，表现为肝细胞损伤、肝辐射能异常等。美国国家癌症研究所 2009 年 5 月 12 日公布的一项最新研究成果显示，频繁接触甲醛的化工厂工人死于血癌、淋巴癌等癌症的几率比接触甲醛机会较少的工人高很多。研究人员调查了 2.5 万名生产甲醛和甲醛树脂的化工厂工人，结果发现，工人中接触甲醛机会最多者比机会最少者的死亡率高 37%。研究人员分析，长期接触甲醛增大了患上霍奇金淋巴瘤、多发性骨髓瘤、骨髓性白血病等特殊癌症的概率。

4. 甲醛污染源

生活中对人体造成伤害的甲醛，可以说无处不在。涉及的物品包括家具、木地板，童装、免烫衬衫，快餐面、米粉，水泡鱿鱼、海参、牛百叶、虾仁，甚至小汽车。甲醛为国家明文规定的禁止在食品中使用的添加剂，在食品中不得检出，但不少食品中都不同程度检出了甲醛的存在。室内空气中甲醛已经成为影响人类身体健康的主要污染物，特别是冬天的空气中甲醛对人体的危害最大。甲醛还来自生活的其他方面，具体如下。

（1）甲醛来自化妆品、清洁剂、杀虫剂、消毒剂、防腐剂、印刷油墨、纸张等。

（2）泡沫板条作房屋防热、御寒与绝缘材料时，在光与热高温下使泡沫老化、变质产生合成物而释放甲醛。

（3）烃类经光化合能生成甲醛气体，有机物经生化反应也能生成甲醛，在燃烧废气中也含有大量的甲醛，如每燃烧 1000L 汽油可生成 7kg 甲醛气体，甚至点燃一支香烟也有 0.17mg 甲醛气体生成。

（4）甲醛还来自于车椅座套、坐垫和车顶内衬等车内装饰装修材料，以新车甲醛释放量最突出。

（5）甲醛也来自室外空气的污染，如工业废气、汽车尾气、光化学烟雾等在一定程度上均可排放或产生一定量的甲醛。

5. 接触甲醛作业人员的职业健康检查

接触甲醛作业人员的职业健康检查，分为上岗前、在岗期间以及应急职业健康检查，其检查方法和检查项目要求见表 4-5。

表 4-5　　　　接触甲醛作业人员职业健康检查方法和检查项目要求

作业状态	问诊	体格检查	实验室及其他检查		目标疾病		检查周期
			必检项目	选检项目	职业病	职业禁忌症	
上岗前	重点询问呼吸系统疾病史及相关症状	内科常规检查，重点检查呼吸系统	血常规、尿常规、丙氨酸氨基转移酶、心电图、胸部 X 射线检查、肺通气功能测定	肺弥散功能测定、血清免疫球蛋白 IgE		（1）慢性阻塞性肺病。（2）支气管哮喘。（3）慢性间质性肺病。（4）支气管扩张	
在岗期间	重点询问呼吸系统症状	内科常规检查，重点检查呼吸系统	血常规、尿常规、丙氨酸氨基转移酶、心电图、胸部 X 射线检查、肺通气功能测定	肺弥散功能测定、血清免疫球蛋白 IgE		（1）慢性阻塞性肺病。（2）支气管哮喘。（3）慢性间质性肺病。（4）支气管扩张	1 年
应急	询问短时间接触高浓度甲醛的作业史及眼、呼吸系统症状	内科常规检查，眼科常规检查，鼻和咽部常规检查	血常规、心电图、胸部 X 射线检查	血气分析	职业性急性甲醛中毒（见 GBZ 33）		

五、接触氮氧化物作业人员的职业健康检查

1. 氮氧化物（nitrogen oxides）

氮氧化物指的是只由氮、氧两种元素组成的化合物。氮氧化物包括多种化合物，如一氧化二氮（N$_2$O）、一氧化氮（NO）、二氧化氮（NO$_2$）、三氧化二氮（N$_2$O$_3$）、四氧化二氮（N$_2$O$_4$）和五氧化二氮（N$_2$O$_5$）等。除二氧化氮以外，其他氮氧化物均极不稳定，遇光、湿或热变成二氧化氮及一氧化氮，一氧化氮又变为二氧化氮。因此，职业环境中接触的是几种气体混合物常称为硝烟（气），主要为一氧化氮和二氧化氮，并以二氧化氮为主。氮氧化物都具有不同程度的毒性。常见的氮氧化物有一氧化氮（NO，无色）、二氧化氮（NO$_2$，红棕色）、一氧化二氮（N$_2$O）、五氧化二氮（N$_2$O$_5$）等，其中除五氧化二氮常态下呈固体外，其他氮氧化物常态下都呈气态。

作为空气污染物的氮氧化物（NO$_X$）常指 NO 和 NO$_2$。

N$_2$O$_3$ 和 N$_2$O$_5$ 都是酸性氧化物，N$_2$O$_3$ 的对应酸是亚硝酸（HNO$_2$），N$_2$O$_3$ 是亚硝酸的酸酐；N$_2$O$_5$ 的对应酸是硝酸，N$_2$O$_5$ 是硝酸的酸酐。NO、N$_2$O、N$_2$O$_4$ 和 NO$_2$ 都不是酸性氧化物。

氮氧化物中氧化亚氮（笑气）作为吸入麻醉剂，不以工业毒物论；余者除二氧化氮外，遇光、湿或热可产生二氧化氮。氮氧化物的毒作用主要为二氧化氮的毒作用，损害深部呼吸道。人吸入二氧化氮 1min 的 MLC 为 200ppm。一氧化氮可与血红蛋白结合引起高铁血红蛋白血症。

2. 氮氧化物中毒的临床表现及处理

以一氧化氮和二氧化氮为主的氮氧化物是形成光化学烟雾和酸雨的一个重要原因。汽车尾气中的氮氧化物与碳氢化合物经紫外线照射发生反应形成的有毒烟雾，称为光化学烟雾。光化学烟雾具有特殊气味，刺激眼睛，伤害植物，并能使大气能见度降低。另外，氮氧化物与空气中的水反应生成的硝酸和亚硝酸是酸雨的成分。大气中的氮氧化物主要源于化石燃料的燃烧和植物体的焚烧，以及农田土壤和动物排泄物中含氮化合物的转化，氮氧化物可刺激肺部，使人较难抵抗感冒之类的呼吸系统疾病，呼吸系统有问题的人如哮喘病患者，会较易受二氧化氮影响。研究指出，长期吸入氮氧化物可能会导致肺部构造改变，但仍未可确定导致这种后果的氮氧化物含量及吸入气体时间。

（1）急性中毒。吸入气体当时可无明显症状或有眼及上呼吸道刺激症状，如咽部不适、干咳等。常经 6～7h 潜伏期后出现迟发性肺水肿、成人呼吸窘迫综合征。可并发气胸及纵隔气肿。肺水肿消退后 2 周左右出现迟发性阻塞性细支气管炎而发生咳嗽、进行性胸闷、呼吸窘迫及紫绀。少数患者在吸入气体后无明显中毒症状而在 2 周后发生以上病变。血气分析示动脉血氧分压降低。胸部 X 线片呈肺水肿的表现或两肺满布粟粒状阴影。硝气中如一氧化氮浓度高可致高铁血红蛋白症。

（2）处理。急性中毒后应迅速脱离现场至空气新鲜处并立即吸氧。对密切接触者观察 24～72h。及时观察胸部 X 线变化及血气分析。对症、支持治疗。积极防治肺水肿，给予合理氧疗；保持呼吸道通畅，应用支气管解痉剂，肺水肿发生时给去泡沫剂如消泡净，必要时作气管切开、机械通气等；早期、适量、短程应用糖皮质激素，如可按病情轻重程度，给地塞米松 10～60mg/日，分次给药，待病情好转后即减量，大剂量应用一般不超过 3～5 日，重症者为预防阻塞性细支气管炎，可酌情延长小剂量应用的时间；短期内限制液体入量。合理应用抗生素。脱水剂及吗啡应慎用。强心剂应减量应用。出现高铁血红蛋白血症时可用 1‰亚甲蓝 5～10mL 缓慢静注，对症处理。

3. 接触氮氧化物作业人员的职业健康检查

接触氮氧化物作业人员的职业健康检查，分为上岗前、在岗期间以及应急职业健康检查，其检查方法和检查项目要求见表 4-6。

表 4-6　　　　　接触氮氧化物作业人员职业健康检查方法和检查项目要求

作业状态	问诊	体格检查	实验室及其他检查		目标疾病		检查周期
			必检项目	选检项目	职业病	职业禁忌症	
上岗前	询问呼吸系统病史和症状	内科常规检查、重点检查呼吸系统	血常规、尿常规、丙氨酸氨基转移酶、心电图、胸部X射线检查、肺通气功能测定	肺弥散功能测定		(1) 慢性阻塞性肺病。(2) 支气管哮喘。(3) 支气管扩张。(4) 慢性间质性肺病	
在岗期间	询问呼吸系统症状	内科常规检查、重点检查呼吸系统	血常规、尿常规、丙氨酸氨基转移酶、心电图、胸部X射线检查、肺通气功能测定	肺弥散功能测定		(1) 慢性阻塞性肺病。(2) 支气管哮喘。(3) 支气管扩张。(4) 慢性间质性肺病	1年
应急	询问呼吸系统症状、上呼吸道及眼部刺激症状、神经系统症状	内科常规检查、眼科检查、鼻及咽部常规检查，重点检查呼吸系统	血常规、尿常规、肝功能、心电图、胸部X射线检查	血气分析	职业性急性氮氧化物中毒（见GBZ 15）		

六、接触二氧化硫作业人员的职业健康检查

1. 二氧化硫

二氧化硫是最常见的硫氧化物，大气主要污染物之一。火山爆发时会喷出该气体，在许多工业过程中也会产生二氧化硫。由于煤和石油通常都含有硫化合物，因此燃烧时会生成二氧化硫。当二氧化硫溶于水中，会形成亚硫酸（酸雨的主要成分）。若把二氧化硫进一步氧化，通常在催化剂存在下，便会迅速高效生成硫酸。这就是对使用这些燃料作为能源的环境效果的担心的原因之一。在大气中，二氧化硫会氧化而成硫酸雾或硫酸盐气溶胶，是环境酸化的重要前驱物。大气中二氧化硫浓度在 0.5×10^{-6} mg/kg 以上对人体已有潜在影响，在 $(1\sim3)$ 10^{-6} mg/kg 时多数人开始感到刺激；在 $(400\sim500)$ 10^{-6} mg/kg 时人会出现溃疡和肺水肿直至窒息死亡。二氧化硫与大气中的烟尘有协同作用，当大气中二

氧化硫浓度为 0.21×10^{-6} mg/kg，烟尘浓度大于 0.3mg/L，可使呼吸道疾病发病率增高，慢性病患者的病情迅速恶化。如伦敦烟雾事件、马斯河谷事件和多诺拉等烟雾事件，都是这种协同作用造成的危害。

2. 二氧化硫中毒急救措施

（1）皮肤接触：立即脱去污染的衣着，用大量流动清水冲洗；就医。

（2）眼睛接触：提起眼睑，用流动清水或生理盐水冲洗；就医。

（3）吸入：迅速脱离现场至空气新鲜处；保持呼吸道通畅；如呼吸困难，给输氧；如呼吸停止，立即进行人工呼吸；就医。

3. 二氧化硫泄漏处理

一旦发生二氧化硫泄漏应迅速撤离泄漏污染区人员至上风处，并立即进行隔离，小泄漏时隔离 150m，大泄漏时隔离 450m，严格限制出入。建议应急处理人员戴自给正压式呼吸器，穿防毒服。从上风处进入现场。尽可能切断泄漏源。用工业覆盖层或吸附（吸收）剂盖住泄漏点附近的下水道等地方，防止气体进入。合理通风，加速扩散。喷雾状水稀释、溶解。构筑围堤或挖坑收容产生的大量废水。如有可能，用一捕器使气体通过次氯酸钠溶液。漏气容器要妥善处理，修复、检验后再用。

4. 二氧化硫的操作与储存

（1）操作注意事项：严加密闭，提供充分的局部排风和全面通风。操作人员必须经过专门培训，严格遵守操作规程。建议操作人员佩戴自吸过滤式防毒面具（全面罩），穿聚乙烯防毒服，戴橡胶手套。远离易燃、可燃物。防止气体泄漏到工作场所空气中。避免与氧化剂、还原剂接触。搬运时轻装轻卸，防止钢瓶及附件破损。配备泄漏应急处理设备。

（2）储存注意事项：储存于阴凉、通风的库房；远离火种、热源；库温不宜超过 30℃；应与易（可）燃物、氧化剂、还原剂、食用化学品分开存放，切忌混储；储区应备有泄漏应急处理设备。

5. 接触二氧化硫作业人员的职业健康检查

接触二氧化硫作业人员的职业健康检查，分为上岗前、在岗期间以及应急职业健康检查，其检查方法和检查项目要求见表 4-7。

表 4-7　　　接触二氧化硫作业人员职业健康检查方法和检查项目要求

作业状态	问诊	体格检查	实验室及其他检查		目标疾病		检查周期
			必检项目	选检项目	职业病	职业禁忌症	
上岗前	询问呼吸系统病史和症状	内科常规检查，重点检查呼吸系统	血常规、尿常规、丙氨酸氨基转移酶、心电图、胸部 X 射线检查、肺通气功能测定			（1）慢性阻塞性肺病。（2）支气管哮喘。（3）支气管扩张。（4）慢性间质性肺病	

作业状态	问诊	体格检查	实验室及其他检查		目标疾病		检查周期
			必检项目	选检项目	职业病	职业禁忌症	
在岗期间	询问呼吸系统症状	内科常规检查、重点检查呼吸系统	血常规、尿常规、胸部 X 射线检查、肺通气功能测定			(1) 慢性阻塞性肺病。(2) 支气管哮喘。(3) 支气管扩张。(4) 慢性间质性肺病	1 年
应急	询问上呼吸道及眼部刺激症状	内科常规检查、鼻及咽部常规检查、眼科常规检查	血常规、尿常规、肝功能、心电图、胸部 X 射线检查	血气分析	(1) 职业性急性二氧化硫中毒(见 GBZ 58)。(2) 职业性化学性眼灼伤(见 GBZ 54)		

七、接触氟及其无机化合物作业人员的职业健康检查

1. 氟及其化合物

氟是化学元素周期表 p 区第ⅦA族第二周期元素,氟元素是恒星演化的新星大爆炸和超新星大爆炸过程中合成的。宇宙丰度 843,居 24 位;地壳丰度 950,居第 13 位。1670 年 H. Schwanhardt 用硫酸与萤石混合得到了不纯的氢氟酸,1771 年 C. W. Scheele 得到了较纯净的氢氟酸,1886 年 H. Moissam 在低温下电解氟氢化钾和无水氟化氢混合物的方法分离出了氟单质。因为氟化学的发展,发现了 XeF_2、XeF_4、XeF_6、$XeOF_2$ 等氟化物,从而使化学多了一门分支—稀有气体化学。

(1) 氟的物理性质:氟的原子半径(共价半径)64pm,F^- 半径 136pm;原子量 18.9984,原子体积 17.1cm^3/mol;密度 1.696g/dm^3;比热容 824J/(kg·k),熔点 −219.62℃,沸点−188.14℃,汽化热 169.452kJ/kg,熔解热 41.84kJ/kg。双原子分子,颜色苍黄,有毒性,有很强烈的刺激性气味。分子晶体,具有反磁性、无超导性。氟的价电子构型为 2s22p5,电负性 4.0,第一电子亲和能 322.31kJ/mol,第一电离能 1680kJ/mol,标准电极势 2.870V,氧化数−1,化合价−1。

(2) 氟的化学性质。氟是化学性质最活泼的非金属元素,在低温下就能和所有的金属元素直接作用,甚至连黄金受热后,也会在氟气中燃烧,只不过铜、镍、镁可以钝化。氟与稀有气体元素也可以直接化合,与氢气混合后暗处即可爆炸,甚至可以将水中的氧直接置换出来。氟只溶于普通碱,不与强碱以及三酸反应,可以和一切金属形成无氧酸盐。氟化合物主要有萤石(CaF_2)、冰晶石(3NaF·AlF_3)、氟磷灰石[$CaF_2(PO_4)_6$]、黄玉[$Al_2(F_9OH)2SiO_4$]、霜晶石(NaCaAlF_6·H_2O)等。

（3）氟的用途。氟可以用于制造塑料之王聚四氟乙烯、氢氟酸、分离铀的三种同位素、火箭氧化剂，制备超强酸以及水的氟化和金属冶炼。可以通过电解氟化物和热解氟化物获得氟气。

（4）氟中毒现象及其处理方法。在吸入氟化物（大于 150mg）后会引起一系列疼痛并发生出血乃至死亡，如果是非致死剂量的氟，那么恢复是极其迅速的，特别是使用葡萄糖酸钙进行静脉注射时，大约会消除体内 90% 的氟，余下 10% 要相当长的时间才能除去。在受到氟化物灼伤时必须立即处理，可用甘油氧化镁涂敷并对灼伤处组织注射葡萄糖酸钙，使氟被固定为不溶性氟化物。

2. 六氟化硫

当前 SF_6 气体主要用于电力工业中。SF_6 气体用于 4 种类型的电气设备作为绝缘和（或）灭弧介质；SF_6 断路器及 GIS（在这里指六氟化硫封闭式组合电器，国际上称为"气体绝缘开关设备"、SF_6 负荷开关设备，SF_6 绝缘输电管线，SF_6 变压器及 SF_6 绝缘变电站。80% 用于高中压电力设备。

六氟化硫 SF_6 气体已有百年历史，它是法国两位化学家 Moissan 和 Lebeau 于 1900 年合成的人造惰性气体，1940 年前后，美国军方将其用于曼哈顿计划（核军事）。1947 年提供商用。电力行业六氟化硫气体的毒性主要来自 5 个方面。

（1）电器设备内的六氟化硫气体在高温电弧发生作用时而产生的某些有毒产物。

（2）六氟化硫产品不纯，出厂时含高毒性的低氟化硫、氟化氢等有毒气体。

（3）电器设备内的六氟化硫气体及分解物与电极（Cu-W 合金）及金属材料（Al、Cu）反应而生成某些有毒产物。

（4）电器设备内的六氟化硫气体分解物与其内的水分发生化学反应而生成某些有毒产物。

（5）电器设备内的六氟化硫气体及分解物与绝缘材料反应而生成某些有毒产物。如与含有硅成分的环氧酚醛玻璃丝布板（棒、管）等绝缘件；或以石英砂、玻璃作填料的环氧树脂浇注件、模压件以及绝缘子、硅橡胶、硅脂等起化学作用，生成 SiF_4、$Si(CH_3)_2F_2$ 等产物。

3. 六氟化硫分解出的毒性气体种类

（1）氟化亚硫酰（SOF_2），无色剧毒气体，能侵袭肺部，引起肺组织急性水肿，影响气体交换，使肺部缺氧充血而导致窒息性死亡，它有强烈的恶心臭味，可作为警告信号用。白鼠和兔子的致死浓度为 10×10^{-6} 和 50×10^{-6}（V/V）。

（2）氟化硫酰（SO_2F_2），挛性化合物，无色无臭，在较高浓度下对肺组织有刺激作用，引起肺泡出血。白鼠和兔子的致死浓度为 200×10^{-6} 和 400×10^{-6}（V/V）。

（3）四氟化硫（SF_4），无色气体，有类似 SO_2 的刺激性臭味，毒性与光气相当，对肺有侵害作用。

（4）二氟化硫（SF_2），沸点 35℃，极不稳定，受热后更加活泼，易水解生成 S、O_2、HF 等，其毒性与 HF 相当。

（5）氟化硫（S_2F_2），常温下为无色气体，具有很强的毒性，遇水后生成 HF，对呼吸系统有类似光气的破坏性作用。

（6）氟化氢（HF），无色气体或液体，具有强烈的刺激性臭味，极易溶解于水，形成氢氟酸，对一般材料具有较强的腐蚀性。氟化氢对皮肤、黏膜有强烈的刺激作用，并能引起肺水肿、肺炎等。在空气中，只要超过 3ppm 就会产生刺激的味道。氢氟酸可以透过皮肤黏膜、呼吸道及肠胃道而被吸收。在人体内部，氢氟酸与钙离子和镁离子结合，正因为如此，它会使依靠以上两种离子而发挥机能的器官丧失作用。身体接触、暴露在氢氟酸中一开始可能并不会疼痛，症状可能直到几小时后氢氟酸与骨骼中的钙反应时才会出现。高浓度的氢氟酸溶液会导致急性的低血钙症，引至心脏停搏而死亡。急性中毒生产中吸入较高浓度的氟化物气体或蒸气，立即引起眼、鼻及呼吸道黏膜的刺激症状，有咳嗽、咽部灼痛、胸部紧束感等。重者可发生化学性肺炎、肺水肿或反射性窒息等。皮肤或黏膜接触氢氟酸则致灼伤，也有过敏性皮炎的报告。

1）口服氟盐中毒者，表现恶心、呕吐、腹痛、腹泻等急性胃肠炎症状，严重者可发生抽搐、休克及急性心力衰竭等。

2）工作中长期接触过量无机氟化物，可引起以骨骼病变为主的全身性病损，这称为工业性氟病。临床上，眼、上呼吸道、皮肤出现刺激症状和慢性炎症；腰背、四肢酸痛，神经衰弱综合征，食欲不振、恶心、上腹痛等消化道症状较常见。尿氟量常超过当地居民的正常值。骨骼的改变可由 X 线摄片检查发现。最先出现于躯干骨，尤其是骨盆和腰椎，继之桡骨、尺骨和胫骨、腓骨也可累及。骨密度增高，骨小梁增粗、增浓，交叉呈网织状，似"纱布样"或"麻袋纹样"，严重者如"大理石样"。上述骨膜、骨间膜、肌腱和韧带出现大小不等、形态不一（萌芽状、玫瑰刺状或烛泪状等）的钙化或骨化等骨周改变。严重者可致关节运动受限、骨骼畸形和神经受压症状。尚未见长期接触氟化物的致癌性研究报告，也无氟化物与癌症死亡率间相关的论证。

3）发现急性中毒者应立即脱离现场，及时对症处理，必要时静注氯化钙或葡萄糖酸钙，口服者宜先选用 0.15% 石灰水或 1% 氯化钙 100mL 及时洗胃抽吸，再口服镁乳 15～30mL 或牛乳 100～200mL。慢性氟病可补充维生素 C，低脂食物，对症治疗。

（7）十氟化二硫（S_2F_{10}），常温常压下为无色易挥发液体，系剧毒物质，毒性约为 SOF_2 的 300 倍。S_2F_{10} 主要侵袭肺，引起肺出血和肺水肿。白鼠的致死浓度为 $1×10$（V/V）。

（8）三氟化铝（AlF_3），白色粉末状，通常吸附了大量的有毒气态分解产物，故应被视为具有强烈腐蚀性和毒性的物质。AlF_3 粉尘可刺激皮肤引起皮疹，对呼吸系统及肺部均有侵袭作用。

（9）十氟化二硫一氧（$S_2F_{10}O$），剧毒物质，对肺组织具有强烈侵袭作用。白鼠的致死浓度为 $20×10$（V/V）。

4. 个体防护措施

就人体而言，防护的重点是眼部和呼吸道；其次是人体的皮肤。

（1）工作现场应强力通风，检修人员应在上风位置。

（2）佩戴好防毒面具和防护手套；正压式空气呼吸器是首选的防护产品。

（3）将排出的气体进行回收，或用导管将气体排入下水沟内，不宜直接向大气排放。

（4）工间休息前或工作结束后，脸、颈、臂和手要用肥皂和大量的水彻底洗净。

（5）如不慎接触到剂量较大的气体时，应立即洗净，更换衣服，及时去医院观察治疗。

（6）当出现有毒气体泄漏后，现场人员应就近采用防护器具——如逃生器，并迅速撤离泄漏污染源，中毒人员脱离现场至空气新鲜处，必要时采用氧气复苏仪或人工呼吸就地抢救；应急处理人员必须佩戴空气呼吸器、穿戴相应的防护服和手套后进入事故区，对现场通风对流，稀释扩散。进入高浓度区域作业，必须有人监护。

5. 接触氟及其无机化合物作业人员的职业健康检查

接触氟及其无机化合物作业人员的职业健康检查，分为上岗前、在岗期间以及应急职业健康检查，其检查方法和检查项目要求见表4-8。

表4-8　　接触氟及其无机化合物作业人员职业健康检查方法和检查项目要求

作业状态	问诊	体格检查	实验室及其他检查		目标疾病		检查周期
			必检项目	选检项目	职业病	职业禁忌症	
上岗前	重点询问呼吸系统病史及相关症状	内科常规检查	血常规、尿常规、丙氨酸氨基转移酶、心电图、胸部X射线检查、肺通气功能测定			（1）慢性阻塞性肺病。（2）支气管哮喘。（3）支气管扩张。（4）慢性间质性肺病	
在岗期间	询问呼吸和骨骼系统症状	内科常规检查，外科常规检查，口腔科常规检查、重点检查牙齿	血常规、尿常规、丙氨酸氨基转移酶、心电图、胸部X射线检查、肺通气功能测定			（1）慢性阻塞性肺病。（2）支气管哮喘。（3）支气管扩张。（4）慢性间质性肺病	1年
应急	询问呼吸系统症状及眼科、皮肤科症状	内科常规检查，重点检查呼吸系统；眼科常规检查、皮肤科常规检查	血常规、尿常规、肝功能、心电图、胸部X射线检查、肺通气功能测定	血气分析	（1）职业性急性氟化物中毒（见GBZ 71）。（2）职业性氢氟酸灼伤（见GBZ 51、GBZ 54）		

注 检查对象为接触六氟化硫作业人员。

八、接触锰及其无机化合物作业人员的职业健康检查

1. 锰（manganese）及锰中毒机理

锰是一种脆而硬的银灰色金属。其化学活性与铁近似，暴露于空气后表面即被氧化。

锰的化合物超过60余种，常见化合物有二氧化锰，四氧化三锰、氯化锰、硫酸锰、铬酸锰等，其中以二氧化锰（MnO_2）最稳定。锰及其化合物主要用于锰矿的开采、锰铁冶炼、锰合金、电焊条的制造与使用，此外，亦用于玻璃、陶瓷、染料、油漆、火柴、塑料、合成橡胶、化肥和医药等工业。长期密切接触锰化合物而又缺乏防护，可引起慢性锰中毒，Couper于1837年首先报道慢性锰中毒。职业环境中，接触锰的机会有锰矿石开采、运输加工、冶炼，电焊条的制造和使用，干电池生产和染料工业中的部分岗位作业。

锰主要以烟尘形式经呼吸道吸收，以离子（Mn^{3+}）状态储存于肝、胰、肾、脑等器官细胞中。当细胞内锰浓度超过一定限度时，损伤细胞线粒、耗竭、多巴胺，阻止能量代谢，引起中毒。

职业环境中锰中毒主要为慢性中毒，多发于从事锰铁冶炼，电焊条制造和使用的作业工人。

引起发病的锰的空气浓度为$1\sim173mg/m^3$，发病工龄一般为$5\sim10$年。患者主要表现为神经毒性的症状和体征：嗜睡、对周围事物缺乏兴趣、精神萎靡、注意力涣散、记忆力减退、四肢麻木、疼痛、小腿肌痉挛，随着病情发展，症状加重。实验室检查可见粪锰、尿锰增加，脑电图异常。

早期发现并脱离锰作业，症状常可减轻和恢复，并可胜任一般工作。病情较重者需住院治疗。对锰作业工人应进行就业体检和定期体检。

职业禁忌症有：神经精神疾患，明显肝、肾及内分泌功能障碍。

2. 接触锰及其无机化合物作业人员的职业健康检查

接触锰及其无机化合物作业人员的职业健康检查，分为上岗前、在岗期间、离岗时以及离岗后职业健康检查，其检查方法和检查项目要求见表4-9。

表4-9　　接触锰及其无机化合物作业人员职业健康检查方法和检查项目要求

作业状态	问诊	体格检查	实验室及其他检查		目标疾病		检查周期
			必检项目	选检项目	职业病	职业禁忌症	
上岗前	重点询问神经系统症状及有无精神异常史	内科常规检查，神经系统检查	血常规、尿常规、丙氨酸氨基转移酶、心电图	尿锰、脑电图、颅脑CT（或MRI）		（1）中枢神经系统器质性疾病。（2）各类精神病。（3）严重自主神经功能紊乱性疾病	
在岗期间	重点询问神经系统症状	内科常规检查，神经系统检查	血常规、尿常规、丙氨酸氨基转移酶、心电图	尿锰、脑电图、颅脑CT（或MRI）	职业性慢性锰中毒（见GBZ 3）	（1）中枢神经系统器质性疾病。（2）各类精神病。（3）严重自主神经功能紊乱性疾病	1年

续表

作业状态	问诊	体格检查	实验室及其他检查		目标疾病		检查周期
			必检项目	选检项目	职业病	职业禁忌症	
离岗时	询问神经系统症状	内科常规检查，神经系统检查	血常规、尿常规、丙氨酸氨基转移酶、心电图	尿锰、脑电图、颅脑CT(或MRI)	职业性慢性锰中毒		
离岗后	询问神经系统症状	内科常规检查，神经系统检查	血常规、尿常规、丙氨酸氨基转移酶、心电图	尿锰、脑电图、颅脑CT(或MRI)	职业性慢性锰中毒		工龄5～10年，每5年检查1次，共10年　工龄10年以上，每5年检查1次，共15年

九、接触铅及其无机化合物作业人员的职业健康检查

1. 铅（lead，Pb）及铅中毒机理

铅是一种灰白色金属，原子量 207.20，比体积 11.34，熔点 327.5℃，沸点 1620℃，加热至 400～500℃时，即有大量铅蒸气逸出，并在空气中迅速氧化成氧化亚铅，而凝集为烟尘。随着熔铅温度的升高，可进一步氧化为氧化铅、三氧化二铅、四氧化三铅，但都不稳定，最后离解为氧化铅和氧。铅的化合物，如氧化铅（又称黄丹、密陀僧）、四氧化三铅（又称红丹）、二氧化铅、三氧化二铅、硫化铅、硫酸铅、铬酸铅（又称铬黄）、硝酸铅、硅酸铅、醋酸铅、碱式碳酸铅、二盐基磷酸铅、三盐基硫酸铅等分别用于油漆、颜料、橡胶、玻璃、陶瓷、釉料、药物、塑料、炸药等行业。

接触铅的工业类别有：铅矿的开采、烧结和精炼；含铅金属和合金的熔炼；蓄电池制造；印刷业铸字和浇板；电缆包铅；机械工业铅浴热处理；自来水管道、食品罐头及电工仪表元件焊接；制造火车、汽车的轴承（挂瓦）；制造 X 线和原子辐射防护材料；无线电元件的喷铅；修、拆旧船、桥梁时的焊割等。以上作业铅以蒸汽和烟尘形式逸散。铅的化合物均以粉尘形式逸散。

铅及其化合物对人体各组织均有毒性，中毒途径可由呼吸道吸其蒸汽或粉尘，然后呼吸道中吞噬细胞将其迅速带至血液；或经消化道吸收，进入血循环而发生中毒。中毒者一般有铅及铅化物接触史。口服 2～3g 可致中毒，50g 可致死。临床铅中毒很少见。

当前危害最重的行业是蓄电池制造，铅熔炼及拆旧船熔割。

职业性铅中毒多为慢性中毒，临床上有神经、消化、血液等系统的综合症状。神经系统损害主要表现为神经衰弱、多发性神经病和脑病；消化系统损害轻者表现为一般消化道症状，重者出现腹绞痛；血液系统损害主要是铅干扰血红蛋白合成过程而引起其代谢产物变化，如血 δ—氨茎酮戊酸脱水酶（血 δ—ALAD）活性降低，尿中 δ—氨基乙酰丙酸（δ—ALA）增多，尿中粪卟啉（CP）增多，血红细胞游离原卟啉（FEP）、血锌卟啉（ZPP）增多等最后导致贫血，多为低色素正常红细胞型贫血。铅对肾脏的损害可出现氨

基酸蛋白尿、红细胞、白细胞和管型及肾功能减退，提示中毒性肾病，伴有高血压。女工对铅较敏感，特别是孕妇和哺乳期，可引起不育、流产、早产、死胎及婴儿铅中毒。男工可引起精子数目减少、活动减弱及形态改变。此外尚可引起甲状腺功能减退。

预防铅中毒主要是用无毒或低毒物质代替铅；采用机械化、自动化生产；改革产品剂型；控制熔铅温度；加强局部通风、排毒装置；加强个人防护措施。定期监测作业场所铅浓度。定期健康监护，包括就业前体检及每半年或一年定期体检，血铅和 ZPP 可作为筛选指标。及时发现就业禁忌症和早期发现铅中毒病人及时处理。

2. 接触二氧化硫作业人员的职业健康检查

接触二氧化硫作业人员的职业健康检查，分为上岗前、在岗期间以及应急职业健康检查，其检查方法和检查项目要求见表 4 - 10。

表 4 - 10　　接触铅及其无机化合物作业人员职业健康检查方法和检查项目要求

作业状态	问诊	体格检查	实验室及其他检查		目标疾病		检查周期
			必检项目	选检项目	职业病	职业禁忌症	
上岗前	重点询问神经系统和贫血病史及症状	内科常规检查，神经系统常规检查	血常规、尿常规、心电图、丙氨酸氨基转移酶	血铅或尿铅		（1）贫血。（2）卟啉病。（3）多发性周围神经病	
在岗期间	重点询问神经系统和消化系统症状	内科常规检查，神经系统常规检查	血常规、尿常规、心电图、丙氨酸氨基转移酶、血铅或尿铅	神经—肌电图、尿δ—氨基—r—酮戊酸（δ—ALA）、血红细胞原卟啉（ZPP）或血红细胞游离原卟啉（FEP）	职业性慢性铅中毒（见GBZ 37）	（1）贫血。（2）卟啉病。（3）多发性周围神经病	1 年
离岗时	重点询问神经系统和消化系统症状	内科常规检查，神经系统常规检查	血常规、尿常规、心电图、丙氨酸氨基转移酶、血铅或尿铅	神经—肌电图、尿δ—氨基—r—酮戊酸（δ—ALA）、血红细胞原卟啉（ZPP）或血红细胞游离原卟啉（FEP）	职业性慢性铅中毒		

十、接触铬及其无机化合物作业人员的职业健康检查

1. 铬（Chromium，Cr）及铬中毒机理

铬为铁灰色或深橘黄色金属粉末。不溶于水。与过氧化氢等强氧化剂可发生强烈反应，有着火和爆炸危险，燃烧时可释放出刺激性或有毒烟雾（或气体）。铬是人体必需的微量元素之一，铬元素在自然界分布很广。许多植物中都能够检出铬，大米、小麦、菌类等含铬量较多。人每天都会从自然界吸收一定量的铬，啤酒酵母、废糖蜜、干酪、蛋、肝、苹果皮、香蕉、牛肉、面粉、鸡以及马铃薯等为人体铬的主要来源。铬是多价化合物，常见价态为 Cr^{2+}、Cr^{3+}、Cr^{4+}、Cr^{6+}。Cr^{2+} 性质活泼，可被迅速还原为 Cr^{3+}，后者较为稳定，Cr^{4+} 及 Cr^{5+} 为 Cr^{6+} 还原为 Cr^{3+} 的中间产物，因此，自然界中铬主要以 Cr^{3+} 及 Cr^{6+} 存在。前者常见化合物为三氯化二铬及铬矾，后者主要为铬酸酐、铬酸、铬酸盐及重铬酸盐等。

铬铁矿及金属铬、耐火材料、铬酸盐和重铬酸盐生产；镀铬工业、冶金工业、合金生产、颜料及感光工业均可接触到大量的铬。重铬酸盐常作为强氧化剂或用于鞣皮，铬矾可用作皮毛的媒染剂、固色剂等。

铬可通过消化道、呼吸道和皮肤被吸收进入机体。长期接触铬化合物烟尘或酸雾，可引起慢性结膜炎、咽炎、支气管炎，出现流泪、咽痛、干咳等症状。浓度较高时，可发生鼻中隔糜烂、溃疡、穿孔，孔径为 2mm～2cm，症状为流涕、鼻塞、鼻干、鼻出血、嗅觉减退等。进展缓慢。由于疼痛不明显，患者不易察觉。皮肤长期接触含铬化合物，可引起皮炎，接触部位呈红斑、水肿、丘疹。严重者可有水疱、糜烂等发生。长期接触铬化合物还可引起肾及血液系统改变。患者可出现低分子蛋白尿、红细胞增多、白细胞减少、单核细胞及是酸性细胞增多等表现。研究表明，所有铬化合物及铬矿尘都是潜在的致癌源，潜伏期约为 10～20 年，以小细胞肺癌为主。铬急性中毒多由六价铬化合物引起。口服铬酸盐或重铬酸盐 0.5～1g 即可死亡。口服 5g 以上，12h 可出现症状，主要表现为消化道症状，严重者因产生高铁血红蛋白而引起发绀、呼吸困难、心率加快，并伴头痛、头晕、烦躁不安，甚至血压下降、休克。2～3 天后出现痉挛、惊厥及癫痫样发作等神经系统症状。尿中出现蛋白、白细胞、管型，甚至出现急性肾衰竭。

职业性铬中毒一般因吸入或皮肤灼伤引起。吸入一定浓度的重铬酸盐烟尘或铬酸雾，可引起急性化学性呼吸道炎及结膜炎，对于过敏者，吸入上述烟尘或酸雾 4～8h 后，还会诱发哮喘。六价铬化合物具有强烈的刺激性和致敏性，接触部位可出现针头大小的丘疹或湿疹样改变，感染后形成直径为 2～8mm 圆形溃疡，边缘隆起，底部有渗出物，病程长，久而不愈。一般为 1～2 个，无疼痛感，愈合缓慢。若灼伤面积超过 10%，可因急性循环衰竭、肝肾功能衰竭、凝血功能障碍、血管内溶血而导致死亡。我国和欧盟等有关国家的相关规定中均把这种元素列为化妆品禁用物质。

2. 接触铬及其无机化合物作业人员的职业健康检查

接触铬及其无机化合物人员的职业健康检查，分为上岗前、在岗期间和离岗时职业健康检查，其检查方法和检查项目要求见表 4 - 11。

表 4-11 接触铬及其无机化合物作业人员职业健康检查方法和检查项目要求

作业状态	问诊	体格检查	实验室及其他检查		目标疾病		检查周期
			必检项目	选检项目	职业病	职业禁忌症	
上岗前	询问鼻腔、皮肤疾病和呼吸系统等病史及症状	内科常规检查，鼻及咽部常规检查，皮肤科常规检查	血常规、尿常规、丙氨酸氨基转移酶、肾功能、心电图、胸部 X 射线摄片、肺通气功能测定			(1) 慢性皮炎。(2) 慢性肾炎。(3) 慢性鼻炎。(4) 慢性阻塞性肺病。(5) 慢性间质性肺病	
在岗期间	询问呼吸系统症状及耳鼻喉、皮肤疾病症状	内科常规检查，鼻及咽部常规检查，皮肤科常规检查	血常规、尿常规、丙氨酸氨基转移酶、尿 β_2-微球蛋白、胸部 X 射线摄片、肺通气功能测定	心电图、肾功能、抗原特异性 IgE 抗体、变应原皮肤斑贴试验、尿铬	(1) 职业性铬鼻病（见 GBZ 12）。(2) 职业性铬溃疡（见 GBZ 62）。(3) 职业性铬所致皮炎（见 GBZ 20）。(4) 职业性铬酸盐制造业工人肺癌（见 GBZ 94）	(1) 慢性肾炎。(2) 慢性阻塞性肺病。(3) 慢性间质性肺病	1 年
离岗时	询问呼吸系统症状及耳鼻喉、皮肤疾病症状	内科常规检查，耳鼻及咽部常规检查，皮肤科常规检查	血常规、尿常规、丙氨酸氨基转移酶、尿 β_2-微球蛋白、胸部 X 射线摄片、肺通气功能测定	心电图、抗原特异性 IgE 抗体、变应原皮肤斑贴试验、尿铬	(1) 职业性铬鼻病。(2) 职业性铬溃疡。(3) 职业性铬所致皮炎。(4) 职业性铬酸盐制造业工人肺癌		

十一、接触汽油作业人员的职业健康检查

1. 汽油（gasoline or petrol）

汽油英文名为 gasoline（美）或 petrol（英），外观为透明液体，可燃，主要成分为 $C_4 \sim C_{12}$ 脂肪烃和环烃类，并含少量芳香烃和硫化物。汽油具有较高的辛烷值和优良的抗爆性，用于高压缩比的汽化器式汽油发动机上，可提高发动机的功率，减少燃料消耗量；具有良好的蒸发性和燃烧性，能保证发动机运转平稳、燃烧完全、积炭少；具有较好的安

定性，在储运和使用过程中不易出现早期氧化变质，对发动机部件及储油容器无腐蚀性。

2．汽油对健康的危害

（1）侵入途径：吸入、食入、经皮肤吸收。

（2）健康危害。

1）急性中毒：对中枢神经系统有麻醉作用。高浓度吸入出现中毒性脑病。极高浓度吸入引起意识突然丧失、反射性呼吸停止。可伴有中毒性周围神经病及化学性肺炎。部分患者出现中毒性精神病。

2）轻度中毒：症状有头晕、头痛、恶心、呕吐、步态不稳、共济失调。

3）液体吸入呼吸道可引起吸入性肺炎。溅入眼内可致角膜溃疡、穿孔，甚至失明。皮肤接触致急性接触性皮炎，甚至灼伤。吞咽引起急性胃肠炎，重者出现类似急性吸入中毒症状，并可引起肝、肾损害。

4）慢性中毒：神经衰弱综合征、植物神经功能症状类似精神分裂症，皮肤损害。

3．急救措施

1）皮肤接触：立即脱去被污染的衣着，用肥皂水和清水彻底冲洗皮肤；就医。

2）眼睛接触：立即提起眼睑，用大量流动清水或生理盐水彻底冲洗至少 15min；就医。

3）吸入：迅速脱离现场至空气新鲜处；保持呼吸道通畅；如呼吸困难，给输氧；如呼吸停止，立即进行人工呼吸；就医。

4）食入：给饮牛奶或用植物油洗胃和灌肠；就医。

4．接触汽油作业人员的职业健康检查

接触汽油职业人员的职业健康检查，分为上岗前、在岗期间、离岗时以及应急职业健康检查，其检查方法和检查项目要求见表 4-12。

表 4-12　　　　　接触汽油作业人员职业健康检查方法和检查项目要求

作业状态	问诊	体格检查	实验室及其他检查		目标疾病		检查周期
			必检项目	选检项目	职业病	职业禁忌症	
上岗前	询问有无神经系统病史和精神病史	内科常规检查，皮肤科常规检查，神经系统常规检查	血常规、尿常规、丙氨酸氨基转移酶、心电图	神经—肌电图		（1）过敏性皮肤疾病。（2）神经系统器质性疾病	
在岗期间	询问神经系统和精神症状	内科常规检查，皮肤科常规检查，神经系统常规检查	血常规、尿常规、丙氨酸氨基转移酶、心电图	神经—肌电图	（1）职业性溶剂汽油中毒（慢性）（见GBZ 27）。（2）汽油致职业性皮肤病（见 GBZ 18）	（1）过敏性皮肤疾病。（2）神经系统器质性疾病	1年

续表

作业状态	问诊	体格检查	实验室及其他检查		目标疾病		检查周期
			必检项目	选检项目	职业病	职业禁忌症	
离岗时	询问神经系统和精神症状	内科常规检查，皮肤科常规检查，神经系统常规检查	血常规、尿常规、丙氨酸氨基转移酶、心电图	神经—肌电图	（1）职业性溶剂汽油中毒（慢性）。（2）汽油致职业性皮肤病		
应急	询问神经系统和精神症状	内科常规检查，神经系统常规检查	血常规、尿常规、肝功能、心电图、胸部X射线检查		职业性溶剂汽油中毒（急性）		

十二、接触一氧化碳作业人员的职业健康检查

1. 一氧化碳（carbon monoxide，CO）及其中毒机理

标准状况下一氧化碳纯品为无色、无臭、无刺激性的气体。相对分子质量为 28.01，密度为 1.250g/L，冰点为 −207℃，沸点为 −190℃。在水中的溶解度甚低，极难溶于水。空气混合爆炸极限为 12.5%～74%。

一氧化碳进入人体之后极易与血液中的血红蛋白结合，产生碳氧血红蛋白，进而使血红蛋白不能与氧气结合。一氧化碳中毒是含碳物质燃烧不完全时的产物经呼吸道吸入引起中毒。中毒机理是一氧化碳与血红蛋白的亲和力比氧与血红蛋白的亲和力高 200～300 倍，所以一氧化碳极易与血红蛋白结合，形成碳氧血红蛋白，使血红蛋白丧失携氧的能力和作用，造成组织窒息。对全身的组织细胞均有毒性作用，尤其对大脑皮质的影响最为严重。临床表现主要为缺氧，其严重程度与 HbCO 的饱和度呈比例关系。轻者有头痛、无力、眩晕、劳动时呼吸困难，HbCO 饱和度达 10%～20%。症状加重，患者口唇呈樱桃红色，可有恶心、呕吐、意识模糊、虚脱或昏迷，HbCO 饱和度达 30%～40%。重者呈深昏迷，伴有高热、四肢肌张力增强和阵发性或强直性痉挛，HbCO 饱和度大于 50%。患者多有脑水肿、肺水肿、心肌损害、心律失常和呼吸抑制，可造成死亡。某些患者的胸部和四肢皮肤可出现水疱和红肿，主要是由于自主神经营养障碍所致。部分急性 CO 中毒患者于昏迷苏醒后，经 2～30 天的假愈期，会再度昏迷，并出现痴呆木僵型精神病、震颤麻痹综合征、感觉运动障碍或周围神经病等精神神经后发症，又称急性一氧化碳中毒迟发脑病。长期接触低浓度 CO，可有头痛、眩晕、记忆力减退、注意力不集中、心悸。

（1）轻型一氧化碳中毒。中毒时间短，血液中碳氧血红蛋白为 10%～20%。表现为中毒的早期症状有头痛眩晕、心悸、恶心、呕吐、四肢无力，甚至出现短暂的昏厥，一般神志尚清醒，吸入新鲜空气，脱离中毒环境后，症状迅速消失，一般不留后遗症。

（2）中型一氧化碳中毒。中毒时间稍长，血液中碳氧血红蛋白占 30%～40%，在轻型症状的基础上，可出现虚脱或昏迷。皮肤和黏膜呈现煤气中毒特有的樱桃红色。如抢救及时，可迅速清醒，数天内完全恢复，一般无后遗症状。

（3）重型一氧化碳中毒。发现时间过晚，吸入煤气过多，或在短时间内吸入高浓度的一氧化碳，血液碳氧血红蛋白浓度常在50％以上，病人呈现深度昏迷，各种反射消失，大小便失禁，四肢厥冷，血压下降，呼吸急促，会很快死亡。一般昏迷时间越长，即使挽回生命，也常留有痴呆、记忆力和理解力减退、肢体瘫痪等后遗症。

2. 接触一氧化碳作业人员的职业健康检查

接触一氧化碳作业人员的职业健康检查，分为上岗前、在岗期间以及应急职业健康检查，其检查方法和检查项目要求见表4-13。

表4-13　　　　接触一氧化碳作业人员职业健康检查方法和检查项目要求

作业状态	问诊	体格检查	实验室及其他检查		目标疾病		检查周期
			必检项目	选检项目	职业病	职业禁忌症	
上岗前	重点询问中枢神经系统器质性疾病和心肌病病史及症状	内科常规检查，神经系统常规检查，重点检查心血管系统	血常规、尿常规、丙氨酸氨基转移酶、心电图			（1）中枢神经系统器质性疾病。（2）心肌病	
在岗期间	重点询问中枢神经系统器质性疾病和心肌病的症状	内科常规检查，神经系统常规检查，重点检查心血管系统	血常规、尿常规、丙氨酸氨基转移酶、心电图	血碳氧血红蛋白测定		（1）中枢神经系统器质性疾病。（2）心肌病	1年
应急	询问高浓度一氧化碳作业暴露史及神经系统症状	内科常规检查，神经系统常规检查	血碳氧血红蛋白测定、血常规、尿常规、心电图	脑电图、颅脑CT	职业性急性一氧化碳中毒（见GBZ 23）		

十三、接触硫化氢作业人员的职业健康检查

1. 硫化氢（hydrogen sulfide）

硫化氢，分子式为H_2S，分子量为34.076，标准状况下是一种易燃的酸性且具有刺激性和窒息性的无色气体，低浓度时有臭鸡蛋气味，但极高浓度很快引起嗅觉疲劳而不觉其味，有剧毒。硫化氢是一种重要的化学原料。低浓度接触仅有呼吸道及眼的局部刺激作用，高浓度时全身作用较明显，表现为中枢神经系统症状和窒息症状。

在采矿和从矿石中提炼铜、镍、钴等，煤的低温焦化，含硫石油的开采和提炼，橡胶、鞣革、硫化染料、造纸、颜料、菜腌渍、甜菜制糖等工业中都有硫化氢产生；开挖和整治沼泽地、沟渠、水井、下水道和清除垃圾、污物、粪便等作业，以及分析化学实验室工作者都有接触硫化氢的机会；天然气、矿泉水、火山喷气和矿下积水，也常伴有硫化氢存在。由于硫化氢可溶于水及油中，有时可随水或油流至远离发生源处，而引起意外中毒

事故。

2. 硫化氢中毒的临床表现

急性硫化氢中毒一般发病迅速，出现以脑和（或）呼吸系统损害为主的临床表现，亦可伴有心脏等器官功能障碍。临床表现可因接触硫化氢的浓度等因素不同而有明显差异。

（1）轻度中毒。轻度中毒主要是刺激症状，表现为流泪、眼刺痛、流涕、咽喉部灼热感，或伴有头痛、头晕、乏力、恶心等症状。检查可见眼结膜充血、肺部可有干啰音，脱离接触后短期内可恢复。

（2）中度中毒。接触高浓度硫化氢后以脑病表现显著，出现头痛、头晕、易激动、步态蹒跚、烦躁、意识模糊、谵妄，癫痫样抽搐可呈全身性强直阵挛发作等；可突然发生昏迷；也可发生呼吸困难或呼吸停止后心跳停止。眼底检查可见个别病例有视神经乳头水肿。部分病例可同时伴有肺水肿。脑病症状常较呼吸道症状出现为早。X线胸片显示肺纹理增强或有片状明影。

（3）重度中毒。接触极高浓度硫化氢后可发生电击样死亡，即在接触后数秒或数分钟内呼吸骤停，数分钟后可发生心跳停止；也可立即或数分钟内昏迷，并呼吸骤停而死亡。死亡可在无警觉的情况下发生，当察觉到硫化氢气味时可立即嗅觉丧失，少数病例在昏迷前瞬间可嗅到令人作呕的甜味。死亡前一般无先兆症状，可先出现呼吸深而快，随之呼吸骤停。事故现场发生电击样死亡时，应与其他化学物如一氧化碳或氰化物等急性中毒、急性脑血管疾病、心肌梗死等相鉴别，也需与进入含高浓度甲烷或氮气等化学物造成空气缺氧的环境而致窒息相鉴别。其他症状亦应与其他病因所致的类似疾病或昏迷后跌倒所致的外伤相鉴别。

3. 对中毒患者的抢救

（1）现场抢救。因空气中含极高硫化氢浓度时常在现场引起多人电击样死亡，如能及时抢救可降低死亡率。应立即使患者脱离现场至空气新鲜处，有条件时立即给予吸氧。

（2）维持生命体征。对呼吸或心脏骤停者应立即施行心肺脑复苏术。对在事故现场发生呼吸骤停者如能及时施行人工呼吸，则可避免随之而发生心脏骤停。在施行口对口人工呼吸时，施行者应防止吸入患者的呼出气或衣服内逸出的硫化氢，以免发生二次中毒。

（3）以对症、支持治疗为主。高压氧治疗对加速昏迷的复苏和防治脑水肿有重要作用，凡昏迷患者，不论是否已复苏，均应尽快给予高压氧治疗，但需配合综合治疗。对中毒症状明者需早期、足量、短程给予肾上腺糖皮质激素，有利于防治脑水肿、肺水肿和心肌损害。对有眼刺激症状者，立即用清水冲洗，对症处理。

（4）关于应用高铁血红蛋白形成剂的指征和方法等尚无统一意见

从理论上讲高铁血红蛋白形成剂适用于治疗硫化氢造成的细胞内窒息，而对神经系统反射性抑制呼吸作用则无效。适量应用亚硝酸异戊酯、亚硝酸钠或4－二甲基氨基苯酚（4－DMAP）等，使血液中血红蛋白氧化成高铁血红蛋白，后者可与游离的硫氢基结合形成硫高铁血红蛋白而解毒；并可夺取与细胞色素氧化酶结合的硫氢基，使酶复能，以改善缺氧。

4. 接触二氧化硫作业人员的职业健康检查

接触二氧化硫作业人员的职业健康检查分为上岗前、在岗期间以及应急职业健康检查，其检查方法和检查项目要求见表 4 - 14。

表 4 - 14　　　　　接触硫化氢作业人员职业健康检查方法和检查项目要求

作业状态	问诊	体格检查	实验室及其他检查		目标疾病		检查周期
			必检项目	选检项目	职业病	职业禁忌症	
上岗前	重点询问中枢神经系统、呼吸系统和心血管系统病史及症状	内科常规检查，神经系统常规检查，重点检查呼吸系统	血常规、尿常规、丙氨酸氨基转移酶、心电图、胸部 X 射线检查、肺通气功能测定			(1) 中枢神经系统器质性疾病。(2) 伴肺功能损害的呼吸系统疾病。(3) 器质性心脏病	
在岗期间	重点询问中枢神经系统、呼吸系统和心血管系统的症状	内科常规检查，神经系统常规检查，重点检查呼吸系统	血常规、尿常规、丙氨酸氨基转移酶、心电图、胸部 X 射线检查、肺通气功能测定			(1) 中枢神经系统器质性疾病。(2) 伴肺功能损害的呼吸系统疾病。(3) 器质性心脏病	1 年
应急	询问短期内大量硫化氢暴露作业史及眼部、呼吸系统和神经系统症状	内科常规检查，神经系统常规检查，重点检查呼吸系统和心血管系统	血常规、尿常规、丙氨酸氨基转移酶、心电图、胸部 X 射线检查	血气分析、颅脑 CT	职业性急性硫化氢中毒（见 GBZ 31）		

十四、接触氯气作业人员的职业健康检查

1. 氯气（chlorine）

氯气，化学式为 Cl_2，常温常压下为黄绿色有毒气体，易压缩，可液化为金黄色液态氯，是氯碱工业的主要产品之一，可用作为强氧化剂。氯气中混合体积分数为 5％以上的氢气时遇强光可能会有爆炸的危险。氯气能与有机物和无机物进行取代反应和加成反应生成多种氯化物。在早期，氯气可作为造纸、纺织工业的漂白剂。

舍勒发现氯气是在 1774 年，当时他正在研究软锰矿（二氧化锰）。当他使软锰矿与浓盐酸混合并加热时，产生了一种黄绿色的气体，这种气体的强烈的刺激性气味使舍勒感到极为难受。

舍勒制备出氯气以后，把它溶解在水里，发现这种水溶液对纸张、蔬菜和花都具有永久性的漂白作用；他还发现氯气能与金属或金属氧化物发生化学反应。从 1774 年舍勒发现氯气以后，到 1810 年，许多科学家先后对这种气体的性质进行了研究。这期间，氯气

一直被当作一种化合物。直到 1810 年，戴维经过大量实验研究，才确认这种气体是由一种化学元素组成的物质。他将这种元素命名为 chlorine。这个名称来自希腊文，有"绿色的"意思。中国早年的译文将其译作"绿气"，后改为氯气。

自然界中游离状态的氯存在于大气层中，是破坏臭氧层的主要单质之一。氯气受紫外线分解成两个氯原子（自由基）。大多数通常以氯化物（Cl^-）的形式存在，常见的主要是氯化钠（食盐，$NaCl$）。氯气是一种有毒气体，它主要通过呼吸道侵入人体并溶解在黏膜所含的水分里，生成次氯酸和盐酸，对上呼吸道黏膜造成损伤：次氯酸使组织受到强烈的氧化；盐酸刺激黏膜发生炎性肿胀，使呼吸道黏膜浮肿，大量分泌黏液，造成呼吸困难，所以氯气中毒的明显症状是发生剧烈的咳嗽。症状重时，会发生肺水肿，使循环作用困难而致死亡。由食道进入人体的氯气会使人恶心、呕吐、胸口疼痛和腹泻。1L 空气中最多可允许含氯气 1mg，超过这个量就会引起人体中毒。氯气吸入后，主要作用于气管、支气管、细支气管和肺泡，导致相应的病变，部分氯气又可由呼吸道呼出。人体对氯的嗅阈为 $0.06mg/m^3$；$90mg/m^3$ 可致剧咳；$120\sim180mg/m^3$ 在 $30\sim60min$ 可引起中毒性肺炎和肺水肿；$300mg/m^3$ 时可造成致命损害；$3000mg/m^3$ 时，危及生命；高达 $30\,000mg/m^3$ 时，一般滤过性防毒面具也无保护作用。

2. 中毒机理

氯气吸入后与黏膜和呼吸道的水作用形成氯化氢和新生态氧。氯化氢可使上呼吸道黏膜炎性水肿、充血和坏死；新生态氧对组织具有强烈的氧化作用，并可形成具细胞原浆毒作用的臭氧。氯浓度过高或接触时间较久，常可致深部呼吸道病变，使细支气管及肺泡受损，发生细支气管炎、肺炎及中毒性肺水肿。由于刺激作用使局部平滑肌痉挛而加剧通气障碍，加重缺氧状态；高浓度氯吸入后，还可刺激迷走神经引起反射性的心跳停止。氯气中毒不可以进行人工呼吸。

3. 临床表现

急性中毒主要表现为呼吸系统损害。

（1）起病及病情变化一般均较迅速。

（2）可发生咽喉炎、支气管炎、肺炎或肺水肿，表现为咽痛、呛咳、咳少量痰、气急、胸闷或咳粉红色泡沫痰、呼吸困难等症状，肺部可无明显阳性体征或有干、湿性啰音。有时伴有恶心、呕吐等症状。

（3）重症者尚可出现急性呼吸窘迫综合症，有进行性呼吸频速和窘迫、心动过速，顽固性低氧血症，用一般氧疗无效。

（4）少数患者有哮喘样发作，出现喘息，肺部有哮喘音。

（5）极高浓度时可引起声门痉挛或水肿、支气管痉挛或反射性呼吸中枢抑制而致迅速窒息死亡。

（6）并发症主要有肺部继发感染、心肌损害及气胸、纵隔气肿等。

（7）X 线检查：可无异常，或有两侧肺纹理增强、点状或片状边界模糊阴影或云雾状、蝶翼状阴影。

（8）血气分析：病情较重者动脉血氧分压明显降低。

（9）心电图检查：中毒后由于缺氧、肺动脉高压以及植物神经功能障碍等，可导致心肌损害及心律失常。

（10）眼损害：氯可引起急性结膜炎，高浓度氯气或液氯可引起眼灼伤。

（11）皮肤损害：液氯或高浓度氯气可引起皮肤暴露部位急性皮炎或灼伤。

4. 抢救处理

（1）吸入气体者立即脱离现场至空气新鲜处，保持安静及保暖。眼或皮肤接触液氯时立即用清水彻底冲洗。

（2）吸入后有症状者至少观察12h，对症处理。吸入量较多者应卧床休息，吸氧，给舒喘灵气雾剂、喘乐宁（Ventolin）或5％碳酸氢钠加地塞米松等雾化吸入。

（3）急性中毒时需合理氧疗；早期、适量、短程应用肾上腺糖皮质激素；维持呼吸道通畅；防治肺水肿及继发感染，具体可参见《急性刺激性气体中毒性肺水肿的治疗》一书。

（4）其他对症处理。

眼及皮肤灼伤按酸灼伤处理，参见 GB 16374—1996《职业性化学性眼灼伤诊断标准及处理原则》和《化学性皮肤灼伤的治疗》一书。

5. 接触氯气作业人员的职业健康检查

接触氯气作业人员的职业健康检查，分为上岗前、在岗期间以及应急职业健康检查，其检查方法和检查项目要求见表 4 - 15。

表 4 - 15　　　　　　接触氯气作业人员职业健康检查方法和检查项目要求

作业状态	问诊	体格检查	实验室及其他检查		目标疾病		检查周期
			必检项目	选检项目	职业病	职业禁忌症	
上岗前	重点询问呼吸系统疾病史及相关症状	内科常规检查，重点检查呼吸系统	血常规、尿常规、丙氨酸氨基转移酶、心电图、胸部 X 射线检查、肺通气功能测定	血清免疫球蛋白 IgE		（1）慢性阻塞性肺病。（2）支气管哮喘。（3）慢性间质性肺病。（4）支气管扩张	
在岗期间	重点询问呼吸系统症状	内科常规检查，重点检查呼吸系统	血常规、尿常规、丙氨酸氨基转移酶、心电图、胸部 X 射线检查、肺通气功能测定	血清免疫球蛋白 IgE		（1）慢性阻塞性肺病。（2）支气管哮喘。（3）慢性间质性肺病。（4）支气管扩张	1年

作业状态	问诊	体格检查	实验室及其他检查		目标疾病		检查周期
			必检项目	选检项目	职业病	职业禁忌症	
应急	询问短期内吸入较大量氯气的作业史及眼部、呼吸系统症状	内科常规检查，眼科常规检查，重点检查呼吸系统和心血管系统	血常规、肝功能、心电图、胸部X射线检查	血气分析	（1）职业性急性氯气中毒（见 GBZ 65《职业性急性氯气中毒诊断标准》）。（2）职业性化学性眼灼伤（见 GBZ 54《职业性化学性眼灼伤诊断标准》）		

十五、接触酸雾或酸酐（acid mist or acid anhydride）作业人员的职业健康检查

1. 酸雾和酸酐

（1）酸雾（acid fog or acid mist），通常是指雾状的酸类物质。在空气中酸雾的颗粒很小，比水雾的颗粒要小，比烟的湿度要高，料径为 $0.1\sim10\mu m$，是介于烟气与水雾之间的物质，具有较强的腐蚀性。其中包括硫酸、硝酸、盐酸等无机酸和甲酸、乙酸、丙酸等有机酸所形成的酸雾。酸雾主要产生于化工、电子、冶金、电镀、纺织（化纤）、机械制造等行业的用酸过程中，如制酸、酸洗、电镀、电解、酸蓄电池充电等。另外，在一些科学研究的过程中，也会使用到不同的酸。因为这些用酸工艺过程中使用的往往是多种酸的混合物，所以排放出的废气也大多是多种酸雾的混合。

（2）酸酐（anhydrides；acid anhydride）的定义是：某含氧酸脱去一分子水或几分子水，所剩下的部分称为该酸的酸酐。一般无机酸是一分子的该酸，直接失去一分子的水就形成该酸的酸酐，其酸酐中决定酸性的元素的化合价不变。而有机酸是两分子该酸或多分子该酸通过分子间的脱水反应而形成的。只有含氧酸才有酸酐。无氧酸是没有酸酐的。有机酸的酸酐不属于氧化物。根据酸的性质可分为：①无机酸的酸酐，由一个或两个酸分子缩水而成，例如碳（酸）酐即二氧化碳 CO_2、硝（酸）酐即五氧化二氮 N_2O_5；②有机酸的酸酐，由两个一元酸分子或一个二元酸分子缩水而成的化合物，虽不是氧化物，也称酸酐，例如乙（酸）酐（$CH_3CO)_2O$、邻苯二甲酸酐 $C_6H_4(CO)_2O$ 等。

2. 职业性牙酸蚀病

职业性牙酸蚀病是较长时间接触各种酸雾或酸酐所引起的牙体硬组织脱钙缺损。其临床表现除前牙牙冠有不同程度缺损外，还有牙齿对冷、热、酸、甜等刺激敏感，严重者牙冠大部分缺损或仅留下残根。是生产和使用酸的工人的一种较常见口腔职业病。工业性酸蚀症曾经发生在某些工厂，如化工、电池、电镀、化肥等工厂空气中的酸雾或酸酐浓度超过规定标准，致使酸与工人牙面直接接触导致职业性酸蚀症。盐酸、硫酸和硝酸是对牙齿危害最大的三类酸。其他酸如磷酸、乙酸、柠檬酸等酸蚀作用较弱，主要集聚在唇侧龈缘下釉牙骨质交界处或牙骨质上。接触的时间愈长，牙齿破坏愈严重。常伴有牙龈炎、牙雕出血、牙痛、牙松动感等，严重者牙冠大部分缺损，或仅留下残根，可有髓腔暴露和牙髓病变。一般用酸蚀指数来表征牙酸蚀病的程度，见表 4 - 16。

表 4 - 16 酸 蚀 指 数

指数	表　　　征
0 度	釉质无外形缺损、发育性结构完整、表面丝绸样光泽
1 度	仅牙釉质受累。唇、腭面釉质表面横纹消失，牙面异样平滑、呈熔融状、吹干后色泽晦暗；切端釉质外表熔融状，咬合面牙尖圆饨、外表熔融状、无明显实质缺失
2 度	仅牙釉质丧失。唇、腭面牙釉质丧失、牙表面凹陷、凹陷宽度明显大于深度；切端沟槽样病损；咬合面牙尖或沟窝的杯口状病损
3 度	牙釉质和牙本质丧失，牙本质丧失面积小于牙表面积的 1/2。唇、腭面牙釉质牙本质丧失、颈部呈肩台状，或病损区呈刀削状；切端沟槽样病损明显，或呈薄片状、唇面观切端透明；咬合面牙尖或沟窝的杯口状病损明显或呈弹坑状病损，直径大于或等于 1mm。有时可见银汞充填体边缘高于周围牙表面，呈"银汞岛"样
4 度	牙釉质和牙本质丧失，牙本质丧失面积大于牙表面积的 1/2。各牙面的表现同 3 度，范围扩大加深，但尚未暴露继发牙本质和牙髓
5 度	釉质大部丧失，牙本质丧失至继发牙本质暴露或牙髓暴露，牙髓受累

2 度酸蚀症以上可出现牙本质过敏症，随着牙釉质和牙本质丧失量增加，相继出现牙髓疾病的症状。

3. 接触酸雾或酸酐作业人员的职业健康检查

接触酸雾或酸酐作业人员的职业健康检查，分为上岗前、在岗期间、离岗时以及应急职业健康检查，其检查方法和检查项目要求见表 4 - 17。

表 4 - 17　　接触酸雾或酸酐作业人员职业健康检查方法和检查项目要求

作业状态	问诊	体格检查	实验室及其他检查		目标疾病		检查周期
			必检项目	选检项目	职业病	职业禁忌症	
上岗前	询问口腔疾病、反流性食管炎和呼吸系统病史及症状	内科常规检查，口腔科常规检查，重点检查口腔及呼吸系统	血常规、尿常规、丙氨酸氨基转移酶、心电图、胸部 X 射线摄片、肺通气功能测定	牙齿 X 射线摄片		（1）牙本质过敏。（2）因反流性食管炎和消化性溃疡等非职业性因素致牙酸蚀病。（3）慢性阻塞性肺病。（4）支气管哮喘	

作业状态	问诊	体格检查	实验室及其他检查		目标疾病		检查周期
			必检项目	选检项目	职业病	职业禁忌症	
在岗期间	询问口腔疾病症状及呼吸系统症状	内科常规检查，口腔科常规检查，重点检查口腔及呼吸系统	胸部X射线摄片、肺通气功能测定、牙齿冷热刺激试验或电活力测验	牙齿X射线摄片	职业性牙酸蚀病（见GBZ 61）	（1）慢性阻塞性肺病。（2）支气管哮喘	1年
离岗时	询问口腔疾病及呼吸系统症状	内科常规检查，口腔科常规检查	胸部X射线摄片、肺通气功能测定、牙齿冷热刺激试验或电活力测验	牙齿X射线摄片	职业性牙酸蚀病		
应急	重点询问短期内较大量酸雾或酸酐接触史及眼、呼吸系统症状	内科常规检查，眼科常规检查，皮肤科常规检查	血常规、尿常规、心电图、胸部X射线摄片	肺功能、血气分析	（1）职业性化学性眼灼伤（见GBZ 54）。（2）职业性化学性皮肤灼伤（见GBZ 51）。（3）职业性急性化学性中毒性气管炎、肺炎（见GBZ 73）		

第二节 电力行业生产性毒物及缺氧危险作业的监测方法

一、电力行业生产性毒物的监测方法

1. 生产性毒物及其监测周期

生产性毒物（productive toxicant）是指在生产中产生的、存在于工作环境空气中，并且在一定条件下，较小剂量就能够对生物体产生损害作用或使生物体出现异常反应的外源化学物。

（1）对存在一般生产性毒物作业场所及岗位的监测，每年测定一次。

（2）对毒物浓度超过职业接触限值的作业场所及岗位，应从该次监测起，每季测定一次，直至浓度降至职业接触限值以下。

（3）按照 GBZ/T 204 规定，对存在高毒物质作业场所的监测，每月至少测定一次。

2. 常见生产性毒物的工作场所及对生产性毒物的监测方法

常见生产性毒物的工作场所及对生产性毒物的监测方法见表 4-18。

表 4-18 电力行业常见生产性毒物工作场所及对生产性毒物的监测方法

序号	生产性毒物工作场所	生产性毒物的监测方法
1	在存在盐酸和氢氧化钠危害的工作场所，如化水、废水处理等工作场所	（1）按照 GBZ/T 160.37 的规定，用离子色谱法或硫氰酸汞法监测盐酸（氯化氢）的浓度。 （2）按照 GBZ/T 160.18 的规定，用原子吸收光谱法监测氢氧化钠的浓度
2	采用氨进行给水处理和烟气脱硝处理的工作场所	按照 GBZ/T 160.29 的规定，用纳氏试剂分光光度法监测氨的浓度
3	采用联氨进行给水化学除氧等的工作场所	按照 GBZ/T 160.71 的规定，用气相色谱法或对二甲氨基苯甲醛分光光度法监测联氨的浓度
4	采用二氧化氯杀菌灭藻处理的工作场所	按照 GBZ/T 160.37 的规定，用酸性紫 R 分光光度法监测二氧化氯的浓度
5	化水、废水处理采用硫酸及对铅酸蓄电池进行人工维护等的工作场所	按照 GBZ/T 160.33 的规定，用离子色谱法或氯化钡比浊法监测硫酸的浓度
6	烟气正压系统（含脱硫系统、脱硝系统等）的作业场所	（1）按照 GBZ/T 160.28 的规定，用不分光红外线气体分析仪法或气相色谱法监测一氧化碳的浓度。 （2）按照 GBZ/T 160.29 的规定，用盐酸萘乙二胺比色法监测氮氧化物的浓度。 （3）按照 GBZ/T 160.33 的规定，用盐酸副玫瑰苯胺比色法监测二氧化硫的浓度
7	洞内开挖作业炮后除渣时，应在装卸车、运输车的操作室等设采样点	（1）按照 GBZ/T 160.28 的规定，用不分光红外线气体分析仪法或气相色谱法监测一氧化碳的浓度。 （2）按照 GBZ/T 160.29 的规定，用盐酸萘乙二胺比色法监测氮氧化物的浓度
8	铸铜（或铸铁）作业场所	（1）按照 GBZ/T 160.29 的规定，用盐酸萘乙二胺比色法监测氮氧化物的浓度。 （2）按照 GBZ/T 160.33 的规定，用盐酸副玫瑰苯胺比色法监测二氧化硫的浓度
9	废水处理设施维修、清淤等存在硫化氢的工作场所	按照 GBZ/T 160.33 的规定，用硝酸银比色法监测硫化氢的浓度
10	六氟化硫电气设备在装配或检修的工作场所	按照 GBZ/T 160.33 的规定，用气相色谱法监测六氟化硫的浓度
11	油漆作业的工作场所	按照 GBZ/T 160.42 的规定，用气相色谱法监测苯、甲苯和二甲苯的浓度

续表

序号	生产性毒物工作场所	生产性毒物的监测方法
12	使用溶剂汽油的工作场所	按照 GBZ/T 160.40 的规定，用气相色谱法监测溶剂汽油的浓度
13	电焊作业场所（管内焊接、蜗壳焊接、机坑钢筋焊接、金属构件焊接等）	按照 GBZ/T 160.13 的规定，用火焰原子吸收光谱法或磷酸—高碘酸钾比色法监测锰的浓度
14	铅作业场所在相应工作地点设采样点	按照 GBZ/T 160.10 的规定，用原子吸收光谱法或双硫腙比色法监测铅的浓度
15	化学灌浆作业在配料室、灌浆的工作场所	按照 GBZ/T 160.58 的规定，用气相色谱法监测环氧氯丙烷的浓度

二、生产性毒物工作场所监测采样

1. 采样点的设定原则

（1）采样点必须包括作业场所空气中有毒物质浓度最高、操作者接触有毒物质时间最长及上述两种状况同时具备的工作地点；在污染源下风向的工作地点至少设 1 个采样点，采样点应远离排气口和可能产生涡流的地点。

（2）一个车间（部门）内有 2 台以上不同类型生产设备逸散同种待测有毒物质时，将采样点设在待测有毒物质逸散量大的设备的工作地点；逸散多种有毒物质时，应按照有毒物质种类分别设采样点。

（3）采样应避免生产过程中被测物质直接飞溅入收集器内；采样的高度以操作者呼吸带高度为准。

（4）定点采样应尽可能靠近操作者，但不影响操作者正常操作。

（5）采用个体采样，按岗位工种选择有代表性的、接触空气中有害物质浓度最高的劳动者作为采样对象。

2. 采样点数量确定原则

定点采样点数量确定原则见表 4-19。

表 4-19 生产性毒物工作场所定点采样点数量确定原则

采样方法	生产性毒物工作场所	采样点数量
定点采样	生产车间应按产品的工艺过程、不同工作地点和工序（配料、混料、投料、反应、出料、粉碎、过筛、包装和装运等）布置采样点，凡有待测毒物逸散的工作地点也应是采样点	应分别设置 1 个采样点
	控制室和休息室等	至少各设置 1 个采样点
	（1）一个车间（部门）内有 1~3 台逸散同类生产性毒物的生产设备。 （2）一个车间（部门）内有 4~10 台逸散同类生产性毒物的生产设备。 （3）一个车间（部门）内有 10 台以上逸散同类生产性毒物的生产设备	（1）设 1 个采样点。 （2）设 2 个采样点。 （3）至少设 3 个采样点
	工人在多个工作地点工作时，在每个存在生产性毒物逸散可能的工作地点	设置 1 个采样点

3. 个体采样对象数量确定原则

个体采样是以在工作过程中接触和可能接触生产性毒物的劳动者为采样对象范围，每岗位工种按 GBZ 159 的要求，按表 4-20 的规定选定采样对象的数量。

表 4-20　　　　　　　　每种工作岗位生产性毒物个体采样数量

劳动者接触有害物质浓度和接触时间	采样对象范围内劳动者数	选定采样对象数
在采样对象范围内，能够确定接触有害物质浓度最高和接触时间最长的劳动者	<3	全部
	3~5	2
	6~10	3
	>10	4
在采样对象范围内，不能确定接触有害物质浓度最高和接触时间最长的劳动者	<6	全部
	6	5
	7~9	6
	10~14	7
	15~26	8
	27~50	9
	>50	11

4. 采样方法、采样时机和采样时间

生产性毒物采样方法、采样时间和采样时机见表 4-21。

表 4-21　　　　　　生产性毒物采样方法、采样时间和采样时机

项目	具 体 要 求
采样方法	根据工作场所空气中生产性毒物浓度的存在状况或采样仪器的操作性能，按采样方式可选择个体采样或定点采样，按采样时间可选择长时间采样或短时间采样。 　　（1）定点采样。劳动者在一个工作地点工作时，可采用长时间采样方法或短时间采样方法采样，对监测结果进行时间加权计算。劳动者在一个以上工作地点工作或移动工作时，在劳动者的每个工作地点或移动范围内设立采样点，分别进行采样，并记录每个采样点劳动者的工作时间，对监测结果进行加权计算。 　　（2）个体采样。一般采用长时间采样方法。采样仪器能够满足监测时间段连续一次性采样时，可直接监测计算空气中生产性毒物的浓度；采样仪器不能满足监测时间段连续一次性采样时，可根据采样仪器的操作时间，在所要求的时间段内进行 2 次或 2 次以上的采样，根据各监测时间和浓度进行加权计算
采样时间	（1）短时间接触浓度监测，用定点的、短时间采样方法进行采样；采样时间一般不超过 15min。 　　（2）时间加权平均浓度监测，以个体采样和长时间采样为主。时间为按一个工作日 8h 或按每周 40h 进行监测加权计算。 　　（3）最高容许浓度监测，采样时间一般不超过 15min；当劳动者实际接触时间不足 15min 时，按实际接触时间进行采样。 　　（4）超限倍数所对应的浓度是短时间接触浓度，采样时间的确定参照（1）

续表

项目	具 体 要 求
采样时机	(1) 应在生产设备正常运转及操作者正确操作状况下采样。 (2) 有通风净化装置的工作地点,应在通风净化装置正常运行的状况下采样。 (3) 如果在整个工作班内浓度变化不大的采样点,可在工作开始1h后的任何时间采样;如果在整个工作班内浓度变化大的采样点,每次采样应在浓度较高时进行,其中一次在浓度最大时进行。 (4) 监测时间加权平均允许浓度时,应将空气中生产性毒物浓度最高的工作日选择为重点采样日;监测短时间接触容许浓度或最高允许浓度时,应将空气中生产性毒物浓度最高的时段选择为重点采样时段。 (5) 空气中生产性毒物浓度随季节发生变化的工作场所,应将空气中生产性毒物浓度最高的季节选择为重点采样季节

三、电力行业缺氧危险作业的监测

1. 电力行业的缺氧危险作业和主要缺氧危险作业场所

作业场所空气中的氧含量低于 19.5% 的状态,称为缺氧(oxygen deficiency atmosphere)。具有潜在的和明显的缺氧条件下的各种作业,称为缺氧危险作业(hazardous work in oxygen deficiency atmosphere)。缺氧危险作业主要包括一般缺氧危险作业和特殊缺氧危险作业。一般缺氧危险作业指在作业场所中的单纯缺氧危险作业;特殊缺氧危险作业指在作业场所中同时存在或可能产生其他有害气体的缺氧危险作业。

电力行业主要缺氧危险作业场所为洞内作业场所、电缆沟、廊道、施工的独头隧道和基坑(井)等地下有限空间,六氟化硫变配电装置室、煤粉仓、原煤仓、粉煤灰仓、废水池(井)等地上有限空间以及锅炉、凝汽器和除氧器内等密闭设备。

2. 监测范围和监测项目

监测范围为所有的主要缺氧危险作业场所。监测项目包括:①氧气;②特殊缺氧危险作业场所其他有害气体(一氧化碳、二氧化碳、硫化氢、二氧化硫、氮氧化物等)。

3. 采样和监测要求

电力行业缺氧危险作业场所采样和监测要求见表 4-22。

表 4-22　　　　　　　　电力行业缺氧危险作业场所采样和监测要求

项目	具 体 要 求
监测仪器	(1) 采样和监测所用仪器应定期进行检定/校准,使用前应进行检查和校正,满足现场定性和定量监测要求。 (2) 直读式气体检测报警仪应符合 GBZ/T 206 的技术要求,选择建议参见表 4-22。 (3) 直读式气体检测仪的性能要求参见表 4-23
采样	(1) 对空间开阔的作业场所,应纵横均匀分布采样,间隔 2～6m 设采样点;对空间的死角和拐角处应增设采样点。 (2) 坑井等作业场所,还应增加上下递增(或递减)采样,间隔 0.2～0.5m 设采样点。 (3) 监测氧气浓度时,每个采样点采样数量不得少于 2 个。 (4) 对特殊缺氧危险作业,采样点应根据现场可能存在的有毒有害气体的种类、特性、浓度范围及其释放源等的调查基础上进行设定。 (5) 采样的高度应在操作人员的呼吸带高度

续表

项目	具 体 要 求
监测	（1）作业前，按照先检测后作业的原则，必须准确记录测定作业环境空气中的氧气浓度，否则，严禁进入该作业场所。 （2）作业中，应监测作业环境空气中氧气浓度的变化并随时采取必要措施。在氧气浓度可能发生变化的作业中，应保持必要的测定次数或连续监测。 （3）在特殊缺氧危险作业场所应在测定氧气浓度的同时，测定可能存在的可燃气体和有害气体的浓度；检测顺序为测氧、测爆、测毒，对毒性较高的可燃气体应先测毒
采样和监测防护	（1）监测人员进入缺氧危险作业场所时，应制定并严格执行综合的安全防护措施。 （2）采取边进入边监测方式时，进入速度要根据仪器的响应速度来确定。 （3）必须配备并正确使用合格的空气呼吸器、氧气呼吸器或软管面具等隔离式呼吸保护器具，严禁使用过滤式面具。 （4）在存在因缺氧而坠落可能的作业场所，必须使用合格的安全带（绳），并在适当且可靠的位置安装必要的安全绳网设备

表 4‑23　　　　　　　　　直读式气体检测报警仪选择建议

检测对象	仪器种类	适用场所
氧气	电化学式测氧仪	任何场所
可燃气体	红外式可燃气体检测仪	任何场所（无检测相应的可燃气体除外）
	催化燃烧式可燃气体检测仪	空间氧含量大于或等于 18%（Vol.），无中毒催化元件的场所
	便携式气相色谱仪	任何场所
无机有毒气体	电化学式有毒气体检测仪	一氧化碳、硫化氢、氯气、氯化氢、氨气、二氧化硫、一氧化氮等
	气体检测管	
有机有毒气体	光电离（PID）检测仪	除甲烷、乙烷、丙烷、乙烯、甲醇、甲醛等外的场所
	便携式气相色谱仪	任何场所
	气体检测管	特定有毒气体
多种混合气体	多种气体复合式检测仪	同时存在可燃气体、特定有毒气体和氧气
	便携式气相色谱仪	同时存在可燃气体和有毒气体

注　1. 高毒可燃气体按有毒气体检测。
　　2. 特定有毒气体指由相应传感器或气体检测管的有毒气体。
　　3. 符合要求的其他类型直读式仪器也可用于缺氧危险作业的检测。

表 4‑24　　　　　　　　　直读式气体检测仪的性能要求

仪器种类	监测范围	分辨率	监测误差
电化学式测氧仪	0～30%（Vol.）	≤0.7%（Vol.）	≤0.7%（Vol.）
可燃气体检测仪	0～100% LEL（爆炸下限）	≤1% LEL	≤±10%
有毒气体检测仪	下限≤0.5 倍容许浓度 上限≥5 倍容许浓度	≤1×10⁻⁶	≤±10%

续表

仪器种类	监测范围	分辨率	监测误差
气体检测管	下限≤0.5倍容许浓度 上限≥5倍容许浓度	—	≤±10%

注 容许浓度指最高容许浓度（PC-MAC）或短时间接触容许浓度（PC-STEL），或超限倍数（EL）。

四、电力行业生产性毒物与缺氧危险作业的监测计算

1. 采样流量的换算

工作场所空气样品的采样流量，在采样点温度低于 5℃ 和高于 35℃、大气压低于 98.8kPa 和高于 103.4kPa 时，应按式（4-2）将采样流量换算成标准采样流量。

$$F = F_t \times \frac{293}{273+t} \times \frac{p}{101.3} \tag{4-1}$$

式中　F——标准采样流量，mL/min；

F_t——在温度为 t℃，大气压为 p 时的采样流量，mL/min；

t——采样点的气温，℃；

p——采样点的大气压，kPa。

2. 时间加权平均浓度的监测计算

以时间为权数规定的 8h 工作日的平均容许接触浓度，亦可是 40h 工作周的平均容许接触浓度，称为时间加权平均容许浓度（permissible concentration-time weighted average，PC-TWA）。

（1）采样仪器能够满足全工作日连续一次性采样时，空气中有害物质 8h 时间加权平均浓度按式（4-2）计算

$$C_{\text{TWA}} = \frac{CV}{480F} \times 1000 \tag{4-2}$$

式中　C_{TWA}——空气中有害物质 8h 时间加权平均浓度，mg/m³；

C——测得的样品溶液中有害物质的浓度，μg/mL；

V——样品溶液的总体积，mL；

F——采样流量，mL/min。

式（4-2）中数字 480 为时间加权平均容许浓度规定的以 8h 计的时间，单位为 min。

（2）采样仪器不能满足全工作日连续一次性采样时，可根据采样仪器的操作时间，在全工作日内进行 2 次或 2 次以上的采样。空气中有害物质 8h 时间加权平均浓度按式（4-3）计算

$$C_{\text{TWA}} = \frac{C_1 T_1 + C_2 T_2 + \cdots + C_n T_n}{8} \tag{4-3}$$

式中　　C_{TWA}——8h 工作日接触化学有害因素的时间加权平均浓度，mg/m³；

$C_1, C_2, \cdots, C_n$——$T_1, T_2, \cdots, T_n$ 时间段接触的相应浓度；

$T_1, T_2, \cdots, T_n$——$C_1, C_2, \cdots, C_n$ 浓度下相应的持续接触时间。

式（4-3）中数字 8 为一个工作日的工作时间，单位为 h，工作时间不足 8h 者，仍以 8h 计。

3. 短时间接触浓度的监测计算

在遵守 PC-TWA 前提下容许短时间（15min）接触的浓度，称为短时间接触容许浓度（permissible concentration-short term exposure limit，PC-STEL）。

（1）采样时间为 15min 时，短时间接触浓度按式（4-4）计算

$$C_{STEL} = \frac{CV}{15F} \times 1000 \qquad (4-4)$$

式中　C_{STEL}——短时间接触浓度，mg/m^3。

式（4-4）中数字 15 为采样时间，单位为 min。

（2）采样时间不足 15min，进行 1 次以上采样时，按 15min 时间加权平均浓度计算，即

$$C_{STEL} = \frac{C_1 T_1 + C_2 T_2 + \cdots + C_n T_n}{15} \qquad (4-5)$$

式中　C_1，C_2，…，C_n——测得空气中有害物质浓度，mg/m^3；

T_1，T_2，…，T_n——劳动者在相应的有害物质浓度下的工作时间，min。

数字 15 为短时间接触容许浓度规定的 15min。

（3）劳动者接触时间不足 15min，按 15min 时间加权平均浓度计算，即

$$C_{STEL} = \frac{CT}{15} \qquad (4-6)$$

式中　C——测得空气中有害物质浓度，mg/m^3；

T——劳动者在相应的有害物质浓度下的工作时间，min。

式（4-6）中数字 15 为短时间接触容许浓度规定的 15min。

4. 最高浓度的监测计算

最高容许浓度（maximum allowable concentration，MAC）是指工作地点、在一个工作日内、任何时间均不应超过的有毒化学物质的浓度。空气中有害物质浓度按式（4-7）计算，即

$$C_{MAC} = \frac{CV}{Ft} \qquad (4-7)$$

式中　C_{MAC}——空气中有害物质的浓度，mg/m^3。

5. 超限倍数的监测计算

对未制定 PC-STEL 的化学有害因素，在符合 8h 时间加权平均容许浓度的情况下，任何一次短时间（15min）接触的浓度均不应超过的 PC-TWA 的倍数值，称为超限倍数（excursion limits，EL）。超限倍数按式（4-8）计算，即

$$EL = \frac{C_{STEL}}{C_{PC-TWA}} \qquad (4-8)$$

式中　EL——超限倍数；

C_{STEL}——空气中有害物质的短时间接触浓度，mg/m^3；

C_{PC-TWA}——空气中有害物质的时间加权平均容许浓度，mg/m^3。

五、电力行业生产性化学毒物和生产场所氧气浓度评判标准

1. 电力行业生产性化学毒物评判标准

生产性化学毒物依据 GBZ 2.1 的要求，遵照表 4-25 的规定进行评判。

表 4-25　　　　　电力行业常见生产性毒物职业接触限值表

序号	中文名			英文名		职业接触限值 OELs (mg/m³)			备注
						MAC	PC-TWA	PC-STEL	
1	氯化氢及盐酸			hydrogen chloride and chlorhydric acid		7.5	—	—	—
2	氢氧化钠			sodium hydroxide		2	—	—	—
3	氨			ammonia		—	20	30	高毒
4	联氨（肼）			hydrazine		—	0.06	0.13	高毒，皮，G2B
5	二氧化氯			chlorine dioxide		—	0.3	0.8	—
6	硫酸及三氧化硫			sulfuric acid and sulfur trioxide		—	1	2	G1
7	一氧化碳	非高原		carbon monoxide	not in high altitude area	—	20	30	高毒
		高原	海拔 2000～3000m		in high altitude area	2000～3000m	20	—	—	—
			海拔大于 3000m			>3000m	15	—	—	—
8	二氧化碳			carbon dioxide		—	9000	18 000	—
9	一氧化氮			nitric oxide		—	15	—	—
10	二氧化氮			nitrogen dioxide		—	5	10	高毒
11	二氧化硫			sulfur dioxide		—	5	10	—
12	硫化氢			hydrogen sulfide		10	—	—	高毒
13	六氟化硫			sulfur hexafluoride		—	6000	—	—
14	苯			benzene		—	6	10	高毒，皮，G1
15	甲苯			toluene		—	50	100	皮
16	二甲苯（全部异构体）			xylene（all isomers）		—	50	100	—
17	溶剂汽油			solvent gasolines		—	300	—	—
18	锰及其无机化合物（按 MnO₂ 计）			manganese and inorganic compounds, as MnO₂		—	0.15	—	高毒
19	铅及其无机化合物（按 Pb 计）	铅尘		lead and inorganic compounds, as Pb	lead dust	—	0.05	—	高毒，G2B（铅），G2A（铅的无机化合物）
		铅烟			lead fume	—	0.03	—	
20	环氧氯丙烷			epichlorohydrin		—	1	2	皮，G2A

注　1 化学物质的致癌性标识按国际癌症组织（IARC）分级，作为参考性资料；①G1 确认人类致癌物（carcinogenic to humans）；②G2A 可能人类致癌物（probably carcinogenic to humans）；③G2B 可疑人类致癌物（possibly carcinogenic to humans）。

　　2 在备注栏内标有"高毒"的物质表示其为列入《高毒物品目录》的生产性毒物；在备注栏内标有"皮"的物质表示可因皮肤、黏膜和眼睛直接接触蒸汽、液体和固体，通过完整的皮肤吸收引起全身效应。

　　3 对未制定 PC-STEL 的生产性毒物，采用超限倍数控制其短时间接触水平的过高波动；在符合 PC-TWA 的前提下，其超限倍数（视 PC-TWA 限值大小）是 PC-TWA 的 1.5～3 倍（见表 4-26）。

表 4 - 26 超限倍数与 PC-TWA 的关系

PC-TWA 的范围（mg/m³）	最大超限倍数
PC-TWA＜1	3
1≤PC-TWA＜10	2.5
10≤PC-TWA＜100	2.0
PC-TWA≥100	1.5

2. 电力行业生产场所氧气浓度评判标准

生产场所氧气浓度依据 GB 8958 的要求，不得低于 19.5%。

（1）当从事具有缺氧危险的作业时，按照先检测后作业的原则在作业开始前，必须准确测定作业空气中的氧含量，在准确测定氧含量前，严禁进入该作业场所；氧含量低于 0.195 时不得进入。只有氧含量高于 0.195 时方可准许进入作业场所。

（2）在作业进行中应监测作业场所空气中含氧量的变化并随时采取必要措施。在氧含量可能发生变化的作业中应保持必要的测定次数或连续监测。

（3）在已确定为缺氧作业环境的作业场所，必须采取充分的通风换气措施，使该环境空气中氧含量在作业过程中始终保持在 0.195 以上。严禁用纯氧进行通风换气。

（4）在存在缺氧危险的作业场所必须配备抢救器具，如隔离呼吸保护器具、梯子、绳缆以及其他必要的器具和设备。

（5）对已患缺氧症的作业人员应立即给予急救和医疗处理。

第五章

接触有害物理因素作业人员职业健康监护

第一节　接触有害物理因素作业人员的职业健康检查

一、接触高温（high temperature）作业人员的职业健康检查

1. 高温和高温热浪

世界气象组织建议高温热浪的标准为：日最高气温高于 32℃，且持续 3 天以上。中国气象学上一般把日最高气温达到或超过 35℃时称为高温。高温天气能使人体感到不适，工作效率降低，中暑、患肠道疾病和心脑血管等病症的发病率增多。同时，高温天气也会对农业生产造成较大影响。我国把日最高气温达到或超过 35℃时连续数天（3 天以上）的高温天气过程称之为高温热浪（或称之为高温酷暑）。由于近年来高温执浪天气的频繁出现，高温带来的灾害日益严重。为此，我国气象部门针对高温天气的防御，特别制定了高温预警信号。高温热浪使人体不能适应环境，超过人体的耐受极限，从而导致疾病的发生或加重，甚至死亡，动物也是一样；同时高温热浪也可以影响植物生长发育，使农作物减产。高温热浪过程还会加剧干旱的发生发展；还使用水量、用电量急剧上升，从而给人们生活、生产带来很大影响。另外，高温热浪往往使人心情烦躁，甚至会出现神志错乱的现象，容易造成公共秩序混乱、事故伤亡以及中毒、火灾等事件的增加，这些是高温热浪的间接影响。

2. 高温的类型

（1）干热型。气温极高、太阳辐射强而且空气湿度小的高温天气，被称为干热型高温。在夏季，我国北方地区如新疆、甘肃、宁夏、内蒙古、北京、天津、石家庄等地经常出现。

（2）闷热型。由于夏季水汽丰富，空气湿度大，在气温并不太高（相对而言）时，人们的感觉是闷热，就像在蒸笼中，此类天气被称之为闷热型高温。由于出现这种天气时人感觉像在桑拿浴室里蒸桑拿一样，所以又称"桑拿天"，这在我国沿海及长江中下游，以及华南等地经常出现。

3. 高温对健康的影响和应对措施

人的正常体温大约维持在 37℃左右，根据各国的实验，人体感到舒适的气温是：夏季 19℃～24℃，冬季 12℃～22℃。所以，在炎热的夏天，湿度较高时，气温达到 34℃就需要引起人们的注意。当气温和湿度高达某一界限时，人体热量散不出去，体温就要升高，以致超过人的忍耐极限，造成死亡事故。

炎热天气下人体会大量出汗，极容易发生中暑或虚脱现象，老弱病幼人员应减少户外活动，要注意多饮水以补充身体水分。高温天气，人体内钠、钾随汗液的排出而大量丢失，可引起电解质平衡失调；人体内维生毒 C、维生素 B₁ 和维生素 B₂ 随汗液的排出而丢失，可引起营养素的代谢紊乱；人体内蛋白质分解增加，可引起能量消耗的增加。因此，保证高温天气下，人体营养与膳食合理，对于维持机体生理功能、代谢活动和电解质平衡，适应高温工作环境和生活环境，保障身体健康，均至关重要。首先要补充水分。夏季，在气温为 36～38℃的环境下，从事室外体力劳动的人，每日应补充水量 10～12L；从事室内工作的人，每日应补充水量 2～3L。补充水分宜量少次多，以免影响食欲。另外，大量出汗同样会引起无机盐丢失，故在补充水分的同时，应补充无机盐。同时还要注意，应增加维生素 C、蛋白质、能量的摄入。

喝茶是解暑的最佳方法，不管是红茶、绿茶还是菊花茶，如果附之冰糖、山楂、橘皮、决明子等，不但口感极佳，而且也不失为清热祛暑的良方；夏季人们饮食不喜油腻而趋于清淡，因此各类粥制品成为人们喜好的食物，比如小米绿豆粥、苦瓜粥、玉米粥、薄荷粥、莲子粥、百合粥等；同时，夏季多喝诸如绿豆汤、百合汤、酸梅汤和苦瓜汤之类的食品也是消暑降温不错的选择；另外高温天气下常喝果汁对生津止渴、清热解毒也有较好的效果，可谓一举多得。常风的桃汁、梨汁、苹果汁、葡萄汁、草莓汁、西瓜汁等果汁均可适量饮用。

4. 高温作业（work in hot environment）

高温作业是指有高气温或有强烈的热辐射或伴有高气湿（相对湿度大于或等于 80％RH）相结合的异常作业条件、湿球黑球温度指数（WBGT 指数）超过规定限值的作业。包括高温天气作业和工作场所高温作业。

高温天气是指地市级以上气象主管部门所属气象台站向公众发布的日最高气温 35℃以上的天气。高温天气作业是指用人单位在高温天气期间安排劳动者在高温自然气象环境下进行的作业。如夏天露天作业：建筑工地、大型体育竞赛等。

工作场所高温作业是指在生产劳动过程中，工作地点平均 WBGT 指数大于或等于 25℃的作业。

（1）高温、强热辐射作业：①冶金工业的炼焦、炼铁、炼钢等车间；②机械制造工业的铸造车间；③陶瓷、玻璃、建材工业的炉窑车间；④发电厂（热电站）、煤气厂的锅炉间等。

（2）高温高湿作业：①纺织印染等工厂；②深井煤矿中。

5. 接触高温作业人员的职业健康检查

接触高温作业人员的职业健康检查，分为上岗前、在岗期间和应急职业健康检查，其检查方法和检查项目要求见表 5-1。

表 5 - 1　　　　　　接触高温作业人员职业健康检查方法和检查项目要求

作业状态	问诊	体格检查	实验室及其他检查		目标疾病		检查周期
			必检项目	选检项目	职业病	职业禁忌症	
上岗前	重点询问心血管系统、泌尿系统、神经系统和内分泌系统病史及症状	内科常规检查，重点检查心血管系统	血常规、尿常规、丙氨酸氨基转移酶、血糖、肾功能、心电图	血清游离甲状腺素、游离三碘甲腺原氨酸、促甲状腺激素（有甲状腺病史或异常者）		（1）高血压 2 级或 3 级。（2）消化性溃疡（活动期）。（3）慢性肾炎。（4）未控制的甲亢。（5）糖尿病。（6）大面积皮肤疤痕	
在岗期间	重点询问心血管系统、泌尿系统、神经系统及内分泌系统症状	内科常规检查，重点检查心血管系统	血常规、尿常规、丙氨酸氨基转移酶、血糖、肾功能、心电图	血清游离甲状腺素、游离三碘甲腺原氨酸、促甲状腺激素（有甲状腺病史或异常者）		（1）高血压 2 级或 3 级。（2）消化性溃疡（活动期）。（3）慢性肾炎。（4）未控制的甲亢。（5）糖尿病。（6）大面积皮肤疤痕	1 年（应在每年高温季节到来之前进行）
应急	询问高温作业情况及中暑的相应症状	内科常规检查，神经系统常规检查	血常规、尿常规、丙氨酸氨基转移酶、血糖、肾功能、血电解质、心电图	血气分析	职业性中暑（见 GBZ 41）		

　注　检查对象为因意外或事故接触高温可能导致中暑的劳动者，包括参加救援的人员；发现可疑或中暑患者应立即进行现场急救，重症者应及时送医院治疗。

二、接触噪声作业人员的职业健康检查

1. 噪声（noise）

声音由物体振动引起，以波的形式在一定的介质（如固体、液体、气体）中进行传播。通常听到的声音为空气声。一般情况下，人耳可听到的声波频率为 20～20 000Hz，称为可听声；低于 20Hz，称为次声波；高于 20 000Hz，称为超声波。所听到声音音调的高低取决于声波的频率，高频声听起来尖锐，而低频声给人的感觉较为沉闷。声音的大小是由声音的强弱决定的。从物理学的观点来看，噪声是由各种不同频率、不同强度的声音杂乱、无规律的组合而成；乐音则是和谐的声音。也就是说，噪声由物体振动产生，是发声体做无规则振动时发出的声音。

从人体的生理学角度讲，凡是妨碍人们正常休息、学习和工作的声音，以及对人们要听的声音产生干扰的声音都是噪声。因此，噪声的来源很多，如街道上的汽车声、安静的图书馆里的说话声、建筑工地的机器声、广场上大妈们的热情街舞，以及邻居电视机过大的声音，都是噪声。

从通信领域来看，所有干扰信号传输的能量场，都是噪声。这种能量场的产生源可以来自内部系统，也可以产生于外部环境。

2. 噪声污染的分类

随着近代工业的发展，环境污染也随着产生，噪声污染就是环境污染的一种，已经成为对人类的一大危害。噪声污染与水污染、大气污染被看成是世界范围内三个主要环境问题。

判断一个声音是否属于噪声，仅从物理学角度判断是不够的，主观上的因素往往起着决定性的作用。例如，美妙的音乐对正在欣赏音乐的人来说是乐音，但对于正在学习、休息或集中精力思考问题的人可能是一种噪声。即使同一种声音，当人处于不同状态、不同心情时，对声音也会产生不同的主观判断，此时声音可能成为噪声或乐音。因此，从生理学观点来看，凡是干扰人们休息、学习和工作的声音，即不需要的声音，统称为噪声。当噪声对人及周围环境造成不良影响时，就形成噪声污染。

（1）噪声污染按声源的机械特点可分为：气体扰动产生的噪声，固体振动产生的噪声，液体撞击产生的噪声，以及电磁作用产生的电磁噪声。

（2）噪声污染按声音的频率可分为：小于 400Hz 的低频噪声、400～1000Hz 的中频噪声，以及大于 1000Hz 的高频噪声。

（3）噪声污染按时间变化的属性可分为稳态噪声、非稳态噪声、起伏噪声、间歇噪声及脉冲噪声等。

（4）噪声污染按声源的不同可分为交通噪声、职业噪声和建筑噪声。

1）交通噪声。交通运输工具行驶过程中产生的噪声属于交通噪声。具有以下两个特点：

a. 存在十分广泛。汽车噪声是城市噪声的主要来源；空中交通的迅速发展，提高了机场临近区域的噪声水平。

b. 通常音量都很大。机场附近的噪声响度大约为 75～95dB。

2）职业噪声。在工作场所中的噪声是第二个主要的来源。职业噪声也有两个特点：

a. 都为宽带噪声，特别是办公室里的噪声，是由各种不同频率的声音组合而成的。

b. 具有广泛性，并且音量都很大。

3）建筑噪声，包括：①市区建筑工地打桩机的打桩噪声；②混凝土搅拌机的搅拌噪声；③切割石材、瓷砖的切割噪声。

3. 噪声对人体健康的影响

（1）听力损伤。噪声是伤害耳朵感声器官（耳蜗）的感觉发细胞（sensoryhaircells）杀手，一旦感觉发细胞受到伤害，则永远不会复原。感觉高频率的感觉发细胞最容易受到噪声的伤害。早期听力的丧失以 4000Hz 最容易发生，且双侧对称（4Kdip）。病患以无法听到轻柔高频率的声音为主。除非突然暴露在非常强烈的声音下如枪声，爆竹声等，听力的丧失也是渐进性的。

（2）引起心脏血管伤害。急性噪声暴露常引起高血压，在 100dB 下 10min 内肾上腺激素就会分泌升高，交感神经被激动。在动物实验上，也有相同的发现。虽然流行病学调查结果不一致，但几个大规模研究显示长期噪声的暴露与高血压呈正相关的关系。暴露噪声 70～90dB 五年，其患高血压的危险性高达 2.47 倍。

（3）噪声对生殖能力的影响。2000 年以来，一些专家提出了"环境激素"理论，指出环境中存在着能够像激素一样影响人体内分泌功能的化学物质，噪声就是其中一种。它会使人体内分泌紊乱，导致精液和精子异常。长时间的噪声污染可以引起男性不育；对女性而言，则会导致流产和胎儿畸形。其他方面的研究仍无结论，尚待进一步的探讨。

（4）噪声对睡眠的影响。有高达百分之二十八的人认为噪声影响睡眠，但长久影响下是否对健康有伤害，尚待进一步的探讨。

（5）噪声对心理的影响。在高频率的噪声下，一般人都有焦躁不安的症状，容易激动的情形。有人研究发现噪声越高的工作场所，意外事件越多，生产力越低，但此项结果仍有争论。

4. 噪声大小对人类生活的影响

（1）噪声对睡眠的干扰。人类有近 1/3 的时间是在睡眠中度过的，睡眠是人类消除疲劳、恢复体力、维持健康的一个重要条件。但环境噪声会使人不能安眠或被惊醒，在这方面，老人和病人对噪声干扰更为敏感。当睡眠被干扰后，工作效率和健康都会受到影响。研究结果表明：连续噪声可以加快熟睡到轻睡的回转，使人多梦，并使熟睡的时间缩短；突然的噪声可以使人惊醒。一般来说，40dB 大连续噪声可使 10% 的人受到影响；70dB 可影响 50% 的人；而突发动噪声在 40dB 时，可使 10% 的人惊醒，到 60dB 时，可使 70% 的人惊醒。长期干扰睡眠会造成失眠、疲劳无力、记忆力衰退，以至产生神经衰弱症候群等。在高噪声环境里，这种病的发病率可达 60% 以上。

（2）噪声对语言交流的干扰。噪声对语言交流的影响，来自噪声对听力的影响。这种影响，轻则降低交流效率，重则损伤人们的语言听力。研究表明，30dB 以下属于非常安静的环境，如播音室、医院等应该满足这个条件。40dB 是正常的环境，如一般办公室应保持这种水平。50～60dB 则属于较吵的环境，此时脑力劳动受到影响，谈话也受到干扰。当打电话时，周围噪声达 65dB 则对话有困难；在 80dB 时，则听不清楚。在噪声达 80～90dB 时，跨度约 0.15m 也得提高嗓门才能进行对话。如果噪声分贝数再高，实际上不可能进行对话。

（3）噪声损伤听觉。人短期处于噪声环境时，即使离开噪声环境，耳朵也会造成短期的听力下降，但当回到安静环境时，经过较短的时间即可恢复。这种现象叫听觉适应。如果长年无防护地在较强的噪声环境中工作，在离开噪声环境后听觉敏感性的恢复就会延长，经数小时或十几小时，听力可以恢复。这种可以恢复听力的损失称为听觉疲劳。随着听觉疲劳的加重会造成听觉机能恢复不全。因此，预防噪声性耳聋首先要防止疲劳的发生。一般情况下，85dB 以下的噪声不至于危害听觉，而 85dB 以上则可能发生危险。统计表明，长期工作在 90dB 以上的噪声环境中，耳聋发病率明显增加。

（4）噪声可引起多种疾病。噪声除了损伤听力以外，还会引起其他人身损害。噪声可以引起心绪不宁、心情紧张、心跳加快和血压增高。噪声还会使人的唾液、胃液分泌减少，胃酸降低，从而易患胃溃疡和十二指肠溃疡。一些工业噪声调查结果指出，劳动在高噪声条件下的钢铁个人和机械车间个人比安静条件下的个人循环系统发病率高。在强声下，高血压的人也多。不少人认为，20 世纪生活中的噪声是造成心脏病的原因之一。长期在噪声环境下工作，对神经功能也会造成障碍。实验室条件下人体实验证明，在噪声影响下，人脑电波可发生变化。噪声可引起大脑皮层兴奋和抑制的平衡，从而导致条件下反射的异常。有的患者会引起顽固性头痛、神经衰弱和脑神经机能不全等。症状表现与接触的噪声强度有很大关系。例如，当噪声在 80～85dB 时，往往很易激动，感觉疲劳，头病多在颞额区；95～120dB 时，作业个人常前头部钝性痛，并伴有易激动、睡眠失调、头晕、记忆力减退；噪声强到 140～150dB 时不但引起耳病，而且发生恐惧和全身神经系统紧张性增高。

5. 噪声标准

我国噪声标准见表 5-2。

表 5-2　　　　　　　　　　中华人民共和国工业企业厂界噪声标准

类别	厂界噪声标准值	
	昼间（dB）	夜间（dB）
一类	55	45
二类	60	50
三类	65	55
四类	70	55

注　1. 各类标准适用范围的划定：一类标准适用于以居住、文教机关为主的区域；二类标准适用于居住、商业、工业混杂区及商业中心区；三类标准适用于工业区；四类标准适用于交通干线道路两侧区域。

　　2. 该标准适用于工厂及有可能造成噪声污染的企事业单位的边界。

6. 接触噪声作业人员的职业健康检查

接触噪声作业人员的职业健康检查分为上岗前、在岗期间和离岗时职业健康检查，其检查方法和检查项目要求见表 5-3。

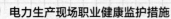

表 5 - 3　　　　　接触噪声作业人员职业健康检查方法和检查项目要求

作业状态	问诊	体格检查	实验室及其他检查		目标疾病		检查周期
			必检项目	选检项目	职业病	职业禁忌症	
上岗前	重点询问有无可能影响听力的疾病和外伤史、爆震史、药物史、中毒史、遗传史等及相关症状	内科常规检查，耳科常规检查	纯音听阈测试、心电图、血常规、尿常规、丙氨酸氨基转移酶	声导抗、耳声发射		(1) 各种原因引起永久性感音神经性听力损失〔500Hz、1000Hz和2000Hz中任一频率的纯音气导听阈大于25dB（HL）〕。 (2) 中度以上传导性耳聋。 (3) 双耳高频（3000Hz、4000Hz、6000Hz）平均听阈大于或等于40dB（HL）。 (4) 高血压 2 级或 3 级。 (5) 器质性心脏病	
在岗期间	询问有无耳部疾病史及症状、噪声接触史	内科常规检查，耳科常规检查	纯音听阈测试、心电图	血常规、尿常规、声导抗（鼓室导抗图，500Hz、1000Hz同侧和对侧镫骨肌反射阈）、耳声发射（畸变产物耳声发射，或瞬态诱发耳声发射）	职业性噪声聋（见 GBZ 49）	(1) 噪声敏感者〔即上岗前体检听力正常，噪声环境下工作 1 年，高频段 3000Hz、4000Hz、6000Hz 中任一频率，任一耳听阈达到 65dB（HL）〕。 (2) 高血压 2 级或 3 级。 (3) 器质性心脏病	1 年
离岗时	询问有无耳部疾病史及症状、噪声接触史	内科常规检查，耳科常规检查	纯音听阈测试、心电图	血常规、尿常规、声导抗（鼓室导抗图，500Hz、1000Hz同侧和对侧镫骨肌反射阈）、耳声发射（畸变产物耳声发射，或瞬态诱发耳声发射）	职业性噪声聋		

三、接触振动作业人员的职业健康检查

1. 振动（vibration）

振动是宇宙普遍存在的一种现象，总体分为宏观振动（如地震、海啸）和微观振动（基本粒子的热运动、布朗运动）。一些振动拥有比较固定的波长和频率，一些振动则没有固定的波长和频率。两个振动频率相同的物体，其中一个物体振动时能够让另外一个物体产生相同频率的振动，这种现象叫做共振，共振现象能够给人类带来许多好处和危害。不同的原子拥有不同的振动频率，发出不同频率的光谱，因此可以通过光谱分析仪发现物质含有哪些元素。在常温下，粒子振动幅度的大小决定了物质的形态（固态、液态和气态）。不同的物质拥有不同的熔点、凝固点和汽化点也是由粒子不同的振动频率决定的。人们平时所说的气温就是空气粒子的振动幅度。任何振动都需要能量来源，没有能量来源就不会产生振动。物理学规定的绝对零度就是连基本粒子都无法产生振动的温度，也是宇宙的最低温度。振动原理广泛应用于音乐、建筑、医疗、制造、建材、探测、军事等行业，有许多细小的分支，对任何分支的深入研究都能够促进科学的向前发展，推动社会进步。

2. 生产中接触到的振动源

（1）铆钉机、凿岩机、风铲等风动工具。

（2）电钻、电锯、林业用油锯、砂轮机、抛光机、研磨机、养路捣固机等电动工具。

（3）内燃机车、船舶、摩托车等运输工具。

（4）拖拉机、收割机、脱粒机等农业机械。

3. 振动对人体各系统的影响

（1）引起脑电图改变；条件反射潜伏期改变；交感神经功能亢进；血压不稳、心律不稳等；皮肤感觉功能降低，如触觉、温热觉、痛觉，尤其是振动感觉最早出现迟钝。

（2）40～300Hz的振动能引起周围毛细血管形态和张力的改变，表现为末梢血管痉挛、脑血流图异常；心脏方面可出现心动过缓、窦性心律不齐和房内、室内、房室间传导阻滞等。

（3）握力下降，肌电图异常，肌纤维颤动，肌肉萎缩和疼痛等。

（4）40Hz以下的大振幅振动易引起骨和关节的改变，骨的X光底片上可见到骨贸形成、骨质疏松、骨关节变形和坏死等。

（5）振动引起的听力变化以125～250Hz频段的听力下降为特点，但在早期仍以高频段听力损失为主，而后才出现低频段听力下降。振动和噪声有联合作用。

（6）长期使用振动工具可产生局部振动病。局部振动病是以末梢循环障碍为主的疾病，亦可累及肢体神经及运动功能。发病部位一般多在上肢末端，典型表现为发作性手指变白（简称白指）。我国1957年就将局部振动病定为职业病。

（7）影响振动作用的因素是振动频率、加速度和振幅。人体只对1～1000Hz振动产生振动感觉。频率在发病过程中有重要作用。30～300Hz主要是引起末梢血管痉挛，发生白指。频率相同时，加速度越大，其危害亦越大。振幅大，频率低的振动主要作用于前庭器官，并可使内脏产生移位。频率一定时，振幅越大，对机体影响越大。寒冷是振动病发病的重要外部条件之一，寒冷可导致血流量减少，使血液循环发生改变，导致局部供血不足，促进振动病发生。接触振动时间越长，振动病发病率越高。工间休息对预防振动病有

积极意义。人对振动的敏感程度与身体所处位置有关。人体立位时对垂直振动敏感；卧位时对水平振动敏感。有的作业要采取强制体位，甚至胸腹部或下肢紧贴振动物体，振动的危害就更大。加工部件硬度大时，工人所受危害亦大，冲击力大的振动易使骨关节发生病变。

4. 接触振动作业人员的职业健康检查

接触振动作业人员的职业健康检查分为上岗前、在岗期间和离岗时健康检查，其检查方法和检查项目要求见表 5-4。

表 5-4　　　　接触振动作业人员职业健康检查方法和检查项目要求

作业状态	问诊	体格检查	实验室及其他检查		目标疾病		检查周期
			必检项目	选检项目	职业病	职业禁忌症	
上岗前	重点询问有无引起中枢或周围神经系统疾病史及相关症状	内科常规检查，重点检查手指有无肿胀、变白、变紫，指关节有无变形	血常规、尿常规、丙氨酸氨基转移酶、心电图、指端感觉	神经-肌电图、冷水复温试验、手掌指腕和肘关节X射线摄片、肌力、指甲压迫试验		（1）周围神经系统器质性疾病。（2）雷诺氏病	
在岗期间	重点询问有无手指麻木、疼痛、遇寒冷中指变白、运动障碍等症状及振动工作史	内科常规检查，重点检查手指有无肿胀、变白、变紫，指关节有无变形	血常规、指端感觉、冷水复温试验（有症状者）	冷水复温试验（无症状者）、神经-肌电图、指甲压迫试验	职业性手臂振动病（见GBZ 7）	周围神经系统器质性疾病	1年
离岗时	重点询问有无手指麻木、疼痛、遇寒冷中指变白、运动障碍等症状及振动工作史	内科常规检查，重点检查手指有无肿胀、变白、变紫，指关节有无变形	血常规、指端感觉、冷水复温试验（有症状者）	冷水复温试验（无症状者）、神经-肌电图、指甲压迫试验	职业性手臂振动病		

四、接触高气压作业人员的职业健康检查

一般情况下，人们工作场所的气压变化不大，但有些特殊工作场所的气压会过高或过低，与正常气压相差甚远，如不注意防护，会对人的工作效率和身体健康产生不利影响。如高气压下的工作有潜水和潜函（沉箱）作业，低气压的作业有高空或高原作业等。

1. 高气压

（1）潜水作业。水下作业如海水养殖、打捞、施工等，作业人员在水下承受的压力等于大气压与附加压之和。潜水员每下沉 10.3m，增加 101.33kPa（1 个大气压），成为附加压，附加压的高低与潜水的深度有关。水下作业结束，潜水员在向水面上升的过程中，如果上升过快，则会使高压下溶于体内的氮气在血管组织中形成气泡，导致减压病。

（2）潜函作业。在水下或隧道工程中，采用潜函（沉箱）将施工人员沉到水下作业，为防止潜函外的水进入箱内，需通入大于等于水下压力的高压气体。

（3）其他。高压氧舱、加压舱和高压科学研究舱等工作，高空飞行的机舱密封不良等也可造成舱内气压降低过快。高气压条件下工作常见的职业危害有减压病。

2. 高气压作业的职业危害

（1）高气压作业的职业危害主要表现在循环系统。当有大量气栓时，会出现淋巴系统受累以及心血管功能障碍，主要表现在血压和脉细都下降、皮肤黏膜发绀、心前区紧压感、四肢发凉，局部浮肿，甚至还会出现呼吸困难、剧咳、胸痛、咯血、发绀等肺梗塞症状。

（2）此外，皮肤奇痒无比也是高气压作业的职业危害的早期表现形式，且伴有蚁行感、灼热、出汗，重者还会出现皮下气肿和大理石斑纹。

3. 减压病

（1）定义。减压病为在高气压下工作一定时间后，在转向正常气压时，因减压过速所致的职业病。

（2）机制。减压过速，原高压状态下溶于组织和血液中的氮气溶出，气泡压迫组织、血管，血管内形成气栓。因组织、血管缺氧损伤继之细胞释放 K+、肽、组织胺和蛋白水解酶等，后者又可刺激产生组织胺和 5-羟色胺，此类物质可作用于微循环系统，最终使血管平滑肌麻痹，微血管阻塞，进一步减低组织中氮的脱饱和速度。

（3）临床表现。急性减压病多在数小时内发病。一般减压越快，症状出现越早，病情也越重。

1）皮肤。皮肤奇痒是减压病出现较早较多的症状，并伴有灼热、蚁行感、出汗。重者出现皮下气肿和大理石斑纹。

2）肌肉、关节、骨骼系统。气泡形成于肌肉、关节、骨膜处，则可引起疼痛。约90%的减压病人可出现关节痛，轻者酸痛，重者可跳动性、针刺或撕裂样剧痛，使患者关节运动受限，呈半屈曲状态，即"屈肢症"。骨内气泡可致骨坏死。

3）神经系统。出现截瘫，四肢感觉和运动功能障碍，直肠、膀胱功能麻痹等；若累及脑，可头痛、感觉异常、运动失调、偏瘫；眼球震颤、复视、失明、吸力减退、耳内晕眩等。

4）循环系统。当有大量气栓时，可出现心血管功能障碍和淋巴系统受累，表现为脉

细、血压下降、心前区紧压感、皮肤黏膜发绀、四肢发凉,局部浮肿,还可出现剧咳、咯血、呼吸困难、胸痛、发绀等肿梗塞症状。

5)其他。如果患者大网膜、肠系膜及胃血管中有气泡栓塞,会引起腹痛、恶心、呕吐或腹泻,并伴有发热症状。

(4)减压病症状分类。减压病依症状可分为减压病Ⅰ型、Ⅱ型和慢性型减压病这3种类型。

1)Ⅰ型。临床医学调查显示,Ⅰ型减压病占总病例数的75%~90%,表现为肢体疼痛及皮肤症状。其中肢体、局部疼痛、麻木、软弱无力等约占75%,皮肤症状约占20%,淋巴管阻塞、浮肿等约占5%。

2)Ⅱ型。Ⅱ型减压病占总数的10%~25%,主要累及中枢神经系统、呼吸循环等生命重要器官,其中头晕等约占31%、运动障碍约占25%、感觉障碍约占25%、呼吸循环功能障碍约占9%、视力和听力分析等症状约占7%、恶心等症状约占3%。

3)慢性型减压病。慢性型减压病指长期暴露于异常气压下的工作人员,因减压不当,导致中枢神经或身体组织产生慢性伤害,主要症状有注意力不集中、视力减退、记忆力丧失、行动迟缓、行为异常等。职业潜水员或高压舱作业人员的四肢还可能发生减压性骨坏死,通常发生在股骨及肱骨。

临床医学研究表明,约30%的病人可同时存在Ⅰ型和Ⅱ型症状,有时这两种类型的症状不易严格区分。重症病人或因诊断不明延误及时治疗者,可能留下终身残疾。

(5)减压病预防措施。

1)高气压作业人员在每次工作之前的预防工作十分重要。应对减压程序反复确认,以确保安全。正确选择减压方法和减压方案是防止减压病的根本措施。潜水之前,潜水医师必须了解潜水作业的内容、潜水浓度、水底停留时间、劳动强度和水文情况;了解潜水设备和装具的情况以及潜水员的技术水平、潜水经历、潜水疾病史、健康状况和精神状态。根据这些因素,选择正确的减压方法和减压方案,制定周密的医学保障计划。潜水过程中,如发生特殊情况,应及时更改或调整减压方法和减压方案。此外,要做好潜水供气(高压管路系统、装备检查、检修、保养、配气)及潜水技术保证等工作。

2)高气压作业人员要养成良好的卫生习惯,建立合理生活制度。工作前应充分休息,防止过度疲劳,不饮酒、少饮水。工作时应预防受寒和受潮,工作后应立即脱下潮湿的工作服,饮热茶,洗热水浴,在温暖的室内休息0.5h以上,以促进血液循环,排出体内多余的氮。

3)作业人员还应补充营养,保证高热量(一般每天1.5072万~1.6747万kJ)、高蛋白、中等脂肪饮食,并适当增加各种维生素。临床医学研究显示,维生素E具有一定的预防或减轻实验性减压病的作用,高气压作业人员可适量摄取。

4)对高气压作业人员,应做好就业前、在岗期间和离岗的健康检查。尤其对骨关节中四肢大关节的X射线检查,应每年进行,一直到停止高气压作业后4年为止。

5)患有听觉器官、心血管系统、消化系统、呼吸系统、神经系统以及皮肤疾病者,重病后、体力衰弱、骨折、嗜酒及肥胖者,不宜在高气压环境中作业。

4. 接触高气压作业人员的职业健康检查

接触高气压作业人员的职业健康检查，分为上岗前、在岗期间、离岗时以及应急职业健康检查，其检查方法和检查项目要求见表 5-5。

表 5-5　　　　接触高气压作业人员职业健康检查方法和检查项目要求

作业状态	问诊	体格检查	实验室及其他检查		目标疾病		检查周期
			必检项目	选检项目	职业病	职业禁忌症	
上岗前	询问有无皮肤、关节肌肉等各系统疾病史及相关症状	内科常规检查，外科常规检查，皮肤科常规检查，眼科常规检查及眼底，耳鼻喉科常规检查	血常规、尿常规、粪常规、丙氨酸氨基转移酶、心电图、X 射线摄片（含胸片及长骨、大关节片）、肝胆脾胰及双肾 B 超检查、加压试验、氧敏感试验	肺通气功能测定、CT（肩、髋、膝关节及股骨、肱骨和胫骨等）、骨密度		（1）神经、循环、呼吸、消化、泌尿、内分泌、血液及骨关节系统器质性疾病，精神性疾病或异常者。 （2）头颅变形、胸廓畸形、肋骨骨折史，慢性腰腿痛、脊椎病变、多发性肝肾及骨囊肿、多发性脂肪瘤、瘢痕体质、肝胆及泌尿系统结石、脱肛、肛瘘、复发性痔疮、隐睾等疾病及颅脑、胸腔及腹腔手术史。 （3）眼、耳鼻喉及前庭器官的器质性疾病。 （4）曾发生不明原因晕厥者，未治愈的腹部疝、过敏体质、语言交流障碍、明显的皮肤病及广泛的皮肤疤痕。 （5）加压试验不合格或氧敏感试验阳性者（见加压试验和氧敏感试验方法）。 （6）年龄超过 50 岁者	

续表

作业状态	问诊	体格检查	实验室及其他检查		目标疾病		检查周期
			必检项目	选检项目	职业病	职业禁忌症	
在岗期间	有无急性减压病病史及关节肌肉疼痛等症状	内科常规检查，外科常规检查，皮肤科常规检查，眼科常规检查及眼底，耳鼻喉科常规检查	血常规、尿常规、粪常规、丙氨酸氨基转移酶、心电图、肩、髋、膝关节及股骨、肱骨和胫骨等的X射线摄片或CT检查	肺通气功能测定、MRI（肩、髋、膝关节及股骨、肱骨和胫骨等）	职业性减压性骨坏死（见GBZ 24）	（1）神经、循环、呼吸、消化、泌尿、内分泌、血液及骨关节系统器质性疾病，精神性疾病或异常者。（2）眼、耳鼻喉及前庭器官的器质性疾病。（3）曾发生不明原因晕厥者，未治愈的腹部疝、过敏体质、语言交流障碍、明显的皮肤病及广泛的皮肤疤痕。（4）年龄超过50岁者	1年
离岗时	有无急性减压病病史及关节肌肉疼痛症状	内科常规检查，外科常规检查	肩、髋、膝关节及股骨、肱骨和胫骨等的X射线摄片或CT检查	肺通气功能测定、MRI（肩、髋、膝关节及股骨、肱骨和胫骨等）	职业性减压性骨坏死		
应急	高气压作业后36h内有无皮肤瘙痒、浮肿，四肢大关节及其附近的肌肉骨关节痛，视力和听觉障碍，吸气时胸骨后疼痛、呼吸困难，恶心、呕吐、急性上腹部绞痛及腹泻等	皮肤科常规检查，神经系统检查，内科常规检查	血常规、尿常规、肝功能、肾功能、心电图，肩、髋、膝关节及股骨、肱骨和胫骨等的X射线摄片或CT检查	血气分析、多普勒气泡测定	急性减压病（见GBZ 24）		

注　检查对象为高气压作业中发生减压不当所涉及的作业人员或作业后36h之内有症状者。

5. 加压试验方法

受检者在无感冒的情况下，进加压舱，以一定的加压速度加压到 0.3MPa（30m），停留 15min，以观察受检者对加压过程和压力下停留的适应性。加压速度先慢后快，以 2min 缓慢升压到 10m，继用 3min 升压到 30m，加压总时间控制在 5min 内。升压过程中须不断询问受检者的感觉，允许加压过程中受检者有 2 次停止加压或稍作减压中耳腔调压。加压到 30m 后停留 15min 期间，注意舱内通风并严密观察和询问受检者的症状和体格检查。

（1）加压试验阴性。加压过程中无耳痛或副鼻窦痛，或虽有疼痛经 2 次停止加压或稍作减压后中耳腔调压成功、疼痛消失；30m 停留期间无呼吸困难，无心血管异常反应，无神态异常变化；减压后 4h 内无不适主诉者。

（2）加压试验阳性。遇到加压过程中受检者反复调压 2 次以上，或加压时间超过 5min，或 30m 停留过程中出现嘴唇麻木、感觉迟钝、注意力不能集中或过度兴奋等症状和体征，或减压后 4h 内有不适主诉者。

加压试验的减压程序按表 5-6 执行。减压过程中受检者做好适当的保暖并保持呼吸动作的协调、自然，绝对不可屏气。

表 5-6　　　　　　　　　加压试验的减压程序

减压时间	减压到第一站的时间	停留站 9m	停留站 6m	停留站 3m	减压总时间合计
min	5	3	6	7	24

注　停留站间移时间和从 3m 站减至常压的时间均为 1min，已计入减压总时间。

6. 氧敏感试验方法

受检者在加压舱内 0.18MPa（18m）面罩吸氧 30min，以观察受检者对高压氧的耐受能力。受检者吸氧时，要注意观察和询问，并加强舱内的通风。吸氧结束，受检者摘下面罩，舱内通风并用 4～6min 缓慢匀速地减至常压。如舱内有不吸氧者，或吸氧过程中受检者因不适而改吸空气，可按表 5-7 程序减压。

表 5-7　　　　　　　　　氧敏感试验减压程序

减压时间	减压到第一站的时间	停留站 6m	停留站 3m	减压总时间合计
min	2	2	3	9

注　6m 站减至 3m 站和从 3m 站减至常压的时间均为 1min，已计入减压总时间。

（1）氧敏感试验阳性。吸氧过程中如受检者出现指（或趾）发麻、恶心、呕吐、眩晕、胸骨后不适、视野变窄、脸色苍白、出汗、嘴唇或面颊或颈部肌肉抽搐。吸氧过程中，受检者出现上述症状和体征应摘下面罩、停止吸氧，换吸舱内空气后症状和体征自行消除。

（2）氧敏感试验阴性。无上述症状和体征者为氧敏感试验阴性。

7. 氧敏感试验和加压试验结合进行

氧敏感试验可以和加压试验结合进行，按加压试验步骤至 30m 停留结束后，以 6m/min 的速度缓慢匀速地减压到 18m，受检者戴上吸氧面罩持续吸氧 30min，吸氧结束后用 6min 缓慢匀速地减至常压。如吸氧过程中有不适而改吸空气者，可按表 5 - 8 程序减压。

表 5 - 8 加压试验和氧敏感试验减压程序

减压时间	减压到第一站的时间	停留站 6m	停留站 3m	减压总时间合计
min	5	7	10	24

注 6m 站减至 3m 站和从 3m 站减至常压的时间均为 1min，已计入减压总时间。

五、接触紫外线作业人员的职业健康检查

1. 紫外线（ultraviolet light）

紫外线是电磁波谱中波长从 10～400nm 辐射的总称，不能引起人们的视觉。紫外线属于物理学光学的一种，紫外线是由原子的外层电子受到激发后产生的。1801 年德国物理学家里特发现在日光光谱的紫端外侧一段能够使含有溴化银的照相底片感光，因而发现了紫外线的存在。紫外线可以用来灭菌，过多的紫外线进入人体会造成皮肤癌。自然界的主要紫外线光源是太阳，太阳光透过大气层时波长短于 290nm 的紫外线为大气层中的臭氧吸收掉。

人工的紫外线光源有多种气体的电弧（如低压汞弧、高压汞弧），日光灯、各种荧光灯和农业上用来诱杀害虫的黑光灯都是用紫外线激发荧光物质发光的。紫外线还可以防伪，紫外线还有生理作用，能杀菌、消毒、治疗皮肤病和软骨病等。紫外线的粒子性较强，能使各种金属产生光电效应。

2. 紫外线的种类

紫外线是位于日光高能区的不可见光线。紫外线根据波长分为近紫外线、远紫外线和超短紫外线。紫外线对人体皮肤的渗透程度是不同的。紫外线的波长越短，对人类皮肤危害越大。短波紫外线可穿过真皮，中波则可进入真皮。

（1）长波，简称 UVA。长波紫外线 A 光，波长为 315～400nm，可穿透云层、玻璃进入室内及车内，可穿透至皮肤真皮层，会造成晒黑，也是皮肤老化、出现皱纹及皮肤癌的主因。UVA 可再细分为 UVA-1（340～400nm）与 UVA-2（320～340nm）。

1）UVA-1 穿透力最强，可达真皮层使皮肤晒黑，对皮肤的伤害性最大，但也是最容易忽视的，特别在非夏季时 UVA-1 强度虽然较弱，但仍然存在，会因为长时间累积的量，造成皮肤伤害。特别是使皮肤老化松弛、皱纹、失去弹性、黑色素沉淀。

2）UVA-2 则与 UVB 同样可到达皮肤表皮，它会引起皮肤晒伤、变红发痛、出现日光性角化症（老人斑）、失去透明感。

（2）中波，简称 UVB，是波长 315～280nm 的紫外线。中波紫外线对人体皮肤有一定的生理作用。此类紫外线的极大部分被皮肤表皮所吸收，不能再渗入皮肤内部。但由于其阶能较高，对皮肤可产生强烈的光损伤，被照射部位真皮血管扩张，皮肤可出现红肿、水泡等症状，长久照射皮肤会出现红斑、炎症、皮肤老化，严重者可引起皮肤癌。中波紫外线又被称作紫外线的晒伤（红）段，是应重点预防的紫外线波段。

在限定太阳辐射照度的国际标准草案中，紫外光谱的范围划分见表 5 - 9。

表 5 - 9　　　　　　　　　紫外光谱的名称、缩写、波长范围及光子能量

名称	缩写	波长范围（nm）	光子能量
长波紫外	UVA	400～315	3.10～3.94eV
近紫外	NUV	400～300	3.10～4.13eV
中波紫外	UVB	315～280	3.94～4.43eV
中紫外	MUV	300～200	4.13～6.20eV
短波紫外	UVC	280～100	4.43～12.4eV
远紫外	FUV	200～122	6.20～10.2eV
真空紫外	VUV	200～100	6.20～12.4eV
浅紫外	LUV	100～88	12.4～14.1eV
超紫外	SUV	150～10	8.28～124eV
极紫外	EUV	121～10	10.3～124eV

3. 紫外线对人体的影响

当紫外线照射人体或生物体后，会发生生理变化。不同波长的紫外线的生理作用是不同的。根据紫外线对生物体的作用，医疗上把紫外线划分为 A、B、C、D 四个不同的波段：黑斑紫外线（A）在 320～400nm 波段；红斑紫外线或保健射线（B）在 280～320nm 波段；灭菌紫外线（C）在 200～320nm 波段；致臭氧紫外线（D）在 180～200nm 波段。

（1）紫外线照射时，眼睛受伤的程度和时间成正比，与照射源的距离平方成反比，并和光线的投射角度有关。

（2）紫外线强烈作用于皮肤时，可发生光照性皮炎，皮肤上出现红斑、痒、水疱、水肿、眼痛、流泪等；严重的还可引起皮肤癌。

（3）紫外线作用于中枢神经系统，可出现头痛、头晕、体温升高等。作用于眼部，可引起结膜炎、角膜炎，称为光照性眼炎，还有可能诱发白内障，在焊接过程中产生的紫外线会使焊工患上电光性眼炎（可以治愈）。

4. 紫外线对健康的危害

（1）免疫功能下降。

（2）对遗传因子的深度伤害。

（3）皮肤癌、白内障发病概率增加。

（4）背后和手脚的色斑癌的发病率增加。

（5）造成皮肤暗沉、老化、斑点、皱纹。

（6）癌前病变状态的日光角化症的增加。

（7）长期照射短波的紫外线可能会引起牙齿痛。

5. 紫外线指数

紫外线指数一般用 0～15 表示。通常规定，夜间紫外线指数为 0，在热带或高原地区、晴天无云时，紫外线最强，指数为 15。可见紫外线指数值越大，表示紫外线辐射对人体危害越大，也表示在较短时间内对皮肤的伤害越强。

有时又可将紫外线指数分为 5 级发布，即指数值为 0、1、2 时，为 1 级，表示太阳辐射中紫外线量最小，对人体基本没有什么影响；紫外线指数为 3、4 时，为 2 级，表示太阳辐射中的紫外线量比较低，对人体的影响比较小；紫外线指数为 5、6 时，可称 3 级，表示紫外线辐射为中等强度，对人体皮肤有一定程度的伤害；紫外线指数为 7、8、9 时，可视为 4 级，表示紫外线辐射较强，对人体危害较大，应注意预防，外出应戴太阳帽、太阳镜或遮阳伞，也可涂擦一些防晒霜（SPF 指数应大于 15）；当紫外线指数大于或等于 10 时，可视为 5 级，表示紫外线辐射最强，对人体危害最大，人们应减少外出时间（特别是中午前后），或采取积极的防护措施。

6. 防晒系数

防晒系数又叫防晒系指数（sun protection factor，SPF），表明防晒用品所能发挥的防晒效能的高低。它是根据皮肤的最低红斑剂量来确定的。皮肤在日晒后发红，医学上称为"红斑症"，这是皮肤对日晒作出的最轻微的反应。最低红斑剂量，是皮肤出现红斑的最短日晒时间。使用防晒用品后，皮肤的最低红斑剂量会增长，那么该防晒用品的防晒系数 SPF＝最低红斑剂量（用防晒用品后）/最低红斑剂量（用防晒用品前）。

SPF 值越高，防护时效越长。一般人没有任何防备地站在阳光下面暴晒，15min 皮肤开始出现红斑，如果你选择的是 SPF20 的防晒霜，你在日晒下的安全时间就是 $15 \times 20 ＝ 300min$。

日晒会造成光老化，使皮肤产生黑斑、雀斑等。防晒产品能有效的抵抗紫外线 UVA 和 UVB 对皮肤的损害。若要找出防晒品提供多长的保护时间，则应先知道在完全不使用防晒的情况下，需先在阳光中待多久的时间，皮肤才会稍微变成淡红色；然后将所需的时间与 SPF 的值相乘，即可得防晒品的保护时间。

SPF 虽然是防晒的重要指标，但并不表示 SPF 值越高，保护力就越强。例如 SPF15 有 93％的保护能力，而 SPF34 却只有 97％的保护能力，但是，SPF 值越大，其通透性越差，会妨碍皮肤的正常分泌与呼吸。根据皮肤科专家的研究，最适当的防晒系数是介于 SPF15 到 SPF30 之间。

紫外线直接照射皮肤，除有杀菌作用外，还具有调整和改善神经、内分泌、消化、循环、呼吸、血液、免疫系统以及促进维生素 D 生成的功能。近年来人们逐渐认识到，过量的紫外线引起光化学反应，可使人体机能发生一系列变化，尤其是对人体的皮肤、眼睛以及免疫系统等造成危害。近年来在美国、加拿大、澳大利亚等国及我国一些城市，已开始发布紫外线指数预报，以提醒公众采取相应的防护措施。目前，世界卫生组织的专家们呼吁从事户外活动的人们要避免长时间在日光下曝晒，到海滨和山区度假的尤其要注意保护皮肤。对紫外线过敏，光照后发生日光性皮炎（又称晒伤），暴露区皮肤瘙痒、刺痛、皮肤脱屑，还可能溃破结痂。实际观测表明，在海拔 3500m 的高原地区（紫外线通常为平原地区的 3～4 倍），裸露皮肤在中午前后紫外线照射下，持续 20～40min，皮肤有灼痛感且脱皮；持续 40～80min，皮肤会起丘疹状水泡并导致各种病变。长期、多次的曝晒，可造成皮肤和黏膜的日光性角化症（光照性角化症），表现在暴露部位（如额部、颊部、鼻尖、唇、眼睑、结膜）出现单个和多个平顶形角化层增厚。据医学分析，这是一种癌前期变化。研究表明，紫外线能引起细胞核内脱氧核糖核酸（DNA）的损伤，由于机体内在的缺陷，使细胞不能对损伤的 DNA 进行修复，从而发生对变异 DNA 的复制，若机体的免疫系统不能及时排斥，清除这种变异的细胞，即机体免疫监视功能有缺陷，这种变异 DNA 的细胞将发生增殖，最终导致肿瘤的形成。因此，紫外线是皮肤的一个重要致癌因素。眼睛是对紫外线最为敏感的部位。研究表明，波长为 230mμm 的紫外线可全部为角膜上皮吸收，波长为 280mμm 的紫外线对角膜损伤力最大。波长为 290～400mμm 的近紫外线能对晶状体造成损伤，是老年性白内障的致病因素之一。在紫外线较强的地区，上述影响十分明显。如在低纬度地区，由于太阳投射角大于高纬度地区，日照时间长，而在高海拔地区，由于空气稀薄、云雾尘粒少，大气和地面对紫外线吸收少，都增加了紫外线的辐射量，因此，这些地区的白内障发病率相对较高；在阳光照耀的海面上或沙漠中长期了望观察的士兵、海员，常有暗适应能力下降的现象出现；在空气稀薄的雪山高原的工作人员，因经受雪地表面强烈反射的紫外线的光射损伤，易患雪盲症；人们在雪地、沙漠或海面上暴露时间过长，因受紫外线影响强，易患日光性眼炎。1994 年 7 月，世界气象组织召开了紫外线指数专家会议。会议制定了紫外线指数的指导性标准，规定了世界气象组织紫外线指数标准单位。根据美国气象局的紫外线指数值，美国环境保护局在听取皮肤病、眼科专家及有关组织咨询意见基础上，综合考虑了紫外线指数值、不同的公众皮肤类型及相应的"皮肤晒红分钟数"，确定了 5 种曝晒类型并提出了相应的防护建议，比如使用护肤素、防护衣帽，戴太阳镜，尤其是在每天 10～16 时尽量避免在烈日下曝晒等。

虽然冬季太阳光显得比较温和且北方多雾，但紫外线仅仅比夏天弱约 20％，仍然会对人体皮肤和眼睛等部位造成很大危害，所以冬季仍需避免紫外线照射。长期紫外线照射最易造成皮肤产生各种色斑。所以，即使是在寒冷的冬天，户外活动时也应涂抹隔离霜或防晒霜，SPF 指数在 15 就足够了。如果是外出进行滑雪运动或在雪地里长时间停留时，最好还是戴上护眼镜，以防止紫外线和雪地强白光对眼睛的刺激。

近年来，大量化学物质破坏了大气层中的臭氧层，破坏了这道保护人类健康的天然屏障。据国家气象中心提供的报告显示，1979 年以来中国大气臭氧层总量逐年减少，在 20 年间臭氧层减少了 14％。而臭氧层每递减 1％，皮肤癌的发病率就会上升 3％。北京市气象局发布了北京市的紫外线指数，以帮助人们适当预防紫外线辐射。北京市气象局提醒人们当紫外线为最弱（0～2 级）时对人体无太大影响，外出时戴上太阳帽即可；紫外线达到 3～4 级时，外出时除戴上太阳帽外还需备太阳镜，并在身上涂上防晒霜，以避免皮肤受到太阳辐射的危害；当紫外线强度达到 5～6 级时，外出时必须在阴凉处行走；紫外线达 7～9 级时，在上午 10 时至下午 4 时这段时间最好不要到沙滩场地上晒太阳；当紫外线指数大于等于 10 时，应尽量避免外出，因为此时的紫外线辐射极具有伤害性。

7. 接触紫外线作业人员的职业健康检查

接触紫外线作业人员的职业健康检查分为上岗前、在岗期间、离岗时和应急职业健康检查，其检查方法和检查项目要求见表 5-10。

表 5 - 10　　　　　　接触紫外线作业人员职业健康检查方法和检查项目要求

作业状态	问诊	体格检查	实验室及其他检查		目标疾病		检查周期
			必检项目	选检项目	职业病	职业禁忌症	
上岗前	重点询问眼部和皮肤病史及症状	内科常规检查，皮肤科检查，眼科常规检查、晶状体和眼底检查	血常规、尿常规、丙氨酸氨基转移酶、心电图			（1）活动性角膜疾病。（2）白内障。（3）面部、手背和前臂等暴露部位严重的皮肤病。（4）白化病	
在岗期间	询问有无视物模糊、视力下降、皮肤炎症、疼痛等	皮肤科检查，眼科常规检查、晶状体和眼底检查	血常规、尿常规、丙氨酸氨基转移酶、心电图		（1）职业性电光性皮炎（见 GBZ 19）。（2）职业性白内障（见 GBZ 35）	活动性角膜疾病	1 年
离岗时	询问有无视物模糊、神力下降、皮肤炎症、疼痛等	皮肤科检查，眼科常规检查、晶状体和眼底检查	血常规、尿常规、丙氨酸氨基转移酶、心电图		职业性白内障		
应急时	询问有无眼部及皮肤不适症状	眼科常规检查，皮肤科常规检查	血常规、尿常规、丙氨酸氨基转移酶、心电图	角膜荧光素染色检查	职业性急性电光性眼炎（紫外线角膜结膜炎）（见 GBZ 9）和/或职业性电光性皮炎		

注　检查对象为因意外或事故接触高强度紫外线可能导致急性电光性眼炎（紫外线角膜结膜炎）和/或电光性皮炎的劳动者。

六、接触微波作业人员的职业健康检查

1. 微波（microwave）

微波是指频率为 0.3GHz～300GHz 的电磁波，是无线电波中一个有限频带的简称，即波长为 1mm～1m 的电磁波，是分米波、厘米波、毫米波的统称。微波频率比一般的无线电波频率高，通常也称为"超高频电磁波"。微波作为一种电磁波也具有波粒二象性。微波的基本性质通常呈现为穿透、反射、吸收三个特性。对于玻璃、塑料和瓷器，微波几乎是穿越而不被吸收。对于水和食物等就会吸收微波而使自身发热。而对金属类东西，则会反射微波。

2. 微波对人体的危害

经常接触微波的人群中，出现有失眠、头痛、乏力、心悸、记忆力减退、毛发脱落及白内障等症候群。经研究才知一定强度的微波辐射会对人体造成不良影响。50 年代各国相继建立了安全标准，但那时被认为有问题的仅是显而易见的微波热效应。微波就是很短的电磁波，属于大自然能量光谱的一部分。整个光谱包括可见光、红外线、紫外线以及无线电波、X 射线等。太阳产生微波，同时也产生可见光和光谱中一部分不可见光。但是，太阳产生的微波与微波炉产生的微波有一个重大的区别。这个区别在于微波炉是用交流电来产生微波的。每台微波炉都会泄漏辐射。微波烹饪的食物会产生有毒和致癌的附加物。Lee 博士观察了食用微波食品者的疾病状况，发现其中淋巴紊乱的状况，患者很容易得某些癌症，包括肠胃癌，并很容易造成消化系统的紊乱。

3. 接触微波作业人员的职业健康检查

接触微波作业人员的职业健康检查分为上岗前、在岗期间和离岗时职业健康检查，其检查方法和检查项目要求见表 5 - 11。

表 5 - 11　　　　　　　接触微波作业人员职业健康检查方法和检查项目要求

作业状态	问诊	体格检查	实验室及其他检查		目标疾病		检查周期
			必检项目	选检项目	职业病	职业禁忌症	
上岗前	询问神经系统疾病史及相关症状，有无视物模糊、视力下降等，女性询问月经史	内科常规检查，神经系统常规检查，眼科常规检查、晶状体和眼底检查	血常规、尿常规、丙氨酸氨基转移酶、心电图			(1) 神经系统器质性疾病。(2) 白内障	
在岗期间	询问神经系统症状，有无视物模糊、视力下降等，女性询问月经史	内科常规检查，神经系统常规检查，眼科常规检查、晶状体和眼底检查	血常规、尿常规、丙氨酸氨基转移酶、心电图		职业性白内障（见 GBZ 35）	(1) 神经系统器质性疾病。(2) 白内障	1 年
离岗时	询问神经系统症状，有无视物模糊、视力下降等，女性询问月经史	内科常规检查，眼科常规检查、晶状体和眼底检查	血常规、尿常规、丙氨酸氨基转移酶、心电图		职业性白内障		

七、接触电离辐射（X 或 γ 射线）作业人员的职业健康检查

1. 电离辐射（ionizing radiation）

电离辐射是指波长短、频率高、能量高的射线（粒子或波的双重形式）。电离辐射是可以从原子、分子或其他束缚状态放出一个或几个电子的过程。电离辐射是一切能引起物质电离的辐射总称，其种类很多，高速带电粒子有 α 粒子、β 粒子、质子，不带电粒子有中子以及 X 射线、γ 射线。反之，非电离辐射则不行。电离能力，决定于射线（粒子或波）所带的能量，而不是射线的数量。如果射线没有带有足够电离能量的话，大量的射线并不能够导致电离。电离辐射的全称是致电离辐射，就是通过与物质的相互作用能够直接或间接地使物质的原子、分子电离的辐射。X 射线和 γ 射线的性质大致相同，是不带电波长短的电磁波，因此把他们统称为光子。两者的穿透力极强，因此要特别注意意外照射防护。

电离辐射存在于自然界，人类主要接收来自于自然界的天然辐射。它来源于太阳，宇宙射线和在地壳中存在的放射性核元素。从地下溢出的氡是自然界辐射的另一种重要来源。从太空来的宇宙射线包括能量化的光量子，电子，γ 射线和 X 射线。在地壳中发现的主要放射性核元素有铀、钍、钋和其他放射性物质。它们释放出 α、β 或 γ 射线。人工辐射已遍及各个领域，专门从事生产、使用及研究电离辐射工作的，称为放射工作人员。与放射有关的职业有：核工业系统的核原料勘探、开采、冶炼与精加工，核燃料及反应堆的生产、使用及研究；农业的照射培育新品种，蔬菜水果保鲜，粮食储存；医药的 X 射线透视、照相诊断、放射性核素对人体脏器测定，对肿瘤的照射治疗等；工业部门的各种加速器、射线发生器及电子显微镜、电子速焊机、彩电显像管、高压电子管等。

2. 电离辐射对人体的伤害

在接触电离辐射的工作中，如防护措施不当，违反操作规程，人体受照射的剂量超过一定限度，则能发生有害作用。在电辐射作用下，机体的反应程度取决于电离辐射的种类、剂量、照射条件及机体的敏感性。电离辐射可引起放射病，它是机体的全身性反应，几乎所有器官、系统均发生病理改变，但其中以神经系统、造血器官和消化系统的改变最为明显。电离辐射对机体的损伤可分为急性放射损伤和慢性放射性损伤。短时间内接受一定剂量的照射，可引起机体的急性损伤，平时见于核事故和放射治疗病人。而较长时间内分散接受一定剂量的照射，可引起慢性放射性损伤，如皮肤损伤、造血障碍，白细胞减少、生育力受损等。另外，辐射还可以致癌、引起胎儿的死亡和畸形。

3. 防护电离辐射的三大原则

(1) 时间防护。人体受照累计剂量的大小与受照时间成正比。接触射线时间越长，放射危害越严重。缩短从事放射性工作时间，以减少受照剂量。

(2) 距离防护。该处的辐射剂量率与距放射源距离的平方成反比。所以在工作中要尽量远离放射源，来达到防护目的。

(3) 屏蔽防护。就是在人与放射源之间设置一道防护屏障。因为射线穿过原子序数大的物质，会被吸收很多，这样达到人身体部分的辐射剂量就减弱了。常用的屏蔽材料有铅、钢筋水泥、铅玻璃等。

4. 接触电离辐射作业人员的职业健康检查

接触电离辐射作业人员的职业健康检查分为上岗前、在岗期间和应急职业健康检查，其检查方法和检查项目要求见表5-12。

表5-12　　接触电离辐射作业人员职业健康检查方法和检查项目要求

作业状态	问诊	体格检查	实验室及其他检查		目标疾病		检查周期
			必检项目	选检项目	职业病	职业禁忌症	
上岗前	询问神经系统和血液系统疾病史及症状	内科常规检查，皮肤科常规检查，眼科常规检查、晶状体和眼底检查	血常规和白细胞分类、尿常规、肝功能、肾功能、外周血淋巴细胞染色体畸变分析、胸部X射线检查、心电图、腹部B超	甲状腺功能、肺功能测定		（1）严重的内科疾病。（2）严重的视听障碍。（3）恶性肿瘤。（4）男性血红蛋白定量小于120g/L，红细胞计数小于 4.0×10^{12}/L；女性血红蛋白定量小于110g/L，红细胞计数小于3.5 $\times 10^{12}$/L。（5）白细胞计数小于 4.5×10^{9}/L，血小板计数小于 110×10^{9}/L	
在岗期间	询问神经系统和血液系统症状	内科常规检查，皮肤科常规检查，眼科常规检查、晶状体和眼底检查	血常规和白/红胞分类、尿常规、肝功能、肾功能、外周血淋巴细胞微核试验、胸部X射线检查	心电图、腹部B超、甲状腺功能、血清睾丸酮、外周血淋巴细胞染色体畸变分析、痰细胞学检查、肺功能测定	（1）外照射慢性放射病（见 GBZ 105）。（2）放射性白内障（见 GBZ 95）。（3）放射性肿瘤（见GBZ 97）。（4）放射性皮肤疾病（见 GBZ 106）	（1）严重的内科疾病。（2）严重的视听障碍。（3）恶性肿瘤。（4）男性血红蛋白定量小于120g/L，红细胞计数小于 4.0×10^{12}/L；女性血红蛋白定量小于110g/L，红细胞计数小于3.5 $\times 10^{12}$/L。（5）白细胞计数小于 4.0×10^{9}/L，血小板计数小于90 $\times 10^{9}$/L	1年

续表

作业状态	问诊	体格检查	实验室及其他检查		目标疾病		检查周期
			必检项目	选检项目	职业病	职业禁忌症	
离岗时	询问神经系统和血液系统症状	内科常规检查，皮肤科常规检查，眼科常规检查、晶状体和眼底检查	血常规和白细胞分类、尿常规、肝功能、肾功能检查、外周血淋巴细胞染色体畸变分析、胸部X射线检查、心电图、腹部B超	甲状腺功能、肺功能测定	（1）外照射慢性放射病。（2）放射性白内障。（3）放射性肿瘤。（4）放射性皮肤疾病		
应急	询问神经系统、血液系统和消化系统症状	内科常规检查，外科常规检查，皮肤科常规检查，眼科常规检查、晶状体和眼底检查	血常规和白细胞分类（连续取样）、尿常规、外周血淋巴细胞染色体畸变分析、外周血淋巴细胞微核试验、胸部X射线检查（在留取细胞遗传学检查所需血样后）、心电图	根据受照和损伤的具体情况，参照GBZ 112、GBZ 104、GBZ 106、GBZ 215等有关标准进行必要的检查和医学处理	外照射急性放射病（见GBZ 104）		

注 实验室及其他检查选检项目根据职业受照的性质、类型和劳动者健康损害状况选择。

第二节　电力行业作业场所高温作业监测方法

一、高温作业

在生产劳动过程中，其工作地点平均 WBGT 指数等于或大于 25℃的作业称为高温作业（work in heat environment）。WBGT 指数（wet bulb globe temperature index）又称湿球黑球温度，是综合评价人体接触作业环境热负荷的一个基本参量，单位为℃。高温作业分为室外高温作业和室内高温作业。室内高温的产生主要是有生产性热源 industrial hot source，即有在生产过程中能够产生和散发热量的生产设备、产品和工件等。

二、监测内容和监测周期

1. 监测内容

监测内容包括高温作业岗位的 WBGT 指数、接触时间率和体力劳动强度。接触时间率（exposure time rate）是指劳动者在一个工作日内实际接触高温作业的累计时间与 8h 的比率。

2. 监测周期

每年在高温季节监测一次。

三、高温作业监测仪器

高温作业监测仪器可分为直接测量 WBGT 指数的测定仪和间接测量 WBGT 指数的计量仪器以及辅助设备等，见表 5-13。在使用高温作业监测仪器时有时要用到三脚架、线缆、校正模块等辅助设备。

表 5-13   高温作业监测仪器

仪器名称	测量范围和功能
WBGT 指数测定仪	WBGT 指数测量范围为 21～49℃，可用于直接测量
干球温度计	测量范围为 10～60℃，可用于测量干球温度 t_a
自然湿球温度计	测量范围为 5～40℃，可用于测量自然湿球温度 t_{nw}
黑球温度计	直径为 150mm 或 50mm 的黑球，测量范围为 20～120℃，可用于测量黑球温度 t_g。 通过式（5-1）或式（5-2）可计算得到 WBGT 指数 室外：$\qquad\qquad WBGT = 0.7t_{nw} + 0.2t_g + 0.1t_a \qquad\qquad (5-1)$ 室内：$\qquad\qquad WBGT = 0.7t_{nw} + 0.3t_g \qquad\qquad\qquad\quad (5-2)$

四、高温监测原则

高温监测的总原则是：高温监测应在实际出现（或高于）本地区室外通风设计温度时进行。本地区室外通风设计温度（local outside ventilation design temperature）是近十年本地区气象台正式记录每年最热月的每日 13：00～14：00 的气温平均值。高温监测的其他原则见表 5-14。

表 5-14   高温监测的其他原则

项目	要求
监测地点	选择作业人员为观察、操作和管理生产过程中经常或定时停留的地点，尽可能接近作业人员但不影响其正常操作
固定工作	劳动者工作岗位是固定的，若工作场所无生产性热源，选择 1 个测点；若存在生产性热源，选择 1～3 个测点，取平均值

项目	要 求
流动工作	劳动者工作是流动的，在流动范围内，对相对固定工作地点分别进行测量，计算时间加权平均 WBGT 指数与接触时间率。 时间加权平均 WBGT 指数计算公式为 $$\overline{\text{WBGT}}=\frac{\text{WBGT}_1\times t_1+\text{WBGT}_2\times t_2+\cdots+\text{WBGT}_n\times t_n}{t_1+t_2+\cdots+t_n} \quad (5-3)$$ 式中　　$\overline{\text{WBGT}}$——时间加权平均 WBGT 指数； t_1，t_2，$\cdots$，t_n——劳动者在第 1、2、$\cdots$、n 个工作地点实际停留的时间； WBGT_1，WBGT_2，$\cdots$，WBGT_n——时间 t_1，t_2，$\cdots$，t_n 时的测量值
测量高度	立姿作业为 1.5m；坐姿作业为 1.1m； 当作业人员实际受热不均匀时，按 GBZ 189.7 要求进行测量计算
监测前准备工作	应了解作业人员的数量、工作线路、在工作地点停留时间、频度及持续时间
监测方法	按照 GB/T 934 要求进行

五、室外高温作业监测要求和监测点设置

1. 室外高温作业监测要求

室外高温作业监测要求见表 5-15。

表 5-15　　　　　　　　　　　室外高温作业监测要求

项目	具 体 要 求
测点设置	测点应设置在有代表性作业人员室外高温作业工作地点
监测时机	(1) 应在太阳无云遮盖和无风（微风）的情况下进行，阴、雨或多云天气不应进行监测。 (2) 应在实际出现（或高于）本地区室外通风设计温度时进行监测
监测时间	在一个工作日内，应监测 3 次，即 9：00～10：00、13：00～14：00、16：00～17：00 3 个时间段，一般应连测 3 天。如夏季作息时间有所调整，应视具体情况调整监测时间，并应包含最高温度工作时间段
监测方法	按照 GB/T 934 要求进行。直接使用 WBGT 指数测定仪检测；或者分别检测湿球温度、黑球温度、干球温度，用式（5-1）计算 WBGT 指数
监测内容	监测有太阳辐射室外工作地点 WBGT 指数与室外阴凉处 WBGT 指数，记录作业人员连续操作、停留和短休时间，计算时间加权平均 WBGT 指数与接触时间率

2. 室外高温作业测点设置

室外高温作业测点设置见表 5-16。

表 5-16　　　　　　　　　　　室外高温作业测点设置

企业类别	测点设置要求
供电企业	选择有代表性的输电线路检修、户外变电设备检修、输电线路巡视、变电设备巡视等工作岗位，按表 5-15 要求进行监测、计算时间加权平均 WBGT 指数
电建企业	选择露天开挖作业、室外混凝土作业、室外灌浆作业、室外铆焊作业、洞内开挖作业、室外架线作业等有代表性的室外露天作业岗位，按 7.2.1 要求监测、计算时间加权平均 WBGT 指数

续表

企业类别	测点设置要求
发电企业	选择火电厂有代表性的室外露天作业岗位，如储煤场装卸作业、脱硫系统石灰石卸料、石膏装运、室外检修等，按 7.2.1 要求监测、计算时间加权平均 WBGT 指数

六、室内高温作业监测要求和监测设置

1. 监测要求

（1）室内高温作业每天测 3 次，工作班开始后及结束前 0.5h 分别测 1 次，工作中测一次，取平均值。如在规定时间内停产，测量时间可提前或推后。

（2）测点应包括劳动者作业温度最高和通风最差的工作地点。

2. 测点设置

（1）供电企业测点设置。选择有代表性的室内变电设备检修、巡视等工作岗位，监测、计算时间加权平均 WBGT 指数。

一般情况下，在电抗器室、变压器室、高压开关、检修厂房等温度最高处距设备 1m 位置各设 1 个测点。

（2）发电企业测点设置。一般情况下，火力发电企业在下列作业场所设置测点，对不同的工作岗位根据其作业人员在工作地点停留时间、频度及持续时间测定、计算时间加权平均 WBGT 指数。

1）锅炉平台、汽包间、炉顶、省煤器各设 1 个测点。

2）汽轮机、汽轮机平台、高压加热器、除氧器各设 1 个测点。

3）电气开关室、变压器室各设 1 个测点。

4）燃油泵房、输煤系统至少各设 1 个测点。

5）石灰石磨制系统、压缩空气泵房、石膏旋流器、真空皮带脱水机、石膏浆液二级旋流器各设 1 个测点。

七、高温作业评判标准

高温作业按照 GBZ 2.2 要求进行评判，工作场所不同体力劳动强度 WBGT 指数限值见表 5-17。

表 5-17　　　　　　　　　工作场所不同体力劳动强度 WBGT 指数限值

接触时间率（%）	体力劳动强度			
	Ⅰ	Ⅱ	Ⅲ	Ⅳ
100	30	28	26	25
75	31	29	28	26
50	32	30	29	28
25	33	32	31	30

注　1. 体力劳动强度分级按 DL/T 799.1—2010 附录 C 执行。

　　2. 本地区室外通风设计温度大于或等于 30℃的地区，表中规定的 WBGT 指数相应增加 1℃。

第三节　电力行业作业场所生产性噪声监测方法

一、生产性噪声监测内容和监测周期

1. 生产性噪声及其分类

生产性噪声（industrial noise）是指在电力行业生产过程中产生的一切声音。可分为稳态噪声、非稳态噪声和脉冲噪声三类，见表 5 - 18。

表 5 - 18　　　　　　　　电力行业作业场所生产性噪声分类

噪声类别	特　　点
稳态噪声 （steady noise）	在观察时间内，采用声级计"慢挡"动态特性测量时，声级波动小于 3dB（A）的噪声
非稳态噪声 （nonsteady noise）	在观察时间内，采用声级计"慢挡"动态特性测量时，声级波动大于或等于 3dB（A）的噪声
脉冲噪声 （impulsive noise）	噪声突然爆发又很快消失，持续时间小于或等于 0.5s，间隔大于 1s，声压有效值变化大于或等于 40dB（A）的噪声

2. 生产性噪声监测仪器

生产性噪声监测仪器见表 5 - 19。

表 5 - 19　　　　　　　　　生产性噪声监测仪器

仪器名称	要　　求
积分声级计或个体噪声剂量计	2 型或以上，具有 A 计权，"S（慢）"挡和"peak（峰值）"挡，应符合 GB/T 17181 的规定
噪声频谱分析仪	具有倍频程或 1/3 倍频程滤波器，符合 GB/T 3241 的规定

3. 生产性噪声监测内容

（1）等效连续 A 声级。用 A 计权网络测得的声压级称为 A 声级（A-weighted sound pressure level），用 L_A 表示，单位 dB（A）。在某规定时间内 A 声级的能量平均值，称为等效连续 A 声级（等效声级，equivalent continuous A-weighted sound pressure level），用 L_{Aeq} 表示，单位为 dB（A）。

对固定工作岗位，采用积分声级计测量等效连续 A 声级 L_{Aeq}；对于流动工作岗位，优先选用个体噪声剂量计，或使用积分声级计对不同工作地点分别测量，并计算等效声级。

（2）脉冲噪声。存在脉冲噪声的工作场所，应测量脉冲噪声的峰值和工作日内脉冲次数。

（3）频谱分析。声波参量（包括声压、声功率等）按频率成分分布排列的图形或曲线，称为频谱（frequency spectrum）。

为了解噪声特性，需作频谱分析。常用倍频程频谱分析，测量中心频率为 31.5、63、125、250、500、1000、2000、4000、8000、16 000Hz 时的声级。

4. 生产性噪声监测周期

等效连续 A 声级和脉冲声级每半年测量 1 次，频谱分析每年测量 1 次。

二、作业场所生产性噪声测点设置原则

（1）工作场所声场分布均匀［测量范围内 A 声级差别小于 3dB（A）］，选择 3 个测点，取平均值。

（2）工作场所声场分布不均匀时，应将其划分若干声级区，同一声级区内声级差小于 3dB（A）。每个区域内，选择 2 个测点，取平均值。

（3）劳动者工作是流动的，在流动范围内，对工作地点分别进行检测，计算等效声级。

（4）使用个人噪声剂量计的抽样方法如下：

1）抽样原则。在现场调查的基础上，根据检测的目的和要求，选择抽样对象。

2）抽样对象的选定。在工作过程中，凡接触噪声危害的劳动者都列为抽样对象范围。抽样对象中应包括不同工作岗位的、接触噪声强度最高和接触时间最长的劳动者，其余的抽样对象随机选择。

3）抽样对象数量的确定。每种工作岗位劳动者数不足 3 人时，全部选为抽样对象，劳动者数大于 3 人时，按表 5 - 20 选择，测量结果取平均值。

表 5 - 20 抽样对象及数量

劳动者数	采样对象数
3～5	2
6～10	3
>10	4

三、火力发电厂生产性噪声测点设置

火力发电厂生产性噪声测点设置见表 5 - 21。

表 5 - 21 火力发电厂生产性噪声测点设置

系统	测点设置位置	测点个数
锅炉系统	锅炉零米：磨煤机、排粉机、炉前、炉后、炉左、炉右、送风机、一次风机、引风机、零米中间过道、值班室	各设 1 个测点
	锅炉运转层：炉前、炉后、炉左、炉右、运转层中间走道、集中控制室、汽水取样处、化学加药间、现场化验室、给煤机、给煤机平台	各设 1 个测点
	吹灰平台、喷燃器平台、汽包水位计、炉顶平台	各设 1 个测点
汽机系统	汽轮机零米：高压扩容器、凝汽器、给水泵和凝结水泵等高噪声泵处	各设 1 个测点
	汽轮机运转层：汽轮机、发电机、励磁机/励磁变压器、汽机平台处	各设 1 个测点
	除氧器、高压加热器和低压加热器处	各设 1 个测点
输煤系统	斗轮机室、推煤机室、翻车机平台、输煤皮带转运站、碎煤机室、筛煤机室、原煤仓皮带头尾部、原煤仓犁煤器处、输煤皮带值班室等	视情况至少各设 1 个测点

系统	测点设置位置	测点个数
脱硫系统	增压风机、浆液循环泵、氧化风机、密封风机、球磨机、气气加热器(GGH)、空气压缩机、石膏排出泵、真空皮带机、石灰石斗提机、制粉车间、脱硫集控室处	各设1个测点
其他	化学除盐间、除盐间泵房、除盐控制室、机修车间、循环水泵房、冷却水塔、灰浆泵房、渣浆泵房、空气压缩机房、主变压器、电除尘器零米等处	视情况至少各设1个测点

四、水力发电厂生产性噪声测点设置

水力发电厂生产性噪声测点设置见表 5 - 22。

表 5 - 22   **水力发电厂生产性噪声测点设置**

测点设置位置	测点个数
水轮机层	设2个测点
水轮机层透平油库	设1个测点
发电机层	设2个测点
空气压缩机室	设2个测点
中（集）控室	设1个测点
排风机	设1个测点
主厂房蝶阀层	设2个测点
尾水平台	设1个测点
渗漏排水泵房	设1个测点
厂用变压器及高压开关室	设2个测点
变压器	设1个测点
交接班室	设1个测点

五、供电企业和修造企业生产性噪声测点设置

供电企业和修造企业生产性噪声测点设置见表 5 - 23。

表 5 - 23   **供电企业和修造企业生产性噪声测点设置**

	测点设置位置	测点个数
供电企业变电站	变压器，在距设备2m处	设1~2个测点
	高压电抗器，在距设备2m处	设1~2个测点
	巡视过道，在各电压等级开关场巡视过道上	设2~5个测点
	其他噪声较大处	各设1~2个测点
	主控制室、继电器室	各设1~2个测点

续表

测点设置位置		测点个数
供电企业换流站	换流变压器、平波电抗器，在距设备 2m 处	各设 1～2 个测点
	换流阀、换流变压器、交流滤波器、冷却水塔，在距设备 2m 处	各设 1～2 个测点
	阀厅、控制室、继电器室、综合泵房	各设 1 个测点
	直流场区、交流滤波场区的巡视过道	各设 1～5 个测点
	其他噪声较大处	各设 1～2 个测点
	主控制室、机电设备室	各设 1～2 个测点
修造企业	精工作业场所距主要机械噪声源 1m 处	各设 1 个测点
	铸造作业场所距主要机械噪声源 1m 处	各设 1 个测点
	结构作业场所距主要机械噪声源 1m 处	各设 1 个测点
	装配作业场所距主要机械噪声源 1m 处	各设 1 个测点
	木工作业场所距主要机械噪声源 1m 处	各设 1 个测点
	锻造作业场所距主要机械噪声源 1m 处	各设 1 个测点

六、电建施工企业噪声测点设置

电建施工企业噪声测点设置见表 5‐24。

表 5‐24　　　　　　　　　　　电建施工企业噪声测点设置

场所	测点位置	测点个数
开挖作业场所	各种钻机的驾驶室内和机外	各设 1 个测点
	各种装运机械（挖掘机、推土机、铲车、装载机、载重车、翻斗车等）驾驶室和机外作业点	各设 1 个测点
	移动式空气压缩机在运行的停滞点和机外	各设 1 个测点
	洞内开挖作业场所距离主要施工机械噪声源（多臂钻、装载机、掘进机、载重车）驾驶室和机外	各设 1 个测点
施工作业场所	靠近噪声源的值班室、观察室、各种控制室	各设 1 个测点
	各种大型运输设备（门机、塔机、缆机等）的司机室、主机值班室	各设 1 个测点
砂石料作业场所	人工砂石料采场测点设置同开挖作业场所	各设 1 个测点
	各种破碎机进料平台、值班室及机外	各设 1 个测点
	筛分楼的每一层值班室；每台振动筛外	各设 1 个测点
	制砂设备（棒磨机、旋回破碎机等）值班室，每台制砂机外	各设 1 个测点
	每条输料皮带的头、尾部	各设 1 个测点
混凝土作业场所	混凝土拌和楼（站）操作室、拌和楼层、称量层、储料层	各设 1 个测点
	空气压缩机站值班室和每台空气压缩机外	各设 1 个测点

续表

场所	测点位置	测点个数
其他作业场所	木工加工机械（平刨机、圆盘踞、带锯、压刨机等）机外	各设1个测点
	钢筋加工机械（切断机、弯盘机等）机外	各设1个测点
	喷锚作业场所主要施工机械噪声源（混凝土泵、混凝土喷射机等）	各设1个测点
	灌浆作业场所主要机械噪声源（钻机、灌浆机）	各设1个测点

七、生产性噪声监测基本要求和注意事项

1. 基本要求

（1）按照 GBZ/T 189.8—2007《工作场所物理因素测量噪声》的规定进行监测。

（2）稳态噪声工作场所监测，每个测点测量 3 次，取平均值。

（3）非稳态噪声工作场所监测，根据声级变化（声级波动大于或等于 3dB）确定时间段，测量各时间段的等效声级，并记录各时间段的持续时间。

（4）脉冲噪声监测时，应测量脉冲噪声的峰值和工作日内脉冲次数。

（5）监测记录应该包括以下内容：测量日期、测量时间、气象条件（温度、相对湿度）、测量地点（单位、厂矿名称、车间和具体测量位置）、被测仪器设备型号和参数、测量仪器型号、测量数据、测量人员及工时记录等。

（6）测量仪器和声校准器按规定周期进行检定。监测前后需对声级计进行声校准，前后两次校准值相差等于或大于 0.5dB，监测结果无效。

2. 注意事项

（1）监测前应当正确选择测点、测量方法和测量时间；了解现场噪声设备布局及噪声特征；掌握工作人员工作路线、工作方式及停留时间等。

（2）传声器应放置在劳动者工作时耳部的高度，站姿为 1.50m，坐姿为 1.10m。传声器的指向为声源的方向。

（3）监测应在正常生产情况下进行。工作场所风速超过 3m/s 时，传声器应戴风罩，应尽量避免电磁场的干扰。

（4）在现场监测时，监测人员应注意个体防护。

八、声级的计算

1. 非稳态噪声全天等效声级

非稳态噪声工作场所，按声级相近的原则把一天的工作时间分为 n 个时间段，用积分声级计测量每个时间段的等效声级 L_{Aeq,T_i}，按照式（5-4）计算全天的等效声级

$$L_{\text{Aeq},T} = 10\lg\left(\frac{1}{T}\sum_{i=1}^{n}T_i 10^{0.1L_{\text{Aeq},T_i}}\right) \tag{5-4}$$

式中　$L_{\text{Aeq},T}$——全天的等效声级，dB（A）；

　　　L_{Aeq,T_i}——时间段 T_i 内等效声级；

　　　T_i——i 时间段的时间；

　　　T——这些时间段的总时间；

n——总的时间段的个数。

2. 8h 等效声级（$L_{EX,8h}$）

将一天实际工作时间内接触的噪声强度等效为工作 8h 的等效声级，称为按额定 8h 工作日规格化的等效连续 A 声级（8h 等效声级，normalizatin of equivalent continuous A-weighted sound pressure level to a nominal 8h working day），用 $L_{EX,8h}$ 表示。

根据等能量原理将一天实际工作时间内接触噪声强度规格化到工作 8h 的等效声级，按式（5-5）计算

$$L_{EX,8h} = L_{Aeq,T_e} + 10\lg\frac{T_e}{T_0} \tag{5-5}$$

式中　$L_{EX,8h}$——一天实际工作时间内接触噪声强度规格化到工作 8h 的等效声级，dB（A）；

L_{Aeq,T_e}——实际工作日的等效声级；

T_e——实际工作日的工作时间；

T_0——标准工作日时间，8h。

3. 每周 40h 等效声级

非每周 5 天工作制的特殊工作场所接触的噪声声级等效为每周工作 40h 的等效声级，称为按额定每周工作 40h 规格化的等效连续 A 计权声级（每周 40h 等效声级，normalization of equivalent continuous A-weighted sound pressure level to a nominal 40h working week），用 $L_{EX,w}$ 表示。

通过 $L_{EX,8h}$ 计算规格化每周工作 5 天（40h）接触的噪声强度的等效连续 A 计权声级见式（5-6）

$$L_{EX,w} = 10\lg\left[\frac{1}{5}\sum_{i=1}^{n}10^{0.1(L_{EX,8h})_i}\right] \tag{5-6}$$

式中　$L_{EX,w}$——每周平均接触值，dB（A）；

n——每周实际工作天数。

4. 脉冲噪声

使用积分声级计，"peak（峰值）"挡，可直接读取声级峰值 L_{peak}。

九、生产性噪声评判规定和评判标准

1. 评判规定

遵照 GBZ 2.2 和 GBZ 1 对噪声职业接触限值和非噪声工作地点噪声声级设计要求的规定进行评判。

2. 噪声职业接触限值

每周工作 5 天，每天工作 8h，稳态噪声限值为 85dB（A），非稳态噪声等效声级的限值为 85dB（A）；每周工作 5 天，每天工作时间不等于 8h，需计算 8h 等效声级，限值为 85dB（A）；每周工作不是 5 天，需计算 40h 等效声级，限值为 85dB（A）。工作场所噪声职业接触限值见表 5-25。

表 5 - 25 工作场所噪声职业接触限值

接触时间	接触限值 dB（A）	备注
5 天/周，＝8h/天	85	非稳态噪声计算 8h 等效声级
5 天/周，≠8h/天	85	计算 8h 等效声级
≠5 天/周	85	计算 40h 等效声级

3. 脉冲噪声职业接触限值

脉冲噪声工作场所噪声声级峰值和脉冲次数不应超过表 5 - 26 的规定。

表 5 - 26 工作场所脉冲噪声职业接触限值

工作日接触脉冲次数 n（次）	声级峰值〔dB（A）〕
$n \leqslant 100$	140
$100 < n \leqslant 1000$	130
$1000 < n \leqslant 10\,000$	120

4. 非噪声工作地点噪声声级要求

非噪声工作地点噪声声级应符合表 5 - 27 的要求。

表 5 - 27 非噪声工作地点噪声声级设计要求

地点名称	噪声声级〔dB（A）〕	工效限值〔dB（A）〕
噪声车间观察（值班）室	≤75	
非噪声车间办公室、会议室	≤60	≤55
主控室、精密加工室	≤70	

第四节　电力行业微波辐射监测方法

一、微波

微波（microwave）是指频率在 300MHz～300GHz，相应波长在 1m～1mm 范围内的电磁波。按照调制方式可分为脉冲微波与连续微波。

以脉冲调制的微波称为脉冲微波（pulse microwave）不用脉冲调制的连续振荡的微波称为连续微波（continuous microwave）。

二、微波辐射监测内容

电力行业微波辐射监测就是要对电力行业作业场所微波作业人员操作位辐射强度的监测以及各种微波设备的泄漏监测。通常用平均功率密度及日剂量来判定微波辐射对作业人员的危害。单位面积上一个工作日内的平均辐射功率，称为平均功率密度（average power density）。

日剂量（daily dose）表示一日接受辐射的总能量，等于平均功率密度与受辐射时间（按照 8h 计算）的乘积，单位为 $\mu W \cdot h/cm^2$ 或 $mW \cdot h/cm^2$。

当受辐射时间为 8h 时，平均功率密度就是 8h 平均功率密度；当受辐射时间小于或大于 8h 时，平均功率密度按实际受辐射时间计算。因此，监测内容包括功率密度（$\mu W/cm^2$ 或 mW/cm^2）和受辐射时间（h）。

根据微波辐射是固定天线辐射还是运转天线辐射，可分为固定微波辐射与非固定微波辐射。固定微波辐射（fixed microwave radiation）是指固定天线（波束）的辐射或运转天线的 $t_0/T<0.1$ 的辐射（t_0 指接触者被测位所受辐射大于或等于主波束最大平均功率密度 50％的强度的时间，T 指天线运转一周的时间）。

非固定微波辐射（nonfixed microwave radiation）是指运转天线 $t_0/T>0.1$ 的辐射。

三、微波辐射的监测方法

微波辐射的监测方法，如表 5 - 28。

表 5 - 28　　　　　　　　　　　电力行业微波辐射的监测方法

项目	要　　求
监测周期	建议每年进行 1 次
测点设置原则	选择作业人员观察、操作和管理生产过程中经常或定时停留的地点
测点选定	（1）微波通信室内运行时，微波机、终端机、微波通信机和配线柜等设备附近各测 1 个点。 （2）微波通信室内检修时，检修位置增设 2～3 个点。 （3）微波发射天线平台及天线附近，根据天线发射功率大小具体确定点数，设 3～5 个点
监测位置	（1）微波辐射监测主要在劳动者各作业点的各操作体位分别进行，以观察了解劳动者工作时所受微波辐射强度，一般测量头部和胸部位置。肢体局部微波辐射（partial-body microwave radiation）指微波设备操作过程中，仅手或脚部受辐射。全身微波辐射（whole-body microwave radiation）指除肢体局部微波辐射外的其他部位，包括头、胸、腹等一处或几处受辐射。 （2）当作业时人体某些部位可能受更强辐射时，应予以加测。如需眼观察波导口或天线向下腹部辐射时，应分别加测眼部或下腹部。 （3）在监测微波设备漏能情况及探索工作地点微波辐射源时，应在距离微波设备 5cm 处监测
监测中注意事项	（1）微波设备处于正常的工作状态。 （2）监测中仪器探头应避免红外线及阳光的直接照射及其他干扰。 （3）监测仪器应尽量选用全向性探头的场强仪或漏能仪，使用非全向性探头时，监测期间必须不断调节探头方向，直到测到最大场强值。仪器频率响应不均匀度和精确度应小于±3dB。要求使用仪器需经标准场强法和标准天线法两种标定校正吻合的微波漏能测试仪。 （4）监测值的取舍：全身辐射取头、胸、腹等处的最高值；肢体局部辐射取肢体某点的最高值；既有全身又有局部的辐射，则取出肢体以外所测得的最高值；各测点均需检测 3 次，取平均值。 （5）在进行现场监测时，监测人员应注意个体防护
监测记录整理	除记录全部监测数据，还应包括监测地点、监测时间、使用仪器、探头高度及参加监测的人员等

四、微波辐射评判标准

作业人员接触微波辐射依据 GBZ 2.2 的规定，按照表 5 - 29 进行评判。

表 5 - 29　　　　　　　　　　　　　作业场所微波职业接触限值

类型		日剂量 ($\mu W \cdot h/cm^2$)	8h 的平均功率密度 ($\mu W/cm^2$)	非 8h 的平均功率密度 ($\mu W/cm^2$)	短时间接触功率密度 (mW/cm^2)
全身辐射	连续微波	400	50	$400/t$	5
	脉冲微波	200	25	$200/t$	5
肢体局部辐射	连续微波或 脉冲微波	4000	500	$4000/t$	5

注　t 为受辐射时间，单位为 h。

第五节　电力行业工频电场、磁场监测方法

一、工频电场和工频磁场

1. 工频电场

电流在导体内每一秒钟所振动的次数，称为频率（frequency）。习惯上将电流随时间作 50Hz/60Hz 周期变化的频率称为工频（power frequency）。

电场是电荷周围存在的一种物质形式，单位电荷在电场中某点所受到的电场作用力称为电场强度（electric fields intensity）。电场强度在空间任意一点是一个矢量，用符号 E 表示，单位一般采用 V/m 或 kV/m。通常将电荷量随时间作 50Hz 周期变化产生的电场称为工频电场（power frequency electric field）。

2. 工频磁场

磁场是有规则地运动的电荷（电流）周围存在的一种物质形式，将随时间作 50Hz 周期变化的磁场称为工频磁场（power frequency magnetic field）磁场强度（magnetic intensity）是表示磁场中各点磁力大小和方向的量，用符号 H 表示，它仅与电流的大小和位置有关，单位一般采用 A/m。

在磁场中垂直于磁场方向的通电导线所受的磁场力 F 跟电流 I 和导线长度 L 的乘积 IL 的比值叫做通电导线所在处的磁感应强度（magnetic induction strength），磁感应强度是矢量。磁感应强度又称为磁通密度，用符号 B 表示。单位一般采用 T 或 μT。本书工频磁场强度用磁感应强度表示。

二、监测内容和监测周期

1. 监测内容

监测内容包括作业场所工频电场强度、工频磁场强度。

2. 监测周期

每年测量一次，工况变化时随时测量。

三、工频电场和工频磁场监测点布置

1. 监测点选择的基本原则

（1）测点位置原则上设在劳动者因工作需要而经常停留的地方。主要包括输电走廊、变电站、开关站的巡视走道、控制楼以及劳动者可到达其他位置，电厂存在或产生工频电

场、磁场的工作场所、设备等。

（2）监测地点应选在地势平坦、远离树木、没有其他电力线路、通信线路及广播线路的空地上。

2. 线路、变电站和发电厂测点位置和个数

线路、变电站和发电厂测点位置和个数见表 5-30。

表 5-30　　　　　　　　　线路、变电站和发电厂测点位置和个数

项目	测点位置和个数
输电线路下工频电场、磁场的测点	按照 DL/T 988 的规定，单回架空电力线路应以弧垂最低位置中相导线对地投影点为起点，同塔多回架空电力线路应以档距中央弧垂最低位置、对应两铁塔中央连线对地投影点为起点，测量点应均匀分布在边相导线两侧的横截面方向上，测点间距为 5m，顺序测至边相导线地面投影点外 50m 处止。在测量最大值时，两相邻测量点间的距离应选择 1m
变电站工频电场、磁场的测点	（1）值班室操作台设 1 个测点，控制屏前设 1 个测点。 （2）高压设备区的主要进出线断路器、隔离开关、电压互感器（TV）、电流互感器（TA）、避雷器处各设 1 个测点。 （3）低压设备区的主要进出线断路器、隔离开关、电压互感器（TV）、电流互感器（TA）、避雷器处各设 1 个测点。 （4）主变压器的高压侧和低压侧各设 1 个测点。 （5）开关室的每个母线桥下设 1 个测点、主要断路器各设 1 个测点。 （6）电抗器设 2 个测点。 （7）电容器设 2 个测点。 （8）GIS 室设 4 个测点
电厂工频电场、磁场测点	（1）主控室设 2 个测点。 （2）发电机处设 2 个测点。 （3）励磁机/励磁变压器处设 2 个测点。 （4）主变压器的高压侧和低压侧各设 1 个测点。 （5）升压站测点布置参照变电站工频电场、磁场的测点

四、电力行业工频电场、磁场监测要求

电力行业工频电场、磁场监测要求见表 5-31。

表 5-31　　　　　　　　　电力行业工频电场、磁场监测要求

项目	具 体 要 求
监测仪器仪表	（1）应用三轴测量仪监测磁场，除特别原因外，一般不使用单轴测量仪。可测频率 0～300Hz 的仪器的测量范围：磁场为 10nT～10mT，电场为 0.003～100kV/m。 （2）应定期对测量仪器进行校准，记录校准误差，同时在校准周期内应进行期间检验。 （3）为减少测量误差，场强仪及其绝缘支撑物应保持干燥、清洁状态，可选用数字式显示装置的测量仪。 （4）根据 GBZ/T 189.3 的规定，测量仪表应架设在地面上 1.5m 的位置，也可根据需要在其他高度测量，应在测量报告中清楚标明

项目	具 体 要 求
测量探头位置	监测高压设备附近的工频电场时，测量探头应距离该设备外壳边界 2.5m，并测量出高压设备附近场强的最大值；监测高压设备附近的工频磁场时，测量探头距离设备外壳边界 1m 即可
注意事项	(1) 监测时人员应距离仪器 5m 外，关闭或不使用辐射电磁场的便捷式设备（如移动电话等）。 (2) 在监测输电线下的电场时，监测地点应该比较平坦，且无多余物体。对不能移开的物体应记录其尺寸及其与线路的相对位置。探头与永久性物体（包括植物）之间的距离应该大于探头最大对角线的 2 倍。 (3) 在特定的时间、地点和气象条件下，若仪表读数是稳定的，仪表读数即为测量读数；若仪表读数是波动的，应每 1min 读数一次，取 5min 的平均值为测量读数。 (4) 为避免通过测量仪表的支架泄漏电流，工频电场、磁场监测时的环境湿度应在 80% 以下
监测报告	监测报告应该包括下列内容： (1) 测量仪器的型号和测量范围。 (2) 监测日期、监测时间、环境湿度、环境温度、大气压力和监测者姓名。 (3) 监测的区域和位置。 (4) 监测人体暴露时，描述人体的活动。 (5) 除监测数据外，应记录场源的名称和情况，对于线路应记录导线排列情况、导线高度、相间距离、导线型号以及导线分裂数、线路电压、电流等线路参数；对于变电站应记录监测位置处的设备布置、设备名称以及母线电压和电流等

五、评判标准

(1) 根据 GBZ 2.2 规定，8h 工作场所工频电场职业接触限值为 5kV/m。

(2) 根据 ICNIRP 导则规定，工频磁场职业接触限值为 $500\mu T$。

第六章

特殊作业人员职业健康检查

第一节　电工作业人员职业健康检查

一、电工

特殊作业人员中所称的电工一般是指社会上的企事业单位、住宅小区、农村社区里的进网作业电工，在电力行业工作的人员不在此列。按照 2006 年原国家电力监管总局和现 2013 年国家能源局电力业务资质管理中心规定的进网作业电工资格证考试要求，所含工种有：低压电工、高压电工、电气试验工、继电保护工、电力电缆工等。总体而论进网作业电工较在电力行业中工作的人员技术比较全面，基建、安装、运行、检修往往都能胜任。进网作业电工只有职业禁忌症，而没有专门的职业病。如从事其他相关的作业，可参照相关专业的职业病防治要求，如粉尘、毒物、电磁环境、噪声、高温、高原、压力容器、高处作业等。

二、电工作业人员的职业健康检查

电工作业人员的职业健康检查分为上岗前和在岗期间两类，其检查方法和检查项目要求见表 6-1。

表 6-1　　　　　　　　电工作业人员职业健康检查方法和检查项目要求

作业状态	问诊	体格检查	实验室及其他检查		目标疾病		检查周期
			必检项目	选检项目	职业病	职业禁忌症	
上岗前	询问心血管系统病史及家族中有无精神病史，近一年内有无眩晕、晕厥史	内科常规检查，眼科常规检查，外科常规检查	血常规、尿常规、丙氨酸氨基转移酶、心电图	脑电图（有眩晕或晕厥史者）		（1）癫痫。 （2）晕厥（近一年内有晕厥发作史）。 （3）高血压 2 级或 3 级。 （4）红绿色盲。 （5）器质性心脏病及严重的心律失常。 （6）四肢关节运动功能障碍	

续表

作业状态	问诊	体格检查	实验室及其他检查		目标疾病		检查周期
			必检项目	选检项目	职业病	职业禁忌症	
在岗期间	询问心血管系统、神经系统症状及四肢运动障碍症状	内科常规检查，眼科常规检查，外科常规检查	血常规、尿常规、丙氨酸氨基转移酶、心电图	脑电图（有眩晕或晕厥史者）		（1）癫痫。 （2）晕厥（近一年内有晕厥发作史）。 （3）高血压2级或3级。 （4）红绿色盲。 （5）器质性心脏病及严重的心律失常。 （6）四肢关节运动功能障碍	1年

第二节 高处作业人员职业健康检查

一、高处作业对人体的危害

高处作业由于精神紧张而产生危害。人离地面愈高，愈易产生怕坠落摔伤、摔死的紧张心理，尤其是当从高处向下看时，心情更加紧张甚至产生恐惧心理，此时更容易发生失误行为，造成一失足成千古恨的结局。

其次，人们处于紧张状态时，神经系统会发出信号，促使肾上腺素分泌量增加，而使心跳加快、血管收缩、暂时性血压增高。当从高处回到地面上后，紧张心情得到缓解，脉搏、血压才会逐渐恢复到原有水平。但如长期从事高处作业，尤其是二级以上的高处作业，所引起的精神紧张长期得不到缓解和消除，由紧张引起的血压升高也得不到恢复，因此这种行业的人群中，高血压发病率随工龄增长而明显增高。这种增高在50岁以后更加明显，患者人数可比对照人群高出1倍以上。此外，长期精神紧张还会引起消化不良和身体免疫功能下降，患病毒性上呼吸道感染的机会增多，为对照人群的3～5倍。

二、接触高处作业人员的职业健康检查

接触高处作业人员的职业健康检查分为上岗前、在岗期间两类，其检查方法和检查项目要求见表6-2。

表 6 - 2　　　　　　　　　**高处作业人员职业健康检查方法和检查项目要求**

作业状态	问诊	体格检查	实验室及其他检查		目标疾病		检查周期
			必检项目	选检项目	职业病	职业禁忌症	
上岗前	询问有无恐高症、高血压、晕厥、癫痫、美尼尔氏病、心脏病史及家族中有无精神病史	内科常规检查，耳科常规检查，外科常规检查	血常规、尿常规、丙氨酸氨基转移酶、心电图	脑电图（有眩晕或晕厥史者）		（1）高血压。 （2）恐高症。 （3）癫痫、晕厥、美尼尔氏病。 （4）器质性心脏病及严重的心律失常。 （5）四肢关节运动功能障碍	
在岗期间	询问心血管系统、神经精神系统及四肢运动障碍等症状	内科常规检查，耳科常规检查，外科常规检查	血常规、尿常规、丙氨酸氨基转移酶、心电图	脑电图（有眩晕或晕厥史者）		（1）高血压。 （2）恐高症。 （3）癫痫、晕厥、美尼尔氏病。 （4）器质性心脏病及严重的心律失常。 （5）四肢关节运动功能障碍	1 年

第三节　压力容器作业人员职业健康检查

一、有限空间作业

有限空间是指封闭或部分封闭，进出口较为狭窄有限，未被设计为固定工作场所，自然通风不良，易造成有毒有害、易燃易爆物质积聚或氧含量不足的空间。有限空间作业是指作业人员进入有限空间实施的作业活动，压力容器作业属于有限空间作业。

1. 有限空间的分类

（1）密闭设备：如船舱、储罐、车载槽罐、反应塔（釜）、冷藏箱、压力容器、管道、烟道、锅炉等。

（2）地下有限空间：如地下管道、地下室、地下仓库、地下工程、暗沟、隧道、涵洞、地坑、废井、地窖、污水池（井）、沼气池、化粪池、下水道管。

（3）地上有限空间：如储藏室、酒糟池、发酵池、垃圾站、温室、冷库、粮仓、料仓等。

2. 有限空间作业场所的特点

有限空间作业场所一般多含有硫化氢、一氧化碳、二氧化碳、氨、甲烷（沼气）和氰化氢等气体，其中以硫化氢和一氧化碳为主的窒息性气体尤为突出。常见的有限空间作业有：清理浆池、沉淀池、酿酒池、沤粪池、下水道、蓄粪坑、地窖等；工地桩井、竖井、矿井等；反应塔或釜、槽车、储藏罐、钢瓶等容器，以及管道、烟道、隧道、沟、坑、井、涵洞、船舱、地下仓库、储藏室、谷仓等。在这些有限空间场所作业，如果通风不良，加之窒息性气体浓度较高，会导致空气中氧含量下降。当空气中氧含量降到16%以下，人即可产生缺氧症状；氧含量降至10%以下，可出现不同程度意识障碍，甚至死亡；氧含量降至6%以下，可发生猝死。

GBZ/T 205—2007《密闭空间作业职业危害防护规范》规定，经持续机械通风和定时监测，能保证在密闭空间安全作业。不需要办理准入证的密闭空间，称为无需准入密闭空间。具有包含可能产生职业病危害因素，包含可能对进入者产生吞没，或因其内部结构易引起进入者跌落产生窒息或迷失，或包含其他严重职业病危害因素等特征的密闭空间，称为需要准入密闭空间（简称准入密闭空间）。

3. 有限空间作业存在的可能危害

（1）中毒危害：有限空间容易积聚高浓度有害物质。有害物质可以是原来就存在于有限空间的也可以是作业过程中逐渐积聚的。

（2）缺氧危害：空气中氧浓度过低会引起缺氧。

（3）燃爆危害：空气中存在易燃、易爆物质，浓度过高遇火会引起爆炸或燃烧。

（4）其他危害：其他任何威胁生命或健康的环境条件。如坠落、溺水、物体打击、电击等。

二、压力容器作业人员的职业健康检查

压力容器作业人员的职业健康检查，分为上岗前、在岗期间两类，其检查方法和检查项目要求见表6-3。

表6-3　　　　　压力容器作业人员职业健康检查方法和检查项目要求

作业状态	问诊	体格检查	实验室及其他检查		目标疾病		检查周期
			必检项目	选检项目	职业病	职业禁忌症	
上岗前	询问有无耳鸣、耳聋及中、内耳疾病史，近一年内有无眩晕、晕厥史	内科常规检查，耳科常规检查，眼科常规检查	血常规、尿常规、丙氨酸氨基转移酶、心电图、纯音听阈测试	脑电图（有眩晕或晕厥史者）		（1）红绿色盲。（2）高血压2级或3级。（3）癫痫、晕厥。（4）双耳语言频段平均听力损失大于25dB（HL）。（5）器质性心脏病及严重的心律失常	

续表

作业状态	问诊	体格检查	实验室及其他检查		目标疾病		检查周期
			必检项目	选检项目	职业病	职业禁忌症	
在岗期间	询问心血管系统、神经精神系统症状	内科常规检查，耳科常规检查，眼科常规检查	血常规、尿常规、丙氨酸氨基转移酶、心电图、纯音听阈测试	脑电图（有眩晕或晕厥史者）		（1）高血压2级或3级。（2）癫痫、晕厥。（3）双耳语言频段平均听力损失大于25dB（HL）。（4）器质性心脏病及严重的心律失常	1年

第四节 职业机动车驾驶人员职业健康检查

一、职业机动车驾驶员职业病及预防措施

据调查，有80％以上的汽车驾驶员的健康状况令人担忧，都不同程度地患有颈椎病、肩周炎、骨质增生、坐骨神经痛等多种疾病。这些疾病与他们的特殊工作性质和不良生活方式有关，如久坐、紧张、疲劳、睡眠不足、饮食无规律等职业因素。

1. 胃病及预防措施

（1）汽车驾驶员的饮食很不规律，经常凑合一顿甚至不吃饭。长期不合理、不规律的饮食习惯，带来的后果就是易患消化系统疾病，常见为消化不良、胃部疼痛，严重者会引起胃肠大出血。

（2）预防措施：驾驶员应做到合理安排车辆行程，做到间隔4～5h用餐一次，定时定量，坚持"衡、软、缓、淡"的饮食习惯。长途运输时必须常备些新鲜水果、糕点和饮用水。保持稳定的情绪，减轻生理、心理负担。情绪不稳定或长期过度紧张，会导致中枢神经紊乱，并对内脏器官的功能产生消极影响，首当其冲的就是胃。

2. 肩周炎及预防措施

（1）肩周炎是一种驾驶员最常见的职业病，尤其是40岁以上的驾驶员。驾驶员患肩周炎后由于肩关节疼痛和活动受限，不能灵活、准确地进行驾驶操作，容易发生不安全情况。

（2）预防措施：做徒手体操，做肩关节3个轴向活动，用健肢带动患肢进行练习；做器械体操，利用体操棒、哑铃、肩关节综合练习器等进行锻炼；做下垂摆动练习，躯体前屈，使肩关节周围肌腱放松，然后做内外、前后、绕臂摆动练习，幅度可逐渐加大，直至

手指出现发胀或麻木为止。

3. 腰痛及预防措施

(1) 长时间驾车不仅会使人疲劳，还能引起疾病，以脊柱骨骼、消化和心血管三大系统疾病多见，特别是腰痛最常见。久坐的人如果不加强运动，腰背肌力量薄弱，久之就会引起腰椎变形，常见症状有腰腿疼痛、无力、麻木。

(2) 预防措施：①尽量减少震动，驾驶员腰病产生的重要原因在于汽车产生的震动，应避免旧车"超期服役"，及时更换陈旧、磨损的零部件，对汽车定期维修和保养；②保持正确的驾车姿势，确保腰椎受力适度，驾车时双眼平视，座椅的靠背向后微倾，坐垫略向前翘起，臀部置于坐垫和靠背的夹角中，以在操作时不向前移为宜；③持续驾车期间多一些间歇性休息。一次驾车时间一般不宜过长，否则身心疲惫，既影响行车安全，又会危害健康。在驾车过程中，一般每隔2h可停车休息，这样可以帮助肌肉消除疲劳并起到复原作用，从而减少震动带来的危害。

4. 震动病及预防措施

(1) 驾驶员如果长期受到车辆在行驶中震动的影响，会导致神经系统功能下降。例如，条件反射受到抑制，神经末梢受损，震动觉、痛觉功能减退，对环境温度变化的适应能力降低。震动使手掌多汗，指甲松动，震动过强时，有的驾驶员会感到手臂疲劳、麻木、握力下降。随着时间的推移，还会使肌肉痉挛、萎缩，引起骨、关节的改变，出现脱钙、局部骨质增生或变形性关节炎。

(2) 预防措施：为了预防震动病，必须认真保养好减震器，使其始终保持良好的工作状态，并正确使用轮胎花纹；在驾驶车辆时应平顺柔和，避免野蛮操作；将驾驶座位调整至适当的位置，最好在座位靠背上装配富有弹性的垫子，以起到分散震动冲击的作用；在握方向盘时用力要适度，最好戴纱手套，使手掌与汽车的接触成为间接接触，以缓冲震动的作用和刺激。

5. 颈椎痛、急性颈扭伤及预防措施

(1) 驾驶员每天几乎几个小时甚至十几个小时都坐在驾驶室里开车，姿势相对固定，开车时很难保持正确的坐姿，长此以往就会引起颈部肌肉僵硬，血供不畅，发展为颈椎变形增生，从而引起颈椎病，最常见的就是颈肩不适、疼痛、颈部僵硬、头晕乏力、上肢酸软麻木、心慌多汗。

(2) 急性颈扭伤在汽车驾驶员中较常见，其发生的主要原因有：在驾驶车辆或倒车时，突然过度地扭头向后看，致使颈部肌肉、筋膜强行过度屈伸而产生痉挛、撕裂伤；高速行驶中突然急刹车，或低速行驶中突然高速加油，在惯性力的作用下，颈部肌肉产生急剧痉挛。

(3) 颈背痛预防：首先调整好汽车驾驶座，使方向盘和踏板容易够得到；驾车时要坐直，臀部尽量靠紧椅背，上身挺直，膝盖略屈，但不可妨碍操纵方向盘；必要时可调整后视镜角度；操纵方向盘时手臂应稍弯曲；若将方向盘看成一个时钟面，左手应握在9点至10点之间，右手则握在2点至3点之间。

(4) 预防急性颈扭伤：要避免突然和强行、过度扭转头颈部，倒车时尽量用反光镜观察车后情况；若确需扭头时，首先应适当调整坐姿，以使颈部不致过度扭转，连续扭头时间不宜过长；平时开车时应避免急刹车及突然加速，以防头颈部与躯干移动速度不一致而产生颈部肌肉痉挛。

6. 耳聋、视力疲劳及预防措施

（1）机动车发动机运转、汽车喇叭、所载物体的震动等，可产生不同强度的噪声。部分机动车驾驶室内噪声强度超过规定标准，喇叭声在某些地方不绝于耳。驾驶员长期在噪声的"轰击"下，易导致噪声性耳聋。

（2）预防措施：驾驶员最好在平时不妨碍驾驶安全的情况下，关闭车窗，或在车上播放舒缓的音乐。

（3）汽车驾驶员驾车时精力高度集中，透过车前玻璃，车两旁路边的房舍、树木、田园等静止物，在车轮滚滚向前瞬间快速向后退去，尤其是在晴天太阳光线强烈的情况下，这种"动"的光波刺激一旦让长时间疲惫行车的驾驶员接受，便要消耗很多视紫质。

（4）预防措施：驾驶员在停车后尽量眺望远处或绿色植物，以缓解眼部疲劳，或者做眼保健操；驾驶员常饮茶能加速视紫质合成，有效保护视力，对保障行车安全能起到积极作用。

7. 其他疾病

驾驶员在道路状况不好，特别是堵车时情绪容易波动、烦躁，或遇上事故，就更难控制自己的情绪，这些都容易加重失眠、焦虑等方面的疾病，也易引起高血压等疾病。另外，如男性驾驶员长期久坐，空间密闭，温度高，会影响生殖能力。此外，驾驶员还会因为长时间不方便而憋尿，易引起泌尿系统方面的疾病，如前列腺炎、泌尿系统感染及功能性排尿障碍等疾病。

二、机动车驾驶员保健知识

1. 饮食营养要调理得当

驾驶员的能量和体力消耗较大，因此，在饮食营养方面应以高蛋白、适量脂肪、多维生素、多纤维素类食物为主，多吃水果、蔬菜类食品，行车途中要多饮白开水或淡茶水。

2. 要注意劳逸结合，防止透支健康

驾驶员要学会忙里偷闲进行休息，尤其应该保证每天都有足够的睡眠时间。除了夜间的正常睡眠以外，行车途中还可利用装、卸货的空档，抓紧时间休息。

3. 要坚持加强体育锻炼

每天早晚可坚持跑步、做健身操等户外活动。善于利用装、卸货或等客人的空档时间，走出驾驶室，呼吸新鲜空气，做些松弛脊椎、腰部、关节和四肢的活动。

4. 要保持良好心态

驾驶员在工作和生活中切忌情绪急躁，要学会摆脱不良情绪困扰，始终保持乐观、积极、健康的心理状态。

三、职业机动车驾驶员分类

职业机动车驾驶员分为大型机动车驾驶员和小型机动车驾驶员：以驾驶 A1、A2、A3、B1、B2、N、P 准驾车型的驾驶员为大型机动车驾驶员；以驾驶 C 准驾车型的驾驶员及其他准驾车型的驾驶员为小型机动车驾驶员。

四、职业机动车驾驶人员的职业健康检查

职业机动车驾驶人员的职业健康检查分为上岗前、在岗期间两类查，其检查方法和检查项目要求见表 6-4。

表 6-4　　　　职业机动车驾驶作业人员职业健康检查方法和检查项目要求

作业状态	问诊	体格检查	实验室及其他检查		目标疾病		检查周期
			必检项目	选检项目	职业病	职业禁忌症	
上岗前	重点询问各种职业禁忌症的病史及有无吸食或注射毒品、长期服用依赖性精神药品史和治疗情况	内科常规检查，外科常规检查，耳科常规检查，眼科常规检查	血常规、尿常规、心电图、纯音听阈测试	复杂反应、速度估计、动视力		(1) 身高。大型机动车驾驶员小于155cm，小型机动车驾驶员小于150cm。 (2) 远视力。大型机动车驾驶员：两裸眼小于4.0，并小于5.0（矫正）；小型机动车驾驶员：两裸眼小于4.0，并小于4.9（矫正）。 (3) 红绿色盲。 (4) 听力：双耳平均听阈大于30dB（语频纯音气导）。 (5) 血压。大型机动车驾驶员：收缩压大于140mmHg和舒张压大于90mmHg；小型机动车驾驶员：高血压2级或3级。 (6) 深视力：小于（-22mm）或大于（+22mm）。 (7) 暗适应：大于30s。 (8) 复视、立体盲、严重视野缺损。 (9) 器质性心脏病。 (10) 癫痫。 (11) 美尼尔氏病。 (12) 眩晕。 (13) 癔病。 (14) 震颤麻痹。 (15) 精神病。 (16) 痴呆。 (17) 影响肢体活动的神经系统疾病。 (18) 吸食或注射毒品、长期服用依赖性精神药品成瘾尚未戒除者	

续表

作业状态	问诊	体格检查	实验室及其他检查		目标疾病		检查周期
			必检项目	选检项目	职业病	职业禁忌症	
在岗期间	重点询问各种职业禁忌症的症状及有无吸食或注射毒品、长期服用依赖性精神药品史和治疗情况	内科常规检查，外科常规检查，耳科常规检查，眼科常规检查	血常规、尿常规、心电图、纯音听阈测试	复杂反应、速度估计、动视力		（1）远视力。大型机动车驾驶员：两裸眼小于4.0，并小于5.0（矫正）；小型机动车驾驶员：两裸眼小于4.0，并小于4.9（矫正）。（2）听力：双耳平均听阈大于30dB（语频纯音气导）。（3）血压。大型机动车驾驶员：收缩压大于140mmHg和舒张压大于90mmHg；小型机动车驾驶员：高血压2级或3级。（4）器质性心脏病。（5）癫痫。（6）震颤麻痹。（7）癔病。（8）吸食或注射毒品、长期服用依赖性精神药品成瘾尚未戒除者	1年

第五节　视屏作业人员职业健康检查

一、视屏（Visual Display Terminal work，VDT work）

视屏作业是指在电子计算机的视屏显示终端进行操作工作而言，一般称之为VDT作业。

近年来，随着社会的发展和科学技术的进步，电子计算机在科学研究、工农业生产、行政管理和第三产业得到了广泛的运用，因而也出现了一大批研究和使用计算机的职业人群，VDT对操作人员健康的影响也受到了越来越多的关注。

二、视屏作业的危害

目前，视屏作业还没有对应的法定职业病，但是，《职业健康监护管理办法》对视屏作业上岗前、在岗期间体检项目和周期都做了相应的规定。目前，我国职业病种类已扩大到10大类115种。随着IT、生物医药、微电子等高新技术产业的飞速发展，职业病的患病人群逐渐发生了变化。职业病危害因素也不再局限于传统的粉尘、重金属范畴，而是出现了噪声、微波、高频、电磁辐射等多元化趋势。视屏作业接触到的职业病危害是综合的，包括如下几种。

1. 电磁辐射

世界卫生组织（WHO）的资料表明，在 VDT 的周围可测得 X 射线、可见光、紫外线、红外线、高频、甚高频、中频、低频、甚低频、极低频、静电场等，但剂量均很小，不超过各自的现行卫生标准。

2. 屏面的反光、眩光和闪烁

可对 VDT 工作人员的视觉造成较大的负荷。

3. 身心紧张

长时间专注屏幕和文件及进行键盘操作可引起的视力紧张和精神紧张。

4. 强制体位

VDT 作业时，操作者必须端作、上臂垂直、前臂和手保持水平，长时间作业能引起持续的静态紧张，工作台和工作椅如不合适，更易造成某些肌肉群的过度紧张，表现为颈、肩、背、臂及腕、指关节的发僵、疼痛、麻木、痉挛等，一般称为"颈肩腕综合症"。

5. VDT 室卫生质量差

VDT 室多为空调室，室内外温差大，空气中阴离子浓度偏低，阳离子浓度增高，阴阳离子比例失调，臭氧浓度明显低于自然通风的办公室，由于工作人员较多或换气较差，CO_2 浓度增高，细菌数量增加，致命 VDT 工作室内的卫生质量下降。

有资料表明，长时间持续紧张作业所引起的全身疲劳以及长时间于空调室内作业，可导致 VDT 作业人员头痛、头晕、乏力、记忆力减退的比例高于一般办公室的工作人员。行为测试的结果显示，注意力、记忆力、视运动反应下降，屏幕反射、炫光、眩光、工作场所照明不合理，以及 VDT 作业者每天在屏幕、文件、键盘上频繁地调节，两眼在量度和视距的频繁变化中过度调节，很容易造成视觉疲劳，出现一系列视觉疲劳症候群，如眼酸、眼胀、眼睛疼痛、眼球沉重感以及流泪、发痒等。

此外，虽然 VDT 电磁辐射对人体可能不是一种有害的辐射源，但其对生殖系统的影响，尤其是 VDT 作业对妊娠结局及胚胎发育的影响，各国学者的研究尚未取得一致结果，有待进一步研究。

三、VDT 作业人员的健康防护

长时期从事 VDT 作业的操作人员，应遵守以下原则，进行健康防护。

（1）工作室要注意通风、换气、合理使用空调，改善工作环境的微小气候，使之有利于工作人员的身体健康；

（2）建立工间操制度，适当的广播体操有助于全身肌肉、关节的协调与休息，避免颈、肩、肘过度疲劳；

（3）为保护眼睛，应采用一定的预防措施，如改善工作场所照明，在屏幕上安装炫光防护器，或将计算机安放在合适的场合，避免反射、炫光，定期检查计算机，防止屏幕闪烁，防止对视觉的疲劳；

（4）工作 1h 左右，应做眼保健操，并向远处看，及时调节视觉疲劳；

（5）在异常妊娠结局是否与 VDT 有关这个问题未得到证明之前，为保护妇女儿童的合法权益及促进优生优育，应限制孕妇参加 VDT 作业时间，每天不超过 3～4h。

四、视屏作业人员的职业健康检查

视屏作业人员的职业健康检查，分为上岗前和在岗期间两类，其检查方法和检查项目要求见表6-5。

表6-5　　　　　　　　　视屏作业人员职业健康检查方法和检查项目要求

作业状态	问诊	体格检查	实验室及其他检查		目标疾病		检查周期
			必检项目	选检项目	职业病	职业禁忌症	
上岗前	询问上肢、手、腕部有无疼痛伴麻木、针刺感，甩手后症状是否减轻和恢复知觉，以及视觉有无模糊、流泪、眼睛疼痛等病史及症状	内科常规检查，外科常规检查，眼科常规检查	血常规、尿常规、心电图	颈椎正侧位X射线摄片、正中神经传导速度、类风温因子		（1）腕管综合征。（2）类风湿性关节炎。（3）颈椎病。（4）矫正视力小于4.5	
在岗期间	询问上肢、手、腕部有无疼痛伴麻木、针刺感，甩手后症状是否减轻和恢复知觉，以及视觉有无模糊、流泪、眼睛疼痛等症状	内科常规检查，外科常规检查，眼科常规检查	血常规、尿常规、心电图	颈椎正侧位X射线摄片、正中神经传导速度、类风温因子		（1）腕管综合征。（2）类风湿性关节炎。（3）颈椎病。（4）矫正视力小于4.5	1年

第六节　高原作业人员职业健康检查

一、高原

1. 高空、高原和高山均属于低气压环境

高山与高原是指海拔在3000m以上的地点，海拔愈高，氧分压愈低。在低气压下工作，还会遇到强烈的紫外线和红外线，日温差大，温湿度低、气候多变等不利条件。在高原低氧环境下，人体为保持正常活动和进行作业，首先发生功能的适应性变化，逐渐过渡到稳定的适应，约需1～3个月。人对缺氧的适应个体差异很大，一般在海拔3000m以内，能较快适应：3000m以上，部分人需较长时间适应。

2. 低气压对人体的影响

低气压对人体的影响主要是人体对缺氧的适应性及其影响，特别是呼吸和循环系统受到的影响更为明显。在高原地区，大气中氧气随高度的增加而减少，直接影响肺泡气体交换、血液携氧和结合氧在体内释放的速度，使机体供氧不足，产生缺氧。初期，大多数人肺通气量增加，心率加快，部分人血压升高；适应后，心脏每分钟输出量增加后，脉搏输出量也增加。由于肺泡低氧引起肺小动脉和微动脉的收缩，造成肺动脉高压，使右心室肥大，这是心力衰竭的基础。血液中红细胞和血红蛋白有随海拔升高而增多的趋势。血液比重和血液黏滞度的增加也是加重右心室负担因素之一。此外初上高原由于外界低气压，而致腹内气体膨胀，胃肠蠕动受限，消化液（如唾液、胃液和胆汁）减少。常见腹胀、腹泻、上腹疼痛等症状。轻度缺氧可使神经系统兴奋性增高，反射增强，海拔继续升高，则会出现抑郁症状。

二、高原作业人员的职业健康检查

高原作业人员的职业健康检查分为上岗前、在岗期间、离岗时和应急职业健康检查，其检查方法和检查项目要求见表6-6。

表6-6　　　　　　　　高原作业人员职业健康检查方法和检查项目要求

作业状态	问诊	体格检查	实验室及其他检查		目标疾病		检查周期
			必检项目	选检项目	职业病	职业禁忌症	
上岗前	重点询问高血压、心脏病史、造血系统疾病史及中枢神经系统疾病史等	内科常规检查，神经系统常规检查，眼科常规检查	血常规（包括红细胞压积）、尿常规、丙氨酸氨基转移酶、心电图、胸部X射线检查、肺通气功能测定			（1）中枢神经系统器质性疾病。（2）器质性心脏病。（3）高血压。（4）慢性阻塞性肺病。（5）慢性间质性肺病。（6）伴肺功能损害的疾病。（7）贫血。（8）红细胞增多症	
在岗期间	询问神经系统、心血管系统和呼吸系统症状	内科常规检查，神经系统常规检查，眼科常规检查	血常规（包括红细胞压积）、尿常规、丙氨酸氨基转移酶、心电图、胸部X射线摄片、肺通气功能测定	超声心动图	职业性慢性高原病（见 GBZ 92）	（1）中枢神经系统器质性疾病。（2）器质性心脏病。（3）高血压。（4）慢性阻塞性肺病。（5）慢性间质性肺病。（6）伴肺功能损害的疾病。（7）贫血	1年

续表

作业状态	问诊	体格检查	实验室及其他检查		目标疾病		检查周期
			必检项目	选检项目	职业病	职业禁忌症	
离岗时	询问神经系统、心血管系统和呼吸系统症状	内科常规检查，神经系统常规检查，眼科常规检查	血常规（包括红细胞压积）、尿常规、丙氨酸氨基转移酶、心电图、胸部X射线摄片、肺通气功能测定	超声心动图	职业性慢性高原病（见 GBZ 92）		
应急	询问神经系统、心血管系统和呼吸系统症状	内科常规检查，神经系统常规检查，眼科常规及眼底检查	血常规（包括红细胞压积）、尿常规、肝功能、肾功能、电解质、血气分析、心电图、胸部X射线摄片	超声心动图	职业性急性高原病（见 GBZ 92）		

第七章

电力行业贯彻落实《职业病防治法》典型范例

第一节 ××电网公司电网企业作业危害辨识与风险评估方法指导性意见

一、目的

（1）为供电局的危害辨识和风险评估提供操作技术参考。

（2）本标准规定了作业活动过程的危害识别及其危害导致的风险评估方法，适用于对作业危害因素产生的风险及对控制措施的评估工作。

二、规范性引用文件

无

三、定义

（1）危害：可能导致劳动者伤害或职业疾病，财产损失、工作环境破坏或这些情况组合的条件或行为。

（2）风险：某一特定危害可能造成损失或损害的潜在性变成现实的机会，通常表现为某一特定危险情况发生的可能性和后果的组合。

（3）风险评估：辨识危害引发特定事件的可能性、暴露和结果的严重度，并将现有风险水平与规定的标准、目标风险水平进行比较，确定风险是否可以容忍的全过程。

四、要求与方法

1. 区域内部风险评估

区域内部风险评估是对作业的危害辨识与风险评估，主要针对作业任务执行过程进行，目的是掌握危害因素在各工种的分布以及各工种面临风险的大小。评估结果应填写《区域内部风险评估填报表》，该报表有关项目填报要求如下：

（1）工种：是电力生产活动中专业作业活动的分类。如：调度运行、变电运行、变电检修、输电线路、带电作业、继电保护、高压试验、化学试验、汽车驾驶等。

（2）作业任务：指各专业涉及的工作任务。在实际操作中应用同类型归类的方法来梳理工作任务。如：不同电压等级输电线路巡视可归类为"输电架空线路巡视"，同一主接线方式的线路停电操作可归类为"××kV线路停电操作"，同一主接线的母线停电操作可归类为"××kV母线停电操作"等。

（3）作业步骤：即作业过程按照执行功能进行分解、归类的若干个功能阶段。

如"220kV线路停电操作"可分解为操作准备（包括接令与操作票、工器具的准备）、开断路器操作、隔离开关操作、二次设备操作，安全措施布置、记录与归档等几个步骤。

"变压器高压套管更换"可分解为施工准备（包括工作票、作业指导书和工器具、材料准备）、现场安全措施布置、放油、拆除旧套管、安装新套管接线复位、注油、测量与试验、拆除现场安全措施、记录与归档等几个步骤。在分解作业步骤时避免划分过细，以免增加分析的工作量，一般按照完成一个功能单元进行划分。

（4）危害名称：执行每一步骤中存在的可能危及人员、设备、电网和企业形象的危害的具体称谓，作业中经常面临的危害名称可针对《安健环危害因素表》进行选择，表中未涉及的危害一般填写格式为"副词＋名词或动名词"，如"压力不足的车胎""有尖角的设备""使用不合格的安全工器具"等。

（5）危害类别：分为 9 大类，包括：物理危害、化学危害、机械危害、生物危害、人机工效危害、社会—心理危害、行为危害、环境危害、能源危害。

（6）危害分布、特性及产生风险条件：对辨识出的危害，在本单位范围内进行普查，确定其存在的数量、位置、时间以及相关的化学或物理特性，即说明在执行同类作业任务时，该危害存在于哪些地方？有多少？什么时间会涉及？该危害的可能重量、强度、长度等如何？

（7）危害可能导致的风险后果：即现存危害可能引起风险的具体结果信息，包括：人身伤残（列明可能的人体伤、残部位）、人身死亡（列明可能的死亡人数）、设备损坏（列明可能损坏的设备或部件）、事故/事件（列明可能的设备和电网事故，包括特大、重大、较大和一般事故，是否中断安全记录等）、健康受损（列明涉及人员的生理和心理上的可能影响）、环境污染/破坏（列明污染/破坏的环境区域和范围）。

（8）细分风险种类与风险范畴：导致风险的原因及对应的类别参照表 7-1。

表 7-1　　　　　　　　　　导致风险的原因及对应的类别

风险范畴		细分风险种类
安全	人身	坠落、灼（烫）伤、摔绊、扭伤、坍塌、触电、交通意外、夹伤、碰撞、打击、剪切、割伤、刺伤、绞伤、中毒、窒息、咬伤、淹溺、感染、爆炸等
	设备	设备烧损、设备疲劳损坏、设备性能下降、设备破损、设备报废、设备停运
	电网	电压波动、频率波动、系统振荡、系统瓦解、局部停电、大面积停电
健康		职业病、职业性疾病、心理伤害、精神障碍，职业性疾病包括听力受损、视力受损、职业中毒、肺功能障碍、接触性皮肤伤害、肩劳损、腰肌劳损等
环境		土壤污染、水污染、大气污染、生态失衡、工作环境污染等
社会责任		企业声誉形象受损、供电中断、客户投诉

（9）可能暴露于风险的人员、设备及其他信息：即对所评估出的作业风险，确定执行所评估的作业任务涉及的人员数量、作业时间频率、影响的设备或电网范围等。

（10）现有的控制措施：根据确定的风险和风险涉及的人员、设备暴露情况，查找目前已有的控制措施，包括：管理人员风险行为、要求执行巡视检查等的规程制度的名称与具体条款编号；改善电网、设备和控制技术等已经应用的工程技术；防止风险而使用的安全工器具和个人防护、安全标识；保证人员意识和技能而开展的常态性的人员学习与教育培训；为降低风险损失而采取的应急措施等。

（11）风险等级分析。进行风险等级分析时需考虑三个因素：由于危害造成可能事故的后果；暴露于危害因素的频率；完整的事故顺序和发生后果的可能性。

风险评估公式：风险值＝后果(S)×暴露(E)×可能性(P)。

在使用公式时，根据现有的基础数据和风险评估人员的判断与经验确定每个因素分配的数字等级或比重。

1）后果：由于危害造成事故的最可能结果。危害程度及危害后果见表 7 - 2。

表 7 - 2　　　　　　　　　　危害程度及危害后果

序号		后果的严重程度	分值
1	安全	◇可能造成死亡≥3 人；或重伤≥10 人； ◇可能设备或财产损失≥1000 万元； ◇可能造成电网或设备较大及以上事故	100
	健康	◇可能造成 3～9 例无法复原的严重职业病； ◇可能造成 9 例以上很难治愈的职业病	
	环境	◇可能造成大范围环境破坏； ◇可能造成人员死亡、环境恢复困难； ◇可能严重违反国家环境保护法律法规	
	社会责任	◇受国家级媒体负面曝光 ◇受上级政府主管部门处罚或通报 ◇供电中断导致赔偿≥100 万元	
2	安全	◇可能造成 1～2 人死亡；或重伤 3～9 人； ◇可能设备或财产损失为 100 万～1000 万元； ◇可能造成电网或设备 A 类一般事故	50
	健康	◇可能造成 1～2 例无法复原的严重职业病； ◇可能造成 3～9 例以上很难治愈的职业病	
	环境	◇可能造成较大范围的环境破坏； ◇可能影响后果可导致急性疾病或重大伤残，居民需要撤离； ◇可能政府要求整顿	
	社会责任	◇受省级媒体或信息网络负面曝光； ◇受南网公司处罚或通报； ◇供电中断导致赔偿为 10 万～100 万元	
3	安全	◇可能造成重伤 1～2 人； ◇可能设备或财产损失为 10 万～100 万元； ◇可能造成电网或设备 B 类一般事故	25
	健康	◇可能造成 1～2 例难治愈的职业病或造成 3～9 例可治愈的职业病； ◇可能造成 9 例以上与职业有关的疾病	
	环境	◇可能影响到周边居民及生态环境、引起居民抗争	
	社会责任	◇受地市级媒体负面曝光或居民集体联名投诉； ◇受省公司处罚或通报； ◇供电中断导致赔偿为 1 万～10 万元	

续表

序号		后果的严重程序	分值
4	安全	◇可能造成轻伤 3 人以上； ◇可能设备或财产损失为 1 万～10 万元； ◇可能造成电网或设备一类障碍	15
	健康	◇可能造成 1～2 例可治愈的职业病； ◇可能造成 3～9 例与职业有关的疾病	
	环境	◇可能对周边居民及环境有些影响，引起居民抱怨、投诉	
	社会责任	◇受县区级媒体负面曝光或居民集体联名投诉； ◇受本单位处罚或通报； ◇供电中断导致赔偿为 1000～1 万元	
5	安全	◇可能造成轻伤 1～2 人； ◇可能设备或财产损失为 1000～1 万元； ◇可能造成电网或设备二类障碍	5
	健康	◇可能造成 1～2 例与职业有关的疾病； ◇可能造成 3～9 例有影响健康的事件	
	环境	◇可能轻度影响到周边居民及小范围（现场）生态环境	
	社会责任	◇部分居民投诉； ◇受本单位内部批评； ◇供电中断导致赔偿为 100～1000 元	
6	安全	◇可能造成人员轻微的伤害（小的割伤、擦伤、撞伤）； ◇可能设备或财产损失在 1000 元以下； ◇可能造成电网或设备异常	1
	健康	◇可能造成 1～2 例有健康影响的事件	
	环境	◇可能对现场景观有轻度影响	
	社会责任	◇个别居民投诉； ◇供电中断导致赔偿在 100 元以下	

2）暴露：是危害引发最可能后果的事故序列中第一个意外事件发生的频率。引发事故序列的第一个意外事件发生的频率见表 7 - 3。

表 7 - 3　　　　　　　引发事故序列的第一个意外事件发生的频率

序号	引发事故序列的第一个意外事件发生的频率		分值
	安全、环境	职业健康	
1	持续（每天许多次）	暴露期大于 2 倍的法定极限值	10
2	经常（大概每天一次）	暴露期介于 1～2 倍法定极限值之间	6
3	有时（从每周一次到每月一次）	暴露期在法定极限值内	3

续表

序号	引发事故序列的第一个意外事件发生的频率		分值
	安全、环境	职业健康	
4	偶尔（从每月一次到每年一次）	暴露期在正常允许水平和法定极限值之间	2
5	很少（据说曾经发生过）	暴露期在正常允许水平内	1
6	特别少（没有发生过，但有发生的可能性）	暴露期低于正常允许水平	0.5

3) 可能性：即一旦意外事件发生，随时间形成完整事故顺序并导致结果的可能性。事故序列发生的可能性见表 7-4。

表 7-4 事故序列发生的可能性

序号	事故序列发生的可能性		分值
	安全、环境	职业健康	
1	如果危害事件发生，即产生最可能和预期的结果（100%）	频繁：平均每 6 个月发生一次	10
2	十分可能（50%）	持续：平均每 1 年发生一次	6
3	可能（25%）	经常：平均每 1～2 年发生一次	3
4	很少的可能性，据说曾经发生过	偶然：3～9 年发生一次	1
5	相当少但确有可能，多年没有发生过	很难：10～20 年发生一次	0.5
6	百万分之一的可能性，尽管暴露了许多年，但从来没有发生过	罕见：几乎从未发生过	0.1

4) 风险等级：根据计算得出的风险值，可以按下面关系式确认其风险等级和应对措施。风险等级可分为"特高""高""中""低""可接受"。

◇特高的风险：400≤风险值，考虑放弃、停止；

◇高风险：200≤风险值＜400，需要立即采取纠正措施；

◇中等风险：70≤风险值＜200，需要采取措施进行纠正；

◇低风险：20≤风险值＜70，需要进行关注；

◇可接受的风险：风险值＜20，容忍。

（12）建议采取的控制措施：对评估结果中风险值大于 70 的，应提出控制风险的措施建议，控制措施建议可从管理措施和工程技术措施两个方面提出，优先考虑工程技术措施。

（13）控制措施的有效性：是估计提议的控制措施消除或减轻危险的程度，按照表 7-5 进行选择相应等级。

表 7-5 纠正程度与等级的关系

序号	纠正程度	等级
1	肯定消除危害，100%	1
2	风险至少降低 75%，但不是完全	2
3	风险降低 50%～75%	3

续表

序号	纠正程度	等级
4	风险降低25%～50%	4
5	对风险的影响小（低于25%）	6

（14）措施成本因素：根据所提出的建议措施，估计可能需要花费的成本并对应表7-6选择相应等级。

表7-6 成本因素对应的等级

序号	成本因素	等级
1	超过500万元	10
2	100万～500万元	6
3	50万～100万元	4
4	10万～50万元	3
5	5万～10万元	2
6	1万～5万元	1
7	1万元以下	0.5

（15）措施判断结果：计算出具体的判断数值，计算公式为：

$$判断(J) = \frac{风险值}{成本因素 \times 纠正程度}$$

判断（J）≥10，预期的控制措施的费用支出恰当；判断（J）＜10，预期的控制措施的费用支出不恰当。

（16）建议的措施是否采纳：在"是"或"否"栏根据判断结果以及现场的可操作性、适宜性、资源情况等综合进行差别后确定。

2. 区域外部风险评估

针对作业活动区域外的危害因素进行的风险评估，主要是针对可能造成电网、设备和作业人员安全的自然灾害、地理环境、外界人员或物质评估其风险，目的是为应急管理提供输入。评估结果应填写《区域内外部风险评估填报表》，该报表有关项目填报要求如下：

（1）区域：为部门、单位或班组所管辖的可能存在危害因素的区域。如"××变电站""××线路走廊××段"等。

（2）《区域内外部风险评估填报表》的其他内容与区域内风险评估要求相同。其中"可能暴露与风险的人员、设备等其他信息"是对查找出来的外部环境风险，确定暴露与该环境下的人员数量与时间频率、设备类别与数量。

五、附录

（1）附录一：安健环危害因素表（表7-7）。

（2）附录二：区域内风险评估填报表（略）。

（3）附录三：区域外风险评估填报表（略）。

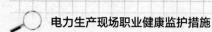

（4）附录四：案例：110kV 线路停电操作（略）。

附录一：

表 7 - 7　　　　　　　　　　　　**安健环危害因素表**

危害类别	可能的危害因素
物理危害	● 噪声
	● 振动
	● 容易碰撞的设备、设施
	● 有缺陷的设备、设施或部件
	● 不平整的地面
	● 高温、气体、液体、固体与其率高温物质
	● 低温、气体、液体、固体与其率高温物质
	● 尖锐的物体
	● 锋利的刀具
	● 质量不合格的工器具
	● 陡的山路
	● 电磁辐射
化学危害	● SF_6 气体及其分解物
	● 强酸
	● 强碱
	● 甲醛气体
	● 挥发的油漆
	● 铅
	● 热镀中的锡蒸汽
	● 残余的有机磷
	● 电焊中的锰蒸汽
	● 电缆外壳燃烧产生的有害气体
	● 试验中产生的有害气体
	● 打印机、复印机排出的有害气体
	● CO_2
	● CO
生物危害	● 细菌
	● 有毒的植物
	● 昆虫（马蜂等）
	● 狗
	● 蛇
	● 霉菌
	● 病毒

续表

危害类别	可能的危害因素
人机工效危害	● 设计差、不方便使用的工具
	● 狭小的作业空间
	● 重复运动
	● 人工运输或处理
	● 繁琐的设计或技术
	● 过于发力
	● 差的接触面
	● 不符合习惯的信息
	● 不方便搬运物品的通道
	● 不方便操作的设备
	● 光线不合理
	● 空气质量不合格
	● 作业环境有噪声
	● 作业环境有震动
社会—心理危害	● 监视的压力
	● 失意
	● 胁迫
	● 工作压力
	● 社会福利问题
	● 危险的工作
	● 与同事关系不好
	● 家庭不和睦
行为危害	● 误操作
	● 喜怒无常的行为
	● 缺乏技能
	● 缺乏经验
	● 不按规定使用安全工器具/个人防护用品
	● 不按规定程序作业
	● 超速驾驶
	● 疲劳工作
	● 酒后作业

危害类别	可能的危害因素
环境危害	● 反常的环境
	● 高温
	● 限制空间
	● 照明不足
	● 阴霾
	● 灰尘
	● 潮湿
	● 暴雨
能源危害	● 电
	● 高处的物体
	● 高处作业
	● 高压力
	● 台风
	● 雷电
机械危害	● 滚动的物体
	● 转动的设备
	● 滑动的物体

第二节 ××电网公司职业健康管理标准

一、总则

（1）为控制与职业健康相关的危害与风险，实施完善的职业卫生监测及职业医疗服务，确保员工具有执行工作所需的健康身体与精神能力，确保各生产、办公场所能满足员工健康要求，特制定本标准。

（2）本标准规定了职业健康风险控制、职业卫生监测、职业医疗及康复的管理要求，适用于××电网公司（以下简称"公司"）本部、直属供电局、区局和县级供电子公司职业健康的组织管理。

二、规范性引用文件

（略）

三、术语和定义

（1）职业健康：是研究并预防因工作导致的疾病，防止原有疾病的恶化，主要表现为工作中因环境及接触有害因素引起人体生理机能的变化。它通过预测、识别、评价、控制和管理工作场所的危害，保护和提高员工健康和生产力。职业健康危害包括化学、物理、人机工程、生物、射频、压力、室内空气质量等方面危害。

(2) 职业卫生：是研究人类从事各种职业劳动过程中的卫生问题，它以职工的健康在职业活动过程中免受有害因素侵害为目的，其中包括劳动环境对劳动者健康的影响以及防止职业性危害的对策。只有创造合理的劳动工作条件，才能使所有从事劳动的人员在体格、精神、社会适应等方面都保持健康。只有防止职业病和与职业有关的疾病，才能同时提高生产效率和社会效益。因此，职业卫生实际上是指对各种工作中的职业病危害因素所致损害或疾病的预防，属预防医学的范畴。

(3) 职业健康监护：是以预防为目的，根据劳动者的职业接触史，通过定期或不定期的医学健康检查和健康相关资料的收集，连续性地监测劳动者的健康状况，分析劳动者健康变化与所接触的职业病危害因素的关系，并及时地将健康检查和资料分析结果报告给用人单位和劳动者本人，以便及时采取干预措施，保护劳动者健康。职业健康监护主要包括职业健康检查和职业健康监护档案管理等内容。职业健康检查包括上岗前、在岗期间、离岗时和离岗后医学随访以及应急健康检查。

(4) 职业病：是指企业、事业单位和个体经济组织的劳动者在职业活动中，因接触粉尘、放射性物质和其他有毒、有害物质等因素而引起的疾病。职业病的分类和目录由国务院卫生行政部门会同国科院劳动保障行政部门规定、调整并公布。

(5) 职业禁忌症：是指劳动者从事特定职业或接触特定职业病危害因素时，比一般职业人群更易于遭受职业病危害和罹患职业病或者可能导致原有自身疾病病情加重，或者在作业过程中诱发可能导致对他人生命健康构成危险的疾病的个人特殊生理或病理状态。

四、职责

(1) 公司各级安全生产第一责任人对本单位职业健康管理工作负领导责任，保证职业健康风险控制资金、职工健康体检及医疗、康复费用落实到位。

(2) 公司各级安全生产直接责任人对本单位职业健康管理工作负直接领导责任，保证持续改善劳动条件、环境及治理危害职业健康作业场所措施计划的落实。

(3) 公司各级工会对本单位职业健康管理工作负监督责任。

(4) 公司各级人事部是员工职业健康的主管部门，负责牵头组织职业健康危害评价，根据职业健康风险控制计划，组织员工职业健康知识、急救知识和能力培训、教育；根据员工身体健康状况，按相关规定进行人员岗位调配。

(5) 公司各级安全监察部负责组织编制改善劳动条件、治理危害职业健康作业场所的措施计划，对落实情况进行监督检查。

(6) 公司各级生产技术部负责组织生产（作业）场所的改造以满足职工健康的要求。

(7) 公司各级工会负责本单位职业健康知识宣传工作；协助各级保健站（医务室）组织离退休职工年度体检工作；监督有关部门做好职业医疗康复、职业卫生监测和职业病防治工作。

(8) 公司各级财务部负责职业健康风险控制资金和员工健康体检及医疗、康复费用落实到位。

(9) 公司各级保健站（医务室）负责员工体检、职业医疗与康复、职业病防治的具体工作；管理医疗康复设施、急救设备及药品，建立员工体检档案；协助做好员工急救知识和能力的培训工作。

（10）公司本部机关服务中心负责生产、办公场所的文明卫生工作和职工食堂食品加工过程的风险管理，组织开展职业卫生监测工作。

（11）各直属单位及县级供电子公司办公室负责生产、办公场所的文明卫生工作和职工食堂食品加工过程的风险管理，组织开展职业卫生监测工作。

（12）各直属单位区局综合部负责生产、办公场所的文明卫生工作和职工食堂食品加工过程的风险管理，组织开展职业卫生监测工作。

五、管理内容与方法

1. 职业健康防护

（1）由各级人事部负责牵头组织本单位安全监察部、生产技术部、工会、保健站（医务室）、办公室（公司本部为机关服务中心、各直属单位区局为综合部）根据《××电网公司职业健康管理标准》全面、充分、持续识别本单位内可能存在职业健康危害的岗位、场所，对其可能导致的风险进行评估，作为开展职业健康防护工作的依据；每三年至少进行一次职业危害现状评价，评价结果应存入本单位的职业危害防治档案，向从业人员公布，并向所在地安全生产监督管理部门报告。

（2）各级安全监察部在制订本单位年度安全措施计划时应包括改善劳动条件、治理危害职业健康的作业场所和职工劳动保护等方面的职业健康风险控制计划；制订措施计划时应综合考虑工程控制、管理控制、行为控制、个人防护等风险控制方法，并优先采用工程控制。

（3）各级生产技术部根据每年的职业健康风险控制计划申请资金，组织安排对存在危害职业健康的生产（作业）场所进行改造，并确保按期完成。

（4）各级安全监察部需对职业健康风险控制计划的实施进行经常性的检查督促；各级工会通过三级劳动保护监督检查网络进行监督并掌握其实施情况，多方位督促职业健康风险控制计划的落实。

（5）各单位（部门）应确保职业健康风险控制计划在本单位（部门）的落实与执行，并结合现场实际，持续识别在生产、工作过程中出现的新的职业健康危害因素。

（6）各级保健站（医务室）应组织对全局工作区域可能发生的传染性疾病进行预防，制订预防和控制措施；根据员工工作中所接触的危害源或区域流行病等情况，提供相应的医疗保护或免疫措施。

（7）各级办公室（公司本部为机关服务中心、各直属单位区局为综合部）应建立本单位的文明卫生制度，包括垃圾分类处理、定期除"四害"等规定；设置必要的卫生设施，指定专人或委托符合资质的物业管理公司进行管理，保持场所的清洁和符合卫生标准；应建立食堂管理制度，包括人员、食品、检查、监督等。

（8）各级工会采取健康常识讲座、宣传栏、EIP 信息发布、企业报刊等形式开展职业健康知识宣传工作，增强员工的防病意识，树立防患胜于治疗的理念；相关的职业健康知识由本单位保健站（医务室）负责提供。

（9）各级人事部需通过组织员工培训的方式，使员工熟悉职工健康知识、熟练掌握《紧急救护法》和应急处理方法，并知道在日常工作期间、非常规工作期间以及无医疗人员时如何自救和获取外界帮助；相关的培训工作由本单位保健站（医务室）协助进行。

（10）各单位（包括部门、班组）负责人应关注其下级员工的心理健康；各级工会通过开展文体活动、心理健康辅导讲座等形式为员工舒缓压力和提高员工心理自我调节能力；有必要时，由保健站（医务室）医生或由保健站（医务室）聘请心理医生（专家）进行个别员工心理辅导。

2. 职业卫生监测与控制

（1）各级办公室（公司本部为机关服务中心、各直属单位区局为综合部）应根据风险评估结果，确定需要监测的职业卫生危害因素，并制订监测计划。

（2）监测计划应确定监测项目、监测时间、监测地点、监测方法；必要时可委托专业机构进行监测（选择专业机构时应确保机构的能力满足监测要求）。

（3）各级办公室（公司本部为机关服务中心、各直属单位区局为综合部）会同保健站（医务室）每季度对监测结果进行分析，识别职业健康危害控制措施的适宜性与有效性，并将分析结果提交本单位安全生产委员会。

（4）监测结果应公告并张贴在现场显著位置。

（5）根据职业健康危害评估报告，在可能产生职业健康危害的岗位，必须提供合适的劳动防护用品，并确保职工能够正确佩戴使用。

（6）公司各级所有生产、办公场所应建立文明卫生制度，设置必要的卫生设施，并指定专人或委托物业公司进行管理；并注意定期检查维修，定期清理，保持清洁和符合卫生标准。

（7）公司各级所有生产、办公场所应进行垃圾分类处理，定期除"四害"。

（8）公司各级设置职工食堂应符合饮食卫生标准，并应建立制度防止发生食物中毒和传染流行病；职工应在指定区域就餐。

3. 职业医疗与康复

（1）各级保健站（医务室）负责本单位职工内部的日常医疗诊治、保健咨询及对外就诊的医疗公共关系联络。

（2）员工身体检查。

1）各级保健站（医务室）应在每年年初制订员工身体检查计划并具体组织实施（可委托三级乙等以上的医疗机构进行），各级保健站（医务室）的主管部门协助实施。

2）所有在职员工每年需进行一次常规的身体检查（必要时增加与其工作密切相关的项目）。

3）医疗检查项目应每年根据法律法规或作业环境的变化进行回顾更新。

4）女员工需增加妇科检查。

5）职工按年龄段相应增加检查项目。

6）特殊工种人员、有害环境作业人员需按有关规定进行复审体检。

7）换岗人员如新岗位有特殊的身体健康条件要求的应进行复审体检。

8）食堂工作人员必须严格按照卫生防疫部门要求进行健康检查。

9）新员工聘用前必须进行常规的身体健康检查。

10）各级保健站（医务室）根据其体检结果对在职员工的身体能力是否满足所在岗位或新岗位的要求以及新员工的身体能力是否与应聘岗位相适应提出建议。

11）对是否患有职业病由各级保健站（医务室）协同政府鉴定部门按有关程序进行确认。

12）员工体检结果应作为员工工作岗位、工作任务安排的依据之一。

（3）统计分析与医疗康复。

1）各级保健站（医务室）在职工体检结束后做出总结分析报告（可委托职业健康专业机构进行）交本单位人事部和工会；内容主要包括人员健康状况及变化趋势、职业禁忌症者和职业病患者、多发疾病及分布情况、相应的控制措施等。

2）按照同步体检、同时建档、同步治疗、同步预防的原则，各级保健站（医务室）应尽快将体检结果通知本人，对需要治疗的员工及时做出治疗指导，就多发病对员工做出预防指引。

3）对体检中发现的职业病患者，应尽快安排治疗；经治疗后确认其不宜继续从事原有害作业或工作的，由各级人事部做出转岗安排。

4）对体检中发现的职业禁忌症者，由各级人事部根据其实际情况做出转岗安排。

5）各级人事部应结合国家法律法规要求制定员工健康康复政策，对患病员工或需永久性药物帮助的员工给予政策性（如岗位、劳动时间、福利等）帮助和指引，本单位保健站（医务室）协助其康复治疗，使其尽快重返工作岗位。

4．急救设施及药品控制

（1）各级保健站（医务室）协助本单位依据风险配置适当的医疗急救设施和药品，建立设备、药品清单和管理制度，定期进行清理和补充、维护与校验，并填写《医疗设备维护校验表》（附录一）以做好记录，确保处于安全、可用状态。

（2）公司各级所有变电站、供电所、班组、办公场所及线路施工现场应配置急救箱，急救箱内应按现场风险要求放置急救药品和《应急药品使用登记表》（附录二）。

（3）生产（施工）作业现场应设急救员；各级保健站（医务室）需协助对急救员进行健康和急救知识培训，并由专业管理部门发给急救合格证。

（4）急救药箱放置位置和急救员名单应在现场明确标示。

（5）各级保健站（医务室）配置的药物应符合有关医药卫生管理条例要求，建立药物清单与台账，并进行定期检查；过期药物按有关规定及时处理；药品发放（如急救箱药品）应由专职医生批准，并应填写《药品发放登记表》（附录三），做好记录。

5．记录保存

（1）体检记录应由各级保健站（医务室）存档至少5年并应保密。

（2）各级人事部应永久保存每个员工的入职前、调动到特殊工种岗位的体检记录。

（3）《医疗设备维护校验表》《应急药品使用登记表》《药品发放登记表》应由各级保健站（医务室）至少保存3年。

六、附则

（1）本标准由公司工会负责解释。

（2）本标准从发布之日起正式实施。

（3）附录。

1）附录一：《医疗设备维护校验表》（表7-8）。

2）附录二：《应急药品使用登记表》（表 7 - 9）。

3）附录三：《药品发放登记表》（表 7 - 10）。

附录一：

表 7 - 8　　　　　　　　　　　　　　**医疗设备维护校验表**

编号：　　　　　　　　　　　　　　　　　　　　　　　　　　　　　页码：　／

序号	名称	规格	编号	检验情况			下次检验时间
				日期	结论	检验人	
编制		日期		审核		日期	

附录二：

表 7 - 9　　　　　　　　　　　　　　**应急药品使用登记表**

编号：　　　　　　　　　　　　　　　　　　　　　　　　　　　　　页码：　／

序号	使用的应急药品名称及原因	使用数量	使用日期	使用人	备注

附录三：

表 7 - 10　　　　　　　　　　　　　　**药 品 发 放 登 记 表**

编号：　　　　　　　　　　　　　　　　　　　　　　　　　　　　　页码：　／

序号	药品名称	数量	领用人	经手人	日期

第三节 ××输变电工程公司职业健康安全与环境管理专项施工方案

一、编制依据

（略）

二、工程概况

（略）

三、工程目标

1. 安全生产目标

确保安全无事故，争创标化工地。

安全工作是搞好生产的重要因素，关系到国家、企业和职工的切身利益，因此在施工过程中必须认真贯彻"安全第一、预防为主"的方针，广泛应用安全系数工程和事故分析方法，严格控制和防止各类伤亡事故。

本标段工程施工做到职工因工伤亡指数为零，确保施工场地内的人员及设备安全；机电设备、电器设备、小型机电检查率达100％；特种作业人员持证上岗率达100％；做到无工程事故和重大设备、人身伤害事故，坚决实现"五杜绝"，即杜绝施工死亡事故，杜绝多人伤亡事故，杜绝重大机械事故，杜绝重大交通事故，杜绝重大火灾事故，创标化工地。

2. 文明施工目标

做整治、有序工地，争创标化工地。

文明施工是保持施工现场良好的作业环境、卫生环境和工作秩序的基础，通过科学组织施工，使生产有序进行，加强现场管理、规范施工现场的场容场貌，保持作业环境的整治卫生，实现施工期间外界向业主投拆率为"零"的目标。

3. 环境保护目标

争创绿色工程。

按标准化工地建设的要求做好驻地建设、文明施工，争创安全生产、文明施工双标化工地，通过各种手段控制现场的粉尘、废水、废气、固体废弃物、噪声振动等对环境的污染和危害，争创绿色工程。

四、职业健康安全和环境方针

1. 本公司职业健康安全方针

本公司的职业健康安全方针是：预防为主、控制保护；强化监督、有法可依；以人为本、提高素质；科学管理、持续改进。职业健康安全方针阐述如下：

（1）预防为主、控制保护：施工监理现场所处的环境具有较高的职业健康安全风险，以预防为主作为基本原则，常鸣警钟，以对风险进行分级控制，加强对员工职业健康安全保护措施，使风险降到最低。

（2）强化监督、有法可依：公司公开承诺接受员工和社会监督，遵守国家有关职业健康安全的强制性法律、法规。

（3）以人为本、提高素质：人是最宝贵的资源和财产，以人为本的管理理念是社会发展的象征，因此要对员工提供各种职业健康安全培训、提高员工的健康安全意识和能力。

（4）科学管理、持续改进：在职业健康安全管理中，人的因素是第一，在利益权衡时，人的安全健康是第一，不断地改进职业健康安全业绩，进而持续改进管理体系是公司永恒追求的目标。

职业健康安全目标：做好火灾预防，杜绝火灾发生。劳动保护用品及时发放，发放率为100％。预防职业病，病发率为零。安全事故零发生率。

2. 本公司的环境方针

（1）作为地球上的劳动者，有义务保护环境、预防污染、节约能源、持续改善。

（2）本公司把维护环境作为公司经营的重要课题，建立并维持环境管理体系。

（3）严格遵守与环境相关的法律、法规及其他要求事项。

（4）此环境方针确保为所有员工和代表公司的员工了解，并为公众所认知。

（5）在本公司持续推进环境保护活动中，同时把环境保护理念传达给本公司事业活动中的相关方，必要时协助相关方进行应有的改善，以达到环境保护的目的。

五、施工管理网络及保证体系

为确保安全生产目标、文明施工目标及环境保护目标的实现，建立健全的施工管理网络，制订完善的保证体系，使各项工作制度化、经常化、贯穿施工全过程。项目部由项目经理、项目副经理直接领导成立工地安全文明环保管理部，设专职安全员、文明施工员、作业队、工班设兼职的安全员、文明施工员。

（1）职业健康安全管理组织机构，如图7-1所示。

（2）文明施工环境保护管理组织机构，如图7-2所示。

（3）职业健康安全及文明施工环境保护保证体系框图，如图7-3所示。

（4）职业健康安全及文明施工环境保护检查、控制程序框图，如图7-4所示。

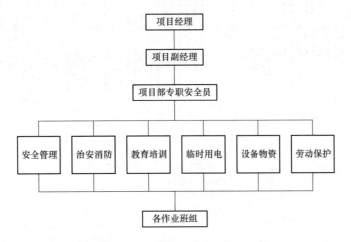

图7-1　职业健康安全管理组织机构

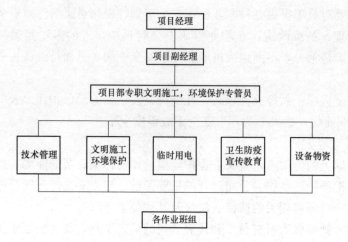

图 7-2 文明施工环境保护管理组织机构

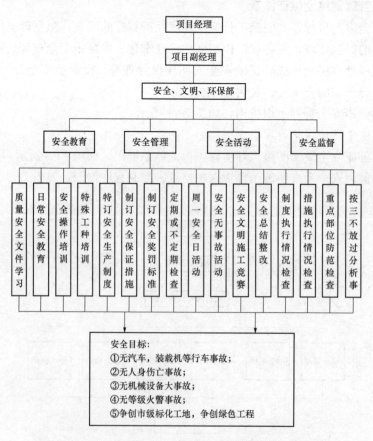

图 7-3 职业健康安全及文明施工环境保护保证体系框图

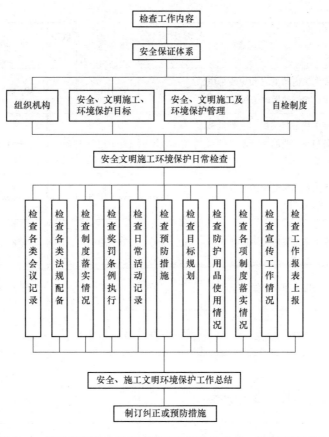

图 7-4　职业健康安全及文明施工环境保护检查、控制程序框图

六、职业健康、安全生产管理

1. 本项目重大职业健康安全危险源清单

本项目重大职业健康安全危险源清单，涉及活动、风险等级及现有控制措施，详见表7-11。

表 7-11　　　　　　　　　　　重大职业安全健康危险源清单

序号	类别/可能事故	危险源/危害因素	涉及部门/场所	涉及活动	风险等级	现有控制措施	备注
1	触电	潜水泵保护装置不灵敏、使用不合理，无专人监护	施工现场	施工用电	A	现场检查把关	
		使用 I 类手持电动工具未按规定穿戴绝缘用品	施工现场	施工用电	A	现场检查把关	
		临时用电未采用"NT-S"系统或未达到三级配电、三级保护	施工现场	施工用电	A	按规章检查把关	

序号	类别/ 可能事故	危险源/危害因素	涉及部门/ 场所	涉及活动	风险 等级	现有控制措施	备注
1	触电	配电箱内的电器和导线带电裸露，相线使用端子板连接	施工现场	施工用电	A	现场检查把关	
		高压线下起重机作业或机械设备与高压线的垂直距离或水平距离不足	施工现场	施工用电	A	按规章检查把关	
		无关箱无漏电保护器或漏电保护器失灵	施工现场	施工用电	B	现场检查把关	
		电工未按规定程序送电	施工现场	施工用电	B	现场检查把关	
		工地随意拖拉电线	施工现场	施工用电	B	现场检查把关	
		非电工操作	施工现场	施工用电	B	按持证上岗制度把关	
		民工、新工人安全用电教育不到位，未执行安全用电规定	施工现场	施工用电	A	加强现场安全用电教育	
2	高处坠落	25cm×25cm 以上洞口无防护	施工现场	施工用电	B	现场检查把关	
		深基坑施工无临边防护措施或防护不符合要求	施工现场	基坑施工	A	现场检查把关	
		操作面未设防护栏杆和挡脚杆	施工现场	脚手架和安全网搭拆作业	B	现场检查把关	
		2m 以上高处模板作业无可靠立足点	施工现场	模板工程	A	现场检查把关	
		悬空作业未系安全带	施工现场	高处作业	A	安全交底、现场检查把关	
		乘坐除升降机外的机械上高处作业	施工现场	高处作业	A	安全交底、现场检查把关	
		未移交的排水窨井口无防护措施或防护措施失效	施工现场	排水及道路工程施工	B	现场检查把关	

续表

序号	类别/可能事故	危险源/危害因素	涉及部门/场所	涉及活动	风险等级	现有控制措施	备注
3	火灾/爆炸	焊渣引燃引起明火	施工现场	电焊、气割作业	B	安全交底、现场检查把关	
		消防重点部位（木工车间、油料场所、配电室或仓库等）未配备消防器材或明火作业	施工现场	防火作业	A	现场检查把关	
		施工现场禁烟区内吸烟	施工现场	防火作业	A	现场检查把关	
		化学危险品未按规定存放使用	施工现场	化学危险品使用与储存	A	安全交底、现场检查把关	
		氧气瓶、乙炔瓶和焊点间安全距离不足	施工现场	电焊、气割作业	B	现场检查把关	
		禁止烟火地区未领动火证	施工现场	电焊、气割作业	B	现场检查把关	
4	坍塌倒塌	土方施工时放坡不符合规定或槽钢入土深度不足	施工现场	基坑施工	A	按方案现场检查把关	
		在沟槽边安全距离内堆土、堆料、停置机具等	施工现场	基坑施工	A	按方案现场检查把关	
		未按规定对毗邻发建筑物和重要管线和道路地面进行沉降观测	施工现场	基坑施工	B	按方案现场检查把关	
		基坑支护设施已产生局部变形未采取措施进行控制	施工现场	基坑施工	A	按方案现场检查把关	
		无施工方案或施工方案无针对性	施工现场	脚手架、支架搭拆、基坑支护	B	按施工组织设计管理办法把关	
		临时宿舍紧靠广告牌搭建，没有相应防护措施	施工现场	雨季施工	B	做好必要的防护措施	

续表

序号	类别/可能事故	危险源/危害因素	涉及部门/场所	涉及活动	风险等级	现有控制措施	备注
5	机械伤害	机械设备维修、保养时未切割电源或开关	施工现场	机械作业	A	现场检查把关	
		机械无防护装置或防护装置有缺陷	施工现场	机械作业	A	按规定检查把关	
		高空抛物	施工现场	高处作业	B	现场检查把关	
		作业人员不戴安全帽	施工现场	施工全过程	A	现场检查把关	
		使用不合格吊索具、不正确使用（选用）吊索具	施工现场	起重吊装作业	A	现场检查把关	
		司机无证上岗作业或酒后操作	施工现场	起重吊装作业	B	现场检查把关	
		人员在起重臂和吊起重物下面作业、行走、停留	施工现场	起重吊装作业	B	现场检查把关	
		料斗或钢筋笼升起时下方有操作人员或有人穿行	施工现场	基础作业	A	现场检查把关	
6	中毒	进入古井、旧井及下水道内未进行充分的通风	施工现场	排水工程施工	B	现场检查把关	
		厨房内外不卫生、炊具不干净、食物变质、食堂保管生熟食物不分开	施工现场	生活后勤	A	按食堂管理制度检查把关	
7	交通事故	车辆伤害	施工现场	围挡、物资运输	A	现场检查把关	

2. 职业安全健康危险源辨识清单

本项目职业健康危险源辨识清单、时态、状态、类型及初步评价见表 7-12。

表 7 - 12　　　　　　　　　　　　职业安全健康危险源辨识清单

过程	活动内容	序号	危险源	时态			状态			类型							初步评价		备注
				过去	现在	将来	正常	异常	紧急	物理	化学	心理	生理	生物	行为	其他	不可接受	可接受	
高架桥施工	防火作业	1	氧气、乙炔气管混用	√			√				√						√		
		2	消防设备、工具、器材设备不符合规定	√			√			√							√		
		3	建筑物内存放易燃易爆材料无防护措施	√			√			√	√						√		
		4	施工现场未经批准，使用电热器具	√			√			√							√		
		5	施工现场禁烟区内吸烟	√			√			√	√						√		
		6	木工操作时间和油漆工配料间吸烟或明火作业	√			√			√							√		
		7	建筑内外无消防通道或通道不畅通	√			√			√							√		
		8	消防重点部位（木工、油料场所、配电室或仓库等）未配备消防器材	√			√			√							√		
		9	氧气瓶、乙炔瓶平放卧倒	√			√										√		
		10	氧气瓶、乙炔瓶暴晒	√			√										√		
		11	气瓶无防护震圈和防护帽	√			√			√							√		
	钢结构制作	12	人员违章	√		√	√	√		√		√	√				√		
		13	操作不当或吊具损坏	√		√	√			√							√		
		14	设备无防雨措施	√		√	√			√							√		
		15	机械防护不到位或无防护	√		√	√			√							√		

续表

过程	活动内容	序号	危险源	时态			状态			类型							初步评价		备注
				过去	现在	将来	正常	异常	紧急	物理	化学	心理	生理	生物	行为	其他	不可接受	可接受	
高架桥施工	机械作业	16	倒灰工不戴防尘口罩	√		√	√			√							√		
		17	电动工具在含有易燃、易爆或腐蚀性气体等特殊环境中使用	√		√				√							√		
		18	驾驶员违章行驶	√			√			√							√		
		19	未采取消音、吸音措施	√		√	√			√			√					√	
		20	机械无防护装置或防护装置有缺陷	√		√				√							√		
		21	机械设备维修、保养时未切断电源或开关	√			√			√							√		
		22	设备无人操作时未切断电源，配电条未上锁	√			√			√							√		
		23	设备未按时进行维修保养	√			√			√							√		
		24	当发现设备漏保、失修或超载带病运转时，未按规定停止使用	√			√			√							√		
		25	圆盘踞未按规定设置锯盘护罩，分料器、防护挡板的安全装置	√			√			√							√		
		26	钢筋机械的冷拉和对焊作业区无防护装置	√			√			√							√		
		27	拌和机的离合器、制动器、钢丝绳达不到要求	√		√				√							√		
		28	搅拌机的料斗无保险挂钩或有挂钩不使用	√			√			√							√		
		29	机械设备安装、拆除未按操作规程作业	√			√			√							√		
		30	使用手持电动工具随意接长电源线或更换插头	√		√	√			√							√		

续表

过程	活动内容	序号	危险源	时态			状态			类型							初步评价		备注
				过去	现在	将来	正常	异常	紧急	物理	化学	心理	生理	生物	行为	其他	不可接受	可接受	
高架桥施工	物资装卸及化学品储存与使用	31	建筑材料未按规定堆放	√			√			√							√		
		32	物资装卸未按规定操作	√			√			√							√		
		33	化学危险品未按规定存放与使用	√			√				√						√		
		34	化学危险品储存使用过程中泄漏挥发	√			√				√						√		
		35	喷漆作业不使用防护口罩	√			√				√						√		
		36	易燃易爆仓库无良好的通风条件，且仓库照明等电器设备不符合防火规定	√			√				√						√		
	起重吊装作业	37	起重指挥人员不了解起重机械性能	√			√			√							√		
		38	人员在起重臂和吊起重物下面作业、行走、停留	√		√	√			√							√		
		39	操作失误或违章	√				√		√					√		√		
		40	司机无证上岗作业或酒后操作	√			√						√		√		√		
		41	使用不合格吊索具，或不正确使用（选用）吊索具	√			√			√							√		
		42	无防护设施或不全	√			√			√							√		
		43	限位保险装置不灵	√				√		√							√		
		44	吊钩无保险装置	√			√			√							√		

过程	活动内容	序号	危险源	时态			状态			类型							初步评价		备注
				过去	现在	将来	正常	异常	紧急	物理	化学	心理	生理	生物	行为	其他	不可接受	可接受	
高架桥施工	焊接作业	45	焊割时未配备灭火器材	√			√			√							√		
		46	禁止烟火地区未领取动火证	√			√			√							√		
		47	焊接时产生高温灼伤未按要求带防护面具衣防护套	√			√			√							√		
		48	焊接时弧光辐射	√			√			√							√		
		49	电气焊明火作业违章操作或作业垂直下方有孔洞未封闭	√			√			√							√		
		50	焊接作业和木工、油漆、防火交叉作业	√			√			√							√		
		51	非电焊工操作	√			√			√					√		√		
		52	焊渣隐燃引起明火	√				√	√	√									
		53	电焊机一次线长度大于5m,二次线长度大于30m,两侧接线未压牢	√			√			√							√		
		54	电焊机放置的地方没有防雨,防砸措施	√			√			√							√		
		55	电焊机周围不堆放易燃易爆物品和其他杂物	√			√			√							√		
		56	电焊机的焊钳和焊把线有破损或绝缘不好	√			√			√							√		
		57	焊把线与回路零线没有双线到位,借用金属管道、金属脚手架、金属轨架等作为接地线	√			√			√							√		
		58	二次线泡在水中,并被物料压在下方	√			√			√							√		
		59	在密闭场所施焊无排风措施	√			√			√				√			√		
		60	氧气瓶、乙炔瓶和焊点间的安全距离不足	√			√			√							√		

续表

过程	活动内容	序号	危险源	时态			状态			类型							初步评价		备注
				过去	现在	将来	正常	异常	紧急	物理	化学	心理	生理	生物	行为	其他	不可接受	可接受	
高架桥施工	施工用电	61	使用Ⅰ类手持电动工具未按规定穿戴绝缘用品	√			√			√							√		
		62	配电箱内的电器和导线裸露，相线使用端子板连接	√			√			√							√		
		63	开关箱无漏电保护器或漏电保护器失灵	√			√			√							√		
		64	民工或新工人安全用电教育不到位，未执行安全用电规定	√			√			√							√		
		65	临时用电未采用"TN-S"系统或未达到三级配电、三级保护	√						√							√		
		66	高压线下起重作业或机械设备与高压线的垂直距离或水平距离不符合要求	√						√							√		
		67	配电箱或漏电保护器未使用合格供货方产品	√						√							√		
		68	配电箱无门、无锁、无防雨措施、无明显安全标志	√						√							√		
		69	电缆过路无保护措施	√		√				√							√		
		70	配电箱内有杂物、不整齐、不清洁	√		√				√							√		
		71	配电线路的电线老化，破皮未包扎	√		√				√							√		
		72	电工不按规定程序送电	√						√							√		
		73	工地随意拖拉电线	√						√							√		

续表

过程	活动内容	序号	危险源	时态			状态			类型							初步评价		备注
				过去	现在	将来	正常	异常	紧急	物理	化学	心理	生理	生物	行为	其他	不可接受	可接受	
高架桥施工	施工用电	74	室内灯具安装高度低于2.4m时，未使用安全电压供电	✓						✓							✓		
		75	手持照明灯未使用36V及以下电源供电	✓						✓							✓		
		76	非电工操作	✓						✓							✓		
		77	潜水泵保护装置不灵敏，使用不合理，无专人监护	✓						✓							✓		
	脚手架和安全网搭拆作业	78	集料平台无限定荷载标志牌，护栏未用密目网封严	✓				✓		✓							✓		
		79	无施工方案或施工方案无针对性	✓				✓		✓							✓		
		80	拆除脚手架时未设置警戒线，无人看管	✓				✓		✓							✓		
		81	非架子操作	✓				✓		✓							✓		
		82	疲劳作业	✓					✓				✓				✓		
		83	错误使用扣件	✓					✓	✓							✓		
		84	脚手架基础未平整夯实，无排水措施	✓				✓	✓	✓							✓		
		85	脚手架底部的垫木和绑扎地杆不符合要求	✓				✓		✓							✓		
		86	架体与建筑物未按规定拉结或拉结后不符合设计要求	✓				✓		✓							✓		
		87	不按规定安装集料平台	✓				✓		✓							✓		
		88	未按规定设置剪刀撑或剪刀撑搭设不符合设计要求	✓				✓		✓							✓		

续表

过程	活动内容	序号	危险源	时态			状态			类型							初步评价		备注
				过去	现在	将来	正常	异常	紧急	物理	化学	心理	生理	生物	行为	其他	不可接受	可接受	
高架桥施工	脚手架和安全网搭拆作业	89	未按规定设置安全网或安全网搭设不符合要求	√			√			√							√		
		90	立杆、大横杆、小横杆间距超过规定要求	√			√			√							√		
		91	各杆件之间搭设不符合规定	√			√			√							√		
		92	操作面未满铺脚手板，有探头板	√			√			√							√		
		93	操作面未设防护栏杆和挡脚板	√			√			√							√		
		94	操作面未设防护栏杆和挡脚板	√			√			√							√		
		95	构筑物顶部的架子未按规定高于构物，高出部分未设护栏和悬挂安全网	√			√			√							√		
		96	架体未设上下通道或通道设置不符合要求	√			√			√							√		
	使用电	97	开关破损	√		√		√		√							√		
		98	用湿手按开关	√		√	√			√							√		
		99	插座破损	√		√		√		√							√		
		100	灯管破损	√	√	√		√		√								√	
		101	电箱内闸刀熔丝未使用额定电流熔丝	√				√		√							√		
		102	电箱无接零保护	√				√		√							√		
		103	电箱内电器元件不匹配	√				√		√							√		

过程	活动内容	序号	危险源	时态			状态			类型							初步评价		备注
				过去	现在	将来	正常	异常	紧急	物理	化学	心理	生理	生物	行为	其他	不可接受	可接受	
高架桥施工	模板安拆、存放	104	现浇混凝土模板的支撑体系无设计计算或支撑体系不符合设计要求	√			√			√							√		
		105	各种模板存放不整齐、摆放过高等现象不符合安全要求	√			√			√							√		
		106	清扫模板和刷脱模油时,未将模板支撑牢固	√			√			√							√		
		107	模板上施工荷载超过规定或堆料不均匀	√			√			√							√		
		108	模板支撑不符合规定	√			√			√							√		
		109	拆除模板时未设置警戒线和无人看护	√			√			√							√		
		110	模板拆除前无混凝土强度报告或强度未达到规定提前拆模	√			√			√							√		
		111	2m 以上高处模板作业无可靠立足点	√			√			√							√		

续表

过程	活动内容	序号	危险源	时态			状态			类型							初步评价		备注
				过去	现在	将来	正常	异常	紧急	物理	化学	心理	生理	生物	行为	其他	不可接受	可接受	
高架桥施工	高处作业	112	高空抛物	√			√			√							√		
		113	吊运零散物件未使用吊笼	√			√			√							√		
		114	外挑平台堆料超高、超重	√			√			√							√		
		115	酒后高处作业	√			√			√							√		
		116	施工层以下不设水平封闭	√			√			√							√		
		117	外架内侧悬空时立杆不进行封闭	√			√			√							√		
		118	把支架作为支撑点进行高空作业	√			√			√							√		
		119	在建工程外侧未用密目网封闭	√			√			√							√		
		120	临边作业"四口"无防护措施或不符合要求	√			√			√							√		
		121	作业人员不带安全帽	√		√	√			√							√		
		122	使用不合格的钢管扣件	√			√			√							√		
		123	25cm×25cm以上洞口无防护	√						√							√		
		124	临边护栏高度低于1.2m未用密目网遮栏	√						√							√		

续表

过程	活动内容	序号	危险源	时态			状态			类型							初步评价		备注
				过去	现在	将来	正常	异常	紧急	物理	化学	心理	生理	生物	行为	其他	不可接受	可接受	
高架桥施工	高处作业	125	悬空作业未系安全带	√						√							√		
		126	竖井内未按标准安装门或护栏,安装后高度低于1.5m	√						√							√		
		127	出入口未搭设防护棚或搭设不符合规定要求	√						√							√		
		128	高处未按要求设置安全标志	√						√							√		
		129	铁登木登等不牢固有摇晃现象,两登距离大于2m,且登上未铺至少两块脚手板,登上不允许两人以上操作	√						√							√		
		130	支模、粉刷、砌墙等工种进行立体交叉作业时,在同一垂直面方向操作无保护措施	√						√							√		
		131	周边防护不按规定设置	√						√							√		
		132	擅自拆除防护装置	√						√							√		

续表

过程	活动内容	序号	危险源	时态			状态			类型							初步评价		备注
				过去	现在	将来	正常	异常	紧急	物理	化学	心理	生理	生物	行为	其他	不可接受	可接受	
高架桥施工	基础作业	133	未按规定对毗邻建筑物和重要管线和道路地面进行沉降观察	√			√			√							√		
		134	基坑支护设施已产生局部变形未采取措施进行控制	√			√			√							√		
		135	土方开挖放坡不符合规定	√			√			√							√		
		136	土钉墙入土深度不足	√			√			√							√		
		137	深基坑施工无临边防护措施或防护不符合要求	√			√			√							√		
		138	在沟槽边安全距离内堆土、堆料、停置机具	√			√			√							√		
		139	料斗或钢筋笼升起时下方有操作人员或有人穿行	√			√								√		√		
		140	土方开挖未搭设上下通道、危险处未设红色标志灯	√			√								√		√		
		141	土方开挖过程中未设有效的排水措施	√			√			√							√		
		142	无专项施工方案或施工方案无针对性	√			√			√							√		
		143	基坑内作业人员无安全立足点	√			√			√							√		
		144	未移交的排水窨井口防护或防护失效	√			√			√							√		
		145	进入古井、旧井及下水道作业区未充分通风就下井作业	√			√			√	√			√			√		

续表

过程	活动内容	序号	危险源	时态			状态			类型							初步评价		备注
				过去	现在	将来	正常	异常	紧急	物理	化学	心理	生理	生物	行为	其他	不可接受	可接受	
高架桥施工	使用食堂	146	食物中含有传染病	✓				✓						✓			✓		
		147	食品中含有有毒物质		✓			✓						✓			✓		
		148	食堂生熟菜不分		✓			✓							✓			✓	
		149	食堂人员留指甲		✓			✓							✓			✓	
		150	器具不洁（无消毒措施）		✓			✓							✓		✓		
		151	食堂人员无健康证（三证不齐）		✓			✓							✓		✓		
		152	食堂使用煤炉		✓			✓							✓		✓		
		153	煤气煤炉距离太近		✓			✓							✓			✓	
	烧菜、饭	154	煤油燃烧		✓			✓		✓							✓		
		155	煤油爆炸		✓				✓	✓							✓		
		156	油类溅出	✓	✓	✓				✓							✓		
	生活区域活动	157	施工现场内住人或地下室住人	✓				✓		✓							✓		
		158	宿舍内做饭	✓				✓		✓							✓		
		159	厨房内外环境不卫生、炊具不干净、食物变质、食堂保管生熟食品	✓				✓		✓							✓		
		160	炊事人员未有健康证	✓				✓		✓				✓		✓			

续表

过程	活动内容	序号	危险源	时态			状态			类型							初步评价		备注
				过去	现在	将来	正常	异常	紧急	物理	化学	心理	生理	生物	行为	其他	不可接受	可接受	
高架桥施工	其他活动	161	复印机废粉、臭氧的排放	√			√			√							√		
		162	车辆交通事故伤害	√			√			√							√		
		163	冬季严寒天气施工	√			√			√							√		
		164	未及时清扫积雪	√			√			√							√		
		165	夏季高温作业、无健康保健措施	√			√			√							√		
		166	临时宿舍紧靠广告牌搭建，没有相应防护措施	√			√			√							√		
		167	关窗时玻璃破碎			√	√			√									√	
		168	无地面防滑措施	√		√	√			√							√		
	边坡作业	169	机械倾覆		√			√		√							√		
	项目部施工	170	外来人员进入施工现场意外伤害		√		√			√							√		
	桩基施工作业	171	破坏底下天然气管道引发火灾			√			√	√							√		
		172	破坏输油管引发火灾及污染			√			√	√							√		
		173	破坏底下煤气管道引发火灾			√			√	√							√		
		174	破坏地下电力电缆引起触电			√			√	√							√		
		175	破坏地下通信电缆造成通信事故			√			√	√							√		
		176	破坏地下水管引起事故			√			√	√							√		

续表

过程	活动内容	序号	危险源	时态			状态			类型							初步评价		备注
				过去	现在	将来	正常	异常	紧急	物理	化学	心理	生理	生物	行为	其他	不可接受	可接受	
高架桥施工	桩基作业	177	钻桩机倾覆			✓		✓		✓							✓		
		178	桩井周围防护不当人员掉入桩井			✓	✓			✓							✓		
		179	桩机作业机械伤人		✓			✓		✓							✓		
	夏季作业	180	中暑		✓			✓					✓					✓	

3. 职业健康安全生产管理

（1）安全生产管理台账。开工前向××建设工程质量安全监督总站提交开工条件申请书及相关资料，并且在施工至50％工程量及施工至90％工程量时分别提交安全生产总结汇报材料，并且按××市安全生产、文明施工要求正确及时，真实地填写安全台账。

（2）进行全面的、针对性的安全技术交底。

（3）各项经济承包有明确的安全指标和包括奖罚办法在内的保证措施。

（4）安全教育要经常化、制度化。提高全体员工的安全意识，切实树立安全第一的思想，建立完善的安全工作保证体系。对特种作业人员须经培训合格后持证上岗，对新职工及合同工必须进行项目部、作业队和班组三级安全教育和定期培训；通过安全竞赛、现场安全标语、图片等宣传形式，增强全员安全生产的自觉性，时时处处注意安全，把安全生产工作落到实处。

（5）严格安全监督，建立和完善定期安全检查制度。各级安全领导小组要定期组织检查，各级安全监督人员要经济检查，真正把事故消灭在萌芽状态。

（6）加强安全防护，设置安全防护标志，施工作业设立安全栏、上下钢梯、脚手架、脚手板要搭设牢固。作业人员严禁酒后上岗，严格遵守操作规程，对违章作业又不听阻者要严惩处罚，绝不姑息迁就，创造一个重视安全、处处遵章、文明施工的环境。

（7）抓好现场管理，坚持文明施工，保障人身、机械和器材的安全。在开挖基坑及施工危险地段要设置安全警示牌，以防意外事故发生。

（8）认真做好防洪、防火、防雷工作，驻地和库房要远离洪汛区。重点设备重点防护。对易燃、易爆、有毒器材按有关规定妥善保管，登记造册发放，责任落实到人，彻底消除不安全因素。

（9）或根据施工需要发放和检查施工所用的各种安全机具设备和劳动保护用品。

（10）施工现场必须有"七图二牌"。七图即施工总平面图、安全网络图、电器线路平面图、管线分布图、临时排水走向图、消防器材布置图和工程进度形象图；二牌即无重大伤亡事故累计天数牌和无管线事故累计天数牌。

（11）正确处理四种关系。

1）安全与工程施工过程的统一。在施工过程中，如果人、物、环境等都处于危险状态，则施工生产无法顺利进行。所以，安全是施工的客观要求，工程有了安全保障才能持续、稳定的进行。

2）安全与质量的包涵。从广义看，质量包涵安全工作质量，安全概念也包含着质量，交互作用，互为因果。安全第一，质量第一，这两种说法并不矛盾。安全第一是从保护生产要素的角度出发，而质量第一则是从关心产生成果的角度出发。安全为质量服务，质量需要安全保证。

3）安全与进度互保。进度应以安全作保障，安全就是进度。在项目实施过程中，应追求安全加速度，尽量避免安全减速度。当进度与安全发生矛盾时，应暂时减缓进度，保证安全。

4）安全与效益兼顾。安全技术措施的实施，会改善作业条件，带来经济效益。所以，安全与效益是完全一致的，安全促进了效益的增长。当然，在安全管理中，投入应适当，既要保证安全，又要经济合理。

4.安全检查

（1）工程项目安全检查的目的是为了清除隐患、防止事故、改善劳动条件及提高员工安全生产意识的重要手段，是安全控制工作的重要内容。

安全检查的重点是检查有否违章指挥和违章作业。

（2）安全检查由项目经理组织，定期进行。

（3）安全检查基本可以分为日常性检查、专业性检查、季节性检查和不定期检查。

1）日常性检查：由安全文明、环保部专职安全员会同班组兼职安全员日夜巡检。

2）专业性检查：主要针对特殊作业如支模架搭设、电焊、起重设备、运输设备、桩基设备等的检查，由项目经理组织，会同安全文明、环保部专职安全员进行检查。

3）季节性检查：是指根据季节特点，如春季的防火、防燥；夏季的防暑、降温、防台风、防汛、防雷击、防触电；冬季的防寒、防冻等检查，由项目经理组织，汇同安全文明、环保部及兼职安全员进行检查。

4）不定期检查：是指工程开工、设备开工、停工、检修时的安全检查，由项目经理会同质安部及各班兼职安全员进行检查。

（4）检查时记录相应的检查结果，纠正违章指挥、违章作业，对检查结果进行分析，找出安全隐患，确定危险程度，编写整改报告，落实专职安全员监督整改，做到不整改好坚决不开工。

5.各主要分项工程安全技术措施

（1）施工用电安全措施。

1）施工前先编制临时用电施工组织设计，内容包括工程概况、施工中拟投入的主要用电设备、目前场地已有电源布置、现场用电分类设施及线路规划布置、施工机械配线选择、配电线路架设方法、总配电箱分配电箱开关箱的布置、临时用电安装技术要求、现场用电设施的使用与维护、自备电源的管理、临时用电安全技术方案的建立等。

2）架空线路采用杉木电杆，电杆间距 15m～20m 设置一根，电杆采用木横担及绝缘子，间距为 30cm，线路均用绝缘铝线，导线相序排列面向负荷从左侧起为 L1、N、L2、L3、PE。

3）电杆埋设深度为杆长的 1/10 加 0.6m。直线杆和 15°以下的转角杆采用单横担，但跨越机动车道时采用横担双绝缘子；15°～45°的转角杆应采用双横担双绝缘子；45°以上的转角杆采用十字横担。拉线宜用镀锌铁线，其截面不得小于 3×ϕ4。拉线与电杆的夹角应为 30°～45°。拉线埋设深度不得小于 1m。钢筋混凝土杆上的拉线应在高于地面 2.5m 处装设拉紧绝缘子。

4）现场施工用电采用 TN-S 接零保护，并在总配电箱、分配电箱、线路末端重复接地，而且在线路的中间也采取重复接地，配电线路越长中间重复接地增加，重复接地间隔最长不超过 50m。

5）架空线路的高度不宜低于 4.5m，穿过临时道路宜为 6m，在一个档距内架空线的接头数不得超过该档导线总数的 50%，且一根导线只允许有一个接头，穿越作业面或跨越道路河流时导线不得有接头。

6）动力分配电箱采用 XLF1-200/3SD，开关箱采用 XLJK2-1S；照明分配电箱采用 F100-3D，开关箱采用 K3-32/1D。配电箱及开关箱均采用杭州萧山漏电自动开关厂生产的"金峰电器"品牌的成品配电箱，另外部分自制动力照明配电箱均仿照"金峰电器"配置，所有配电箱内部配置均按国家相关规范进行标准配置，符合安全用电的相关条款要求。

7）各配电箱做到一机一闸一箱，分段设置，且在配电箱上标明责任人和接线图，配电箱均做到有门有锁，各线路立式总配箱应设置砖瓦房，做好防雨、防盗措施。

8）配电箱、开关箱中导线的进线口出线口均应设在箱体的下底面，严禁设在箱体的上顶面侧面、后面或箱门处，进出线应加护套分路成束并做防水弯，导线束不得与箱体进出口直接接触。移动式配电箱开关箱的进出线均应采用橡皮绝缘电缆连接。

9）室内配线采用绝缘导线，并用 PVC 管做套管防护隔离，每幢宿舍房屋应设置专用照明分配电箱，并根据负荷的不同，分路设置。

10）照明灯具的金属外壳做保护接零，照明开关箱内设漏电保护器，螺口灯头接头时相线接在中心触头处，零线接在螺纹端，绝缘外壳不得有损伤和漏电，宿舍内开关均采用按钮式开关，距地面 1.3m，室外围护顶部的灯泡应采用防水灯头，灯泡应采用红色灯泡。

（2）机械设备管理。

1）机械安全管理。

a. 大型机械设备进场后，组织进行验收登记，经监理认可签证后再进行使用。固定设备必须挂标识牌，标识牌包括：设备型号/规格、责任人、进场时间、验收时间等。

b. 大型机械设备操作人员以及特种作业人员必须持证上岗，施工作业时落实专职监护人员，施工前要加强对操作人员的安全教育工作及施工交底，遵守操作规程。

c. 所有用电设备及电动工具必须使用单独的开关箱，且做好保护接零，并做好防雨措施，做到一机一闸一漏。

d. 所有机械设备及电动工具均由项目部落实责任人，负责日常的保养及维修，确保机械安全有效施工。

2）安全操作规程。

a. 桩基设备。

（a）钻机。

a）安装钻机时，钻架下基础应夯实、平整、桩棍下应衬垫枕木。

b）桩机各部件安装坚固、转动部位和传动带有防护罩，钢丝绳完好，离合器、制动带功能良好，润滑油符合规定，各管路接头密封性好，电气设备齐全，电路配置完好。

c）作业前，各部操纵手柄应置于空档、空载启动。

d）开钻时，钻压应轻、转速应慢。

e）变速箱换档时，应先停机，挂上档后再开机。

f）钻进时应均匀进行，当钻进负荷过大时即减慢速度提钻空钻，再慢速钻进。

g）电网电压低于 380V 时，应暂停施工，以保护钻机安全。

（b）旋挖钻机。

a）钻机在转场移动时，对陡坡等道路进行观察，必要时制定加固措施，防止钻机碰撞结构物、翻车等事故发生。

b）钻机就位后，应对钻机及配套设施进行安全检查，特别是钢丝绳等的检查。

b. 输浆管路。

（a）使用前，应先接好输浆管路，往料斗内加注清水，启动灰浆泵，当胶管输出水时，再折起胶管，检查是否有渗漏。

（b）泵送水泥浆前，管路应保持湿润，以利输浆。

（c）水泥浆内不得有硬块，以免吸入泵内损坏缸体，可在集料斗上部加细筛过滤。

（d）输浆管路应清理干净，严防水泥浆结块，完工后应及时清理，施工过程中若发生半小时停机时，宜先拆除管路，排除灰浆，妥善清洗。

（e）压浆泵应定期拆开清洗，保持齿轮减速箱内润滑油的清洗。

c. 挖掘机。

（a）操作人员必须持有效证件上岗，驾驶员应做好例行保养记录。

（b）使用前必须对机械进行试用，检查其刹车、电路等是否运转正常，严禁带病上岗。

（c）施工前，必须先确定其周围及地下有无电线、电缆或其他易受破坏的物体或构件，如无技术交底，或未拔除四周的构件等严禁实施施工。

（d）操作人员严禁酒后操作。

（e）关键部位必须有专人指挥。

d. 中小型机具。

（a）钢筋机械。

a）外露传动部位应设防护罩。

b）有良好的接地或接零保护。

c）钢筋冷拉所用的卷扬机，作业区设置警示标志和防护栏杆，卷扬钢丝绳应经封闭式导向滑轮与被拉钢筋方向成直角，卷扬机两侧需设置挡板。

（b）电焊机。

a）焊工作业需戴好帆布手套，穿胶底鞋。

b）一、二次线（电源、龙头）接线处应有齐全的防护罩，二次线应使用线鼻子。

c）有良好的接地或接零保护。

d）配线不得乱拉乱搭，焊把绝缘良好。

（c）气瓶。

a）各类气瓶应有明显色标和防振圈，并不得在露天曝晒。

b）乙炔气瓶与氧气瓶距离应大于 5m，明火距离不少于 10m。

c）乙炔气瓶在使用时必须装回火防止器。

d）皮管应用夹头紧固。

e）操作人员应持证上岗操作。

（d）卡车。

a）车辆制动及其他安全装置必须灵敏可靠。

b）不得违章行车（包括违章载人）。

c）每天做好例保工作。

d）驾驶员应持证上岗操作。

（e）水泵。

a）电源线不得破损。

b）有良好的接地或接零保护装置。

c）应单独安装漏电保护器，灵敏可靠。

（3）施工现场安全。

1）施工前编制各类详细的专项性施工方案，内容包括：工程概况、施工部署、质量目标及计划、主要项目施工方法、质量保证措施、技术保证措施、安全文明保证措施、季节性防护措施、环境保护措施、管线保护措施等。报监理审批后方可施工，施工前由项目部牵头对全体员工进行安全文明生产技术交底，并由本人签字。

2）严格按照审核过的实施性施工组织设计及相关规范标准进行施工。

3）施工场内设置冲洗设施，确保净车出场，并做到场内便道平整、通畅、整洁，冲洗后废水经沉淀后排入当地排水河渠中。

4）沟槽开挖安全措施。

a. 沟槽开挖前施工员应负责对施工区域内原有各种地下管线和设施、各种架空电线、电缆等逐一向施工人员进行现场交底，并设置标色旗标明地下管线的走向，以提示施工人员引起重视。

b. 对施工区域内原有地下管线、设施和架空线的保护措施的技术处理方案应列入施工组织设计，在施工交底时应同时向施工作业人员进行保护措施和技术处理方案交底，并有交底记录签字，重要管线应委托产权单位实行监护，并在监护人员的监护下进行施工。

c. 所有地下管线，在明确位置后，左右各 1.5m 范围内严禁用机械开挖，确保地下管线和设施的安全。

d. 沟槽开挖前应对开挖区域内的沿线出入口，道路沿线设置安全围护、警示牌、红灯，并有专职安全员负责检查，确保围护、警示牌、红灯的正常使用。围护采用黄、黑相间的钢管用轧头固定。

e. 深沟槽开挖必须严格按施工组织设计进行，放足边坡，开挖出的土方不得沿沟槽两侧堆放，应按不同土质条件和开挖深度设置合适的安全距离，防止土方堆放对沟槽增加土压力发生塌方事故。

f. 深沟槽开挖前应由技术部门详细制订危险部位预测施工方案，做好预测预防所需材料准备工作，指定专人负责施工期间的监护工作台，必要时应采用有效措施防止意外事故的。

g. 上、下深基础采用搭设钢梯，并且加设扶手栏杆及安全防护网、栏杆高度不低于1.2m。

h. 缩小作业面，防止基坑产生事故影响整个工作面施工，基坑开挖到位及时报监理验槽，并迅速组织混凝土垫层施工，控制基底暴露时间不超过18h。

5）高空作业等安全措施。

a. 高空作业时，所搭设的脚手架、安全网，在搭设完毕后，必须经安全人员验收合格后方能使用，使用期间派专人维护保养。

b. 重视个人自我防护，进入工地按规定佩戴安全帽，进行高空作业和特殊作业前，先要落实防护设计，正确使用登高工具，安全带或特殊防护用品，防止发生人身安全事故。

c. 特殊工作作业人员必须经有关部门培训，考试合格后持证上岗，操作证必须按期复审，不得超期使用。

d. 高空作业人员须进行身体检查，不合格者不得参加，作业时必须系安全带、戴安全帽，并将安全带在牢靠的架子上拴好，严禁双层作业，确保安全。

e. 高空作业不得穿拖鞋和硬塑料底鞋。

f. 在工地醒目位置树立安全标示牌，注明安全注意事项，责任到人。

g. 各工种进行上下立体交叉作业时，不在同一垂直方向操作。

6）钢筋工程安全防护技术措施。

a. 钢筋调查现场，禁止非施工人员入内，钢筋调直前事先检查调直设备各部件是否安全可靠。进行钢筋除锈和焊接时，施工人员穿戴好防护用品。

b. 起吊钢筋骨架时，做到稳起稳落，安装牢靠后脱钩。严格按吊装作业安全技术规程要求施工。

7）模板工程安全防护技术措施。

a. 模板安装前，搭设好牢靠的脚手架、作业台及上下扶梯。

b. 工作人员系好安全带。

c. 模板安装时，分段分层自下而上进行，内外均安装牢固支撑。

d. 当借助吊机吊模板和缝时，模板底端用撬棍等工具拨移。

e. 在竖立桥梁墩台模板过程中，上模板工作人员的安全带拴于牢固地点，穿拉杆时，内外呼应，听从信号指挥，不得超载。

f. 拆除模板严格按规定程序进行，场内设立禁区标志，拆除模板先拴牢吊具挂钩，再拆除模板。拆下的模板、材料、工具严禁直接向下抛扔。

8）灌注混凝土安全防护技术措施。

a. 灌注混凝土时，减速漏斗的掉具、漏斗、串角挂钩和吊环均要稳固可靠。

b. 泵送混凝土时，管道支撑确保牢固并搭设专用支架，严禁捆绑在其他支架上，管道上不准悬挂重物。

c. 使用混凝土振捣器时，必须检查下列内容：振捣器的外客接地装置及胶皮线情况；电线的端部与振捣器的连接情况；振捣器的搬移地点及在间断工作时电源开关关闭情况，经检查合格的方准使用。

9）支架现浇混凝土安全技术措施。

a. 工程技术部制订《支架安装及拆除安全方案》，并在安装前作技术交底。

b. 安全监察部提出安全防护设施计划，物资机械部采购，安全带、安全网、脚手板均应现场做冲击实验。

c. 现浇箱梁作业队向安质部提交自检报告，安质部按《机械设备控制程序》组织检查、验收。确认合格后现场进行签证。

d. 支架的搭设符合安全技术规程的规定：钢管桩承载力、贝雷桁架纵梁的承载力和稳定性，以及门式支架立杆间距、杆件联系、剪力撑安设要按规定执行；支架外围设置安全网。所有承力支架须经有关技术人员检验合格后方可投入使用，支架拆除时，下方不得有其他人员。

e. 浇筑混凝土前，安质部组织有关部门人员检查支腿及其他受力情况并签证。

f. 支架拆除前应再次组织有关人员进行技术交底，并执行以上规定。

g. 雨天、雷暴、六级以上大风、台风停止作业。

10）预应力张拉安全技术措施。

a. 预应力张拉作业区，无关人员不得进入，千斤顶的对面及后面严禁站人，作业人员只能站于千斤顶的两侧。

b. 高压油管使用前应作耐压试验，不合格的不能使用；油压表安装必须紧密满扣，油路各部接头，均须完整、紧密、油路畅通；高压油表、千斤顶经过校核合格后方可允许使用，不得超过有效周期。千斤顶不准超载，不得超出规定的行程。

c. 张拉时发现张拉设备运转声音异常，应立即停机检查维修。电动油泵开动后，进、回油速度与压力表指针升降应平衡，均匀一致，安全阀保持灵敏可靠。

d. 张拉前作业人员要确定联络信号，张拉两端相距较远时，用对讲机等通信设备进行联络。

e. 张拉完毕后，对张拉施锚两端进行妥善保护，严禁撞击锚具，钢束及钢筋。

f. 管道压浆时，先调整好安全阀，严格按规定压力压浆作业。

（1）排水管线施工时采用井点降水放坡开挖，基坑深度大于 2m 时，上口同样设置防护栏，对于其他横穿或平行管线的保护应事先编制管线保护方案，经相关管线单位审核同意后方可实施，并在管线单位监护人员的监督下安全施工。

（2）道路施工时应做好各类已建管线及成品的保护工作，做好标识，各类井口及时封盖, 做好现场道路的交通组织, 确保路面基层平整不积水, 并做好路面基层的养护工作。

(3) 施工期间在便道两侧做好临时排水沟, 确保场地无积水, 排水沟就近排入已建排水管网中。

(4) 工程完工后, 及时清除建筑垃圾。

(5) 地下工程施工必须使用安全电压灯照明, 严禁使用普通照明灯照明。

(6) 地下工程降水时, 对可能受影响的构筑物、建筑物采取切实的防护和监测措施。

(7) 进入施工现场的所有人员都必须戴安全帽, 扣好帽带, 严禁赤脚、赤膊、穿拖鞋上岗作业, 并佩戴胸证。

(4) 防火安全。

1) 施工现场道路应保持畅通无阻。

2) 按规定配置消防器材和设施, 在档案等贵重物品储存场所储备二氧化碳灭火器, 在可燃气体储存场所及重要电气设备处储备干粉灭火器, 在其他需防火的地点储备泡沫灭火器。

3) 木工房、电焊车间等临建采用阻燃材料搭建, 并按规定设置灭火设施。

4) 库房中储存的物资, 必须按易燃和阻燃物资分类隔离存放, 并禁止在库房中使用碘钨灯或电炉。

5) 设立现场临时消火栓及防火管网。

6) 加强电源管理, 防止发生电器火灾。

7) 焊、割作业点与氧气瓶、乙炔气瓶等危险物品的距离不得少于 10m, 与易燃易爆物品的距离不得少于 30m。

(5) "三季" 施工安全。

1) 冬季施工安全措施。

a. 在上人钢梯等交通要害部位设置防滑设施。

b. 大雪后必须将脚手架上积雪扫除干净, 务必将安全隐患消除在萌芽状态。

c. 氧气、乙炔瓶在冬季应采取措施防止冻结, 如果一旦冻结也不得用明火烘烤, 而应让其缓慢解冻。

d. 施工现场火源要严加看管, 一要防止火灾, 二要防止煤气中毒。

e. 内燃机的冷却水在夜间停机时应排放掉。

f. 有外露制动装置的机械在次日使用前应先试车并必须试刹车。

2) 雨季施工安全技术措施。

a. 在上人钢梯等交通要害部位设置防滑装置。

b. 大雨过后, 必须对围堰、脚手架等进行安全检查, 发现安全隐患立即整改。

c. 应采取适当措施防止土方滑坡或塌方现象发生。

d. 雨天停止露天的电焊作业, 如确需电焊操作, 也要采取遮雨措施, 并要求电焊工穿戴绝缘用品。

e. 电工在雨天作业时必须穿绝缘鞋。

f. 对各配电箱和用电设备均应加设遮雨设施。

g. 平时准备好排水设施, 并做好紧急抗洪的准备工作。

h. 施工人员在雨天作业要穿好防雨衣等。

3）夏季施工安全技术措施。

a. 合理安排施工作业，并尽量避免高温时的露天作业。

b. 及时向施工段面供应开水。

c. 给施工人员发放防暑药物，并做好中暑人员紧急抢救的准备工作。

d. 对氧气、乙炔瓶等易爆容器不得在露天曝晒，要采取遮阳措施。

e. 按规定在适当位置挂上醒目的安全标志牌。

f. 定期张贴安全标语，以提高各级人员的安全意识。

g. 按照劳动部颁发的 GB 11651《个体防护设备使用规范》的规定及时发放和正确使用劳保用品。

h. 在安全生产管理中也积极组织开展 QC 活动。

6. 职业健康安全事故分类

职业健康安全事故主要分为职业伤害事故与职业病二大类。其中职业伤害事故又可分为物体打击、车辆伤害、机械伤害、触电、淹溺、灼烫、火灾、高处坠落、坍塌、冒顶片帮、透水、放炮、火药爆炸、瓦斯爆炸、锅炉爆炸、容器爆炸、其他爆炸、中毒和窒息、其他伤害等 20 类，职业病为尘肺、职业性放射性疾病、职业中毒、物理因素所致、生物因素所致、皮肤病、眼病、耳鼻喉口腔疾病、肿瘤、其他职业病等 10 大类共 115 种。

7. 本项目潜在的职业健康安全事故、事件或紧急情况

本项目中潜在的职业健康安全事故、事件或紧急情况主要有：物体打击、车辆伤害、机械伤害、起重伤害、触电、灼烫、焊接、吸烟引起的火灾、爆炸、土方或支架坍塌、生产设备故障、停电、跳闸等。

8. 本项目中潜在的职业病和预防措施

（1）本项目中潜在的职业病主要有：高温中暑引起的物理因素所致的职业病、电焊引起的电光性眼炎。

（2）职业健康安全事故应急准备及预防措施。

1）重要岗位设施、设备、场所定人、定岗、安全部对进场或开始某道工序施工前进行安全交底，并且在安全交底中明确人员姓名及相关岗位责任制，由项目经理组织定期进行安全、消防检查。

2）项目部安全部针对存在的可能发生的潜在事故和紧急、异常情况，制作具体的处置突发事件（如基坑开挖、基坑降水、支架坍塌等）和抗灾抢险的应急预案，内容包括报警、联络、报告方式、指挥者、施救方案等，发放至各部门及各班组，并组织人员分批学习，应急预案详见各应急预案专项方案。

3）对木工棚、氧气、乙烯储存点除在设置上应符合相关规范外，还应悬挂"禁止烟火"及名称牌，禁止将火种带入这些场所，按规范要求配置灭火器。

4）安全部应结合日常检查对上述场所的环境与职业健康安全情况进行重点检查并引成记录，发现异常情况及时处理。

5）项目部安全应组织有关应急小组对部分应急预案进行模拟演习，对应急演练的情况进行记录、总结和评价，填写《应急演习》记录，评价方案改进的可能。

6）项目部安全部、综合部组织成立职工学校，邀请安监、质监、环保、派出所、监理、业主及总公司相关部分适时进行培训讲座，使职工在安全生产、文明施工、环保意识、法律意识、工程质量意识等各方面均得到有效的学习及提高，为工地争创标化工地、绿色工地打下坚实的基础。

7）项目部组织员工进行健康体检，由区级或以上医院进行检查，由医院出具检查表，掌握职工健康状况，建立健康档案，对身体健康不符合工程需要的员工坚决劝退其参加工作，并对其在经济上、物资上以一定的资助，切实体现人性化管理。

9. 安全事故处理原则及程序

（1）安全事故处理原则。安全事故处理原则遵循四不放过的原则，具体为：

1）事故原因不清楚不放过。

2）事故责任者和员工没有受到教育不放过。

3）事故责任者没有处理不放过。

4）没有制定防范措施不放过。

（2）安全事故处理程序。安全事故处理程序按下述程序进行：

1）报告安全事故情况。

2）处理安全事故、抢救伤员、排除险情、防止事故蔓延扩大，做好标识，保护好现场等。

3）安全事故调查。

4）对事故责任者进行处理。

5）编写调查报告并上报。

七、文明施工及环境保护

1. 工程环境因素调查表

××工程环境因素调查表见表 7 - 13。

表 7 - 13　　　　　　　　　××工程环境因素调查表

过程	活动内容	序号	环境因素	时态			状态			类型								初步评价	
				过去	现在	将来	正常	异常	紧急	水	气	声	光	废	土壤	能源	其他	不可接受	可接受
其他活动	对焊电焊产生电火花	1	光污染	√	√	√	√						√					√	
	卫生陶瓷用品使用	2	放射	√	√	√	√										√		√
	花岗岩大理石使用	3	放射	√	√	√	√										√		√
	水泥、石材	4	放射	√	√	√	√										√		√
	灭火器使用	5	大气污染	√		√			√		√									√

续表

过程	活动内容	序号	环境因素	时态			状态			类型								初步评价	
				过去	现在	将来	正常	异常	紧急	水	气	声	光	废	土壤	能源	其他	不可接受	可接受
高架桥工程	模板拼接缝（玻璃胶筒丢弃）	6	固废	√			√							√					√
	钢筋施工、支架搭设	7	固废	√	√	√	√							√					√
	拆除模板	8	固废	√	√	√	√							√					√
	机械耗油	9	能资源消耗	√	√	√	√									√			√
	车辆行驶耗油	10	能资源消耗	√	√	√	√									√			√
	施工用电	11	能资源消耗	√	√	√	√									√			√
	施工用水	12	能资源消耗	√	√	√	√									√			√
	消防用水	13	能资源消耗	√	√	√			√							√			√
	钢筋焊接使用焊条焊剂	14	能资源消耗	√	√	√	√									√			√
	木模板使用	15	能资源消耗	√	√	√	√									√			√
	钢筋腐锈遇水产生锈水	16	污水	√	√	√			√										√
	锈钢筋人工除锈	17	污水	√	√	√	√												√
	搅拌机、翻斗车使用后清洗产生的污水排放	18	污水	√		√			√										√
	混凝土养护废水排放	19	污水	√		√	√		√										√
	钢模钢管扣件遇水产生锈水	20	污水	√	√	√													√
	场地汽车机械设备清洗废水排放	21	污水	√	√	√													√
	暴雨天现场污水外泄	22	污水	√		√		√	√									√	
	沉淀池渗漏	23	污水	√		√		√	√									√	
	排污管道路接口不严密	24	污水	√		√		√	√									√	
	袋装水泥包装袋丢弃	25	固废	√	√	√	√							√					√

续表

过程	活动内容	序号	环境因素	时态			状态			类型								初步评价	
				过去	现在	将来	正常	异常	紧急	水	气	声	光	废	土壤	能源	其他	不可接受	可接受
高架桥工程	零配件外包装	26	固废	√	√	√	√							√					√
	混凝土制品包裹塑料膜保水养生	27	固废	√	√	√	√							√					√
	机械维修时废旧配件丢弃	28	固废	√			√	√			·			√				√	
	土石方泥浆运输过程中洒落	29	固废	√		√		√						√				√	
	混凝土浇筑时剩余混凝土随意丢弃	30	固废	√			√							√					√
	砂浆浇筑时剩余砂浆随意丢弃	31	固废	√			√							√					√
	砂包包装物丢弃	32	固废	√			√							√					√
	钢筋焊接时产生焊渣	33	固废	√	√	√	√							√					√
	钢筋焊接时剩余电焊条	34	固废	√	√	√	√							√					√
	混凝土湿式养护所用草药编织袋	35	固废	√	√	√	√							√					√
	装过油漆涂料胶水包装未回收处理	36	固废	√				√						√				√	
	废油手套处理	37	固废	√	√	√	√							√					√
	破损安全网未回收处理	38	固废	√				√						√				√	
	生料带的使用	39	固废	√	√	√	√							√					√
	玻璃布的使用	40	固废	√	√	√	√							√					√
	废旧漆刷的处置	41	固废	√	√	√	√							√					√
	机械维修产生废旧回丝丢弃	42	固废	√				√						√				√	
	泥浆池泥浆外泄	43	固废	√				√						√				√	
	建筑垃圾随意丢弃	44	固废	√				√						√				√	
	气焊乙炔泄漏	45	废气	√	√	√		√			√							√	

过程	活动内容	序号	环境因素	时态			状态			类型								初步评价	
				过去	现在	将来	正常	异常	紧急	水	气	声	光	废	土壤	能源	其他	不可接受	可接受
高架桥工程	阻燃剂使用	46	废气	✓	✓	✓	✓				✓								✓
	油漆涂料类制品施工时挥发	47	废气	✓	✓	✓	✓				✓								✓
	各种人造板使用	48	废气	✓	✓	✓		✓			✓							✓	
	二甲苯使用	49	废气	✓		✓	✓				✓								✓
	丙酮使用	50	废气	✓		✓	✓				✓								✓
	防水剂防腐剂使用	51	废气	✓	✓	✓	✓				✓								✓
	电焊、气功焊、气压焊产生废气	52	废气	✓		✓	✓				✓								✓
	松香水使用	53	废气	✓	✓	✓	✓				✓								✓
	油漆、涂料	54	化学品	✓		✓	✓				✓								✓
	油料	55	危险品	✓	✓	✓	✓												✓
	各种施工机械漏油	56	土壤污染	✓		✓		✓								✓				✓
	机械维修保养机油牛油洒落	57	土壤污染	✓		✓	✓									✓				✓
	空气压缩机振动油渍外溅	58	土壤污染	✓		✓	✓									✓				✓
	零星废钢盘头扎丝铁件腐蚀	59	土壤污染	✓	✓	✓	✓									✓				✓
	钢模钢管装卸防锈漆震落	60	土壤污染	✓	✓	✓	✓									✓				✓
	漆钢管钢模时防锈漆滴落	61	土壤污染	✓	✓	✓	✓									✓				✓
	油漆涂料运输储存泄漏	62	土壤污染	✓		✓		✓								✓				✓
	胶水运输储存泄漏	63	土壤污染			✓		✓								✓			✓	
	车辆停止行驶漏油	64	土壤污染			✓		✓								✓				✓
	发电机漏油	65	土壤污染			✓		✓								✓			✓	
	维修废机油处置	66	土壤污染	✓	✓	✓	✓									✓				✓
	机械设备工具废渣处置	67	土壤污染	✓		✓	✓									✓				✓

续表

过程	活动内容	序号	环境因素	时态			状态			类型								初步评价	
				过去	现在	将来	正常	异常	紧急	水	气	声	光	废	土壤	能源	其他	不可接受	可接受
高架桥工程	试验机械维修保养用油滴漏	68	土壤污染	✓		✓									✓				✓
	意外致使粉粒材料融化外流	69	土壤污染			✓									✓			✓	
	车祸等意外事故造成汽油柴油外泄	70	土壤污染			✓									✓			✓	
	拆除模板	71	土壤污染	✓	✓	✓	✓								✓				✓
	污水直接排放	72	污水	✓		✓	✓			✓									✓
	井点降水废污水排放	73	污水	✓		✓	✓			✓									✓
	角向磨光机、瓷片切割机使用	74	噪声污染	✓	✓	✓						✓						✓	
	地面砖切割机使用	75	噪声污染	✓		✓	✓					✓						✓	
	灰浆搅拌机使用	76	噪声污染	✓		✓						✓							✓
	套丝切管机使用	77	噪声污染	✓		✓						✓							✓
	法兰卷圆机使用	78	噪声污染	✓		✓						✓							✓
	圆盘下料机使用	79	噪声污染	✓		✓						✓							✓
	弯管机坡口机折板机使用	80	噪声污染	✓		✓						✓							✓
	吊机运转噪声	81	噪声污染	✓	✓	✓						✓							✓
	墙面切割作业	82	噪声污染	✓		✓	✓					✓						✓	
	各种金属材料制品切割作业	83	噪声污染	✓		✓						✓							✓
	井架（卷扬机）使用	84	噪声污染	✓		✓						✓							✓
	机动车辆行驶噪声及喇叭声	85	噪声污染	✓	✓	✓						✓							✓
	桩基施工机械进退场运输过程泥土粉尘洒落	86	粉尘	✓	✓	✓	✓				✓								✓
	钢筋装卸扬尘	87	粉尘	✓	✓	✓	✓				✓								✓

续表

过程	活动内容	序号	环境因素	时态			状态			类型								初步评价	
				过去	现在	将来	正常	异常	紧急	水	气	声	光	废	土壤	能源	其他	不可接受	可接受
高架桥工程	散装水泥进场	88	粉尘	✓	✓	✓	✓				✓							✓	
	散装水泥出料	89	粉尘	✓	✓	✓					✓								✓
	包装水泥装卸搬运产生粉尘	90	粉尘	✓	✓	✓	✓				✓								✓
	模板拆除产生扬尘	91	粉尘	✓	✓	✓	✓				✓								✓
	露天木料切割产生木屑	92	粉尘	✓	✓	✓	✓				✓								✓
	木工车间木料切割产生粉尘	93	粉尘	✓	✓	✓	✓				✓								✓
	钢模钢管维修振落扬尘	94	粉尘	✓	✓	✓	✓				✓								✓
	瓷砖、地砖、小型混凝土砌体切割	95	粉尘	✓		✓	✓				✓								✓
	墙面切割扬尘	96	粉尘	✓		✓	✓				✓							✓	
	电钻冲击钻施工扬尘	97	粉尘	✓		✓	✓				✓								✓
	地面砖块切割扬尘	98	粉尘	✓		✓	✓				✓								✓
	石材切割产生扬尘	99	粉尘	✓	✓	✓	✓				✓								✓
	车辆行驶扬尘	100	粉尘	✓	✓	✓	✓				✓								✓
	车辆车身轮胎粘有泥土行驶	101	粉尘	✓	✓	✓	✓				✓								✓
	建筑垃圾清理产生扬尘	102	粉尘	✓	✓		✓				✓							✓	
	粉粒材料运输产生扬尘	103	粉尘	✓			✓				✓								✓
	大风台风吹动场内颗粒固体飞扬	104	粉尘	✓	✓	✓	✓				✓								✓
	锈钢筋除锈使用除锈剂	105	除锈剂	✓	✓	✓	✓				✓								✓
	钢筋焊接产生废气	106	焊接废气	✓	✓	✓	✓				✓							✓	

续表

过程	活动内容	序号	环境因素	时态			状态			类型								初步评价	
				过去	现在	将来	正常	异常	紧急	水	气	声	光	废	土壤	能源	其他	不可接受	可接受
高架桥工程	钻孔灌注桩钻机钻进施工	107	噪声污染	✓	✓	✓	✓					✓							✓
	钻孔灌注桩混凝土浇捣施工	108	噪声污染	✓	✓	✓	✓					✓							✓
	旋挖桩钻机钻进施工	109	噪声污染	✓	✓	✓	✓					✓							✓
	风镐使用	110	噪声污染	✓	✓	✓	✓					✓							✓
	通风机使用	111	噪声污染	✓	✓	✓	✓					✓							✓
	泥浆泵、离心泵、潜水泵使用	112	噪声污染	✓	✓	✓	✓					✓							✓
	井点机降水施工	113	噪声污染	✓	✓	✓	✓					✓							✓
	人工凿桩头	114	噪声污染	✓	✓	✓	✓					✓							✓
	空气压缩机使用	115	噪声污染	✓	✓	✓	✓					✓						✓	
	挖掘机、推土机铲运机施工	116	噪声污染	✓	✓	✓	✓					✓							✓
	静压用压路机使用	117	噪声污染		✓	✓	✓					✓							✓
	土方回填打夯机使用	118	噪声污染	✓	✓	✓	✓					✓						✓	
	高压泵使用	119	噪声污染			✓	✓					✓							✓
	振动压路机使用	120	噪声污染	✓		✓	✓					✓						✓	
	钢筋装卸搬运噪声	121	噪声污染	✓	✓	✓	✓					✓							✓
	钢筋切断机使用	122	噪声污染	✓	✓	✓	✓					✓						✓	
	钢筋弯曲机使用	123	噪声污染	✓	✓	✓	✓					✓							✓
	钢筋调直机、冷拉冷拔机使用	124	噪声污染	✓	✓	✓	✓					✓							✓
	柴油发电机运转发电	125	噪声污染	✓	✓	✓	✓					✓							✓
	混凝土泵车机械运转	126	噪声污染	✓	✓	✓	✓					✓							✓
	混凝土泵泵送	127	噪声污染	✓	✓	✓	✓					✓							✓

续表

过程	活动内容	序号	环境因素	时态			状态			类型								初步评价	
				过去	现在	将来	正常	异常	紧急	水	气	声	光	废	土壤	能源	其他	不可接受	可接受
高架桥工程	商品混凝土搅拌输送车运转	128	噪声污染	√	√	√	√					√							√
	夜间混凝土插入式振捣器振捣	129	噪声污染	√	√	√	√					√							√
	夜间混凝土搅拌	130	噪声污染	√	√	√	√					√							√
	平板式振动器使用	131	噪声污染	√	√	√	√					√						√	
	机动翻斗车运输混凝土	132	噪声污染	√	√	√	√					√							√
	人工手推翻斗车运输混凝土	133	噪声污染	√	√	√	√					√							√
	散装水泥车运输及冲灌	134	噪声污染	√	√	√	√					√							√
	钢模钢管装卸搬运操作	135	噪声污染	√	√	√	√					√							√
	吊机架设预制梁板	136	噪声污染	√	√	√	√					√							√
	钢模支拆操作	137	噪声污染	√	√	√	√					√							√
	电锯、压刨、圆盘锯等木工机具使用	138	噪声污染	√	√	√	√					√						√	
	钢模钢管清理维修产生噪声	139	噪声污染	√	√	√	√					√							√
	混凝土切割机使用	140	噪声污染	√	√	√	√					√							√
	灰浆搅拌机使用	141	噪声污染	√	√	√	√					√							√
	打桩机施工	142	噪声污染	√	√	√	√					√						√	
	冲击电钻、电锤使用	143	噪声污染	√	√	√	√					√						√	

续表

过程	活动内容	序号	环境因素	时态			状态			类型								初步评价	
				过去	现在	将来	正常	异常	紧急	水	气	声	光	废	土壤	能源	其他	不可接受	可接受
行政办公	打印机、复印机使用噪声	144	噪声污染	√	√	√	√					√							√
	煤气瓶系统密闭不严泄漏	145	大气污染	√				√			√							√	
	食堂油烟排放	146	废气	√	√	√	√				√								√
	生活垃圾腐烂产生臭气	147	废气	√	√	√	√				√							√	
	生活污水	148	生活污水	√	√	√	√			√									√
	焚烧生活垃圾	149	废气	√			√				√							√	
	电冰箱使用	150	废气	√	√	√	√				√								√
	空调使用	151	废气	√	√	√	√				√								√
	食堂泔水处置	152	土壤污染	√	√	√	√								√				√
	化粪池隔油池渗漏	153	生活污水	√		√		√		√								√	
	生活垃圾任意丢弃	154	固废	√			√							√					√
	食品包装物丢弃	155	固废	√	√	√	√							√					√
	一次性塑料杯使用	156	固废	√	√	√	√							√					√
	办公室生活使用碱性电池	157	固废	√	√	√	√							√					√
	塑料袋丢弃	158	固废	√	√	√	√							√					√
	废复写纸处置	159	固废	√	√	√	√							√					√
	复印机打印机废墨盒处理	160	固废	√	√	√	√							√					√
	废日光灯处置	161	固废	√	√	√	√	√						√					√
	生活用电	162	能资源消耗	√	√	√	√									√			√
	各种纸张使用	163	能资源消耗	√	√	√	√									√			√
	生活用水	164	能资源消耗	√	√	√	√									√			√
	空调使用	165	能资源消耗	√	√	√	√									√			√
	一次性木筷使用	166	能资源消耗	√	√	√	√									√			√
	一次性纸杯使用	167	能资源消耗	√	√	√	√									√			√
	食堂排风机	168	噪声	√	√	√	√					√							√
	煤气灶使用	169	废气	√	√	√	√				√								√
	煤灶耗煤	170	能资源消耗	√	√	√	√									√			√
	厕所臭气	171	废气	√	√	√	√				√								√

续表

过程	活动内容	序号	环境因素	时态			状态			类型								初步评价	
				过去	现在	将来	正常	异常	紧急	水	气	声	光	废	土壤	能源	其他	不可接受	可接受
工程施工	桥梁施工	172	粉尘		✓		✓				✓								✓
	桥梁施工机械的使用	173	噪声		✓		✓					✓							✓
	施工破坏地下煤气管、燃气管	174	大气污染		✓				✓		✓							✓	
	施工破坏地下自来水水管	175	资源		✓				✓							✓			✓
	施工破坏地下输油管	176	资源		✓				✓							✓			✓
	施工破坏地下污水水管	177	水体污染		✓				✓	✓								✓	
	施工破坏地下煤气管、燃气管引发火灾	178	大气污染		✓				✓		✓							✓	

2. 重要环境因素清单

本项目重要环境因素清单见表 7 - 14。

表 7 - 14　　　　　　　　　　重要环境因素清单

序号	类别	环境因素	相关作业内容及设备	相关部门	排放去向	环境影响	处理对策
1	噪声	噪声	混凝土拌和、混凝土搅拌机运行	安全部	空间	噪声污染	管理方案
			混凝土浇筑、振动器操作				
			桩基施工机械的运行				
2	粉尘	悬浮物等	车辆进出施工现场扬尘	安全部、生产部	大气	影响市容、居民生活	管理方案 管理制度
			建筑固废、土石方、粉煤灰类混合料、泥浆运输装卸等扬尘				

续表

序号	类别	环境因素	相关作业内容及设备	相关部门	排放去向	环境影响	处理对策
3	固体废弃物	各类固体废弃物	办公用危险固体废弃物（废电池、废日光灯管、废墨盒、废硒鼓、色带、复写纸等）	综合部	规定地点集中在地公司处理	水土污染	管理方案管理制度
			食堂、办公场所、各项目部产生的生活垃圾、建筑垃圾等		集中规定地点环卫清运	水土污染	
			钻孔、混凝土浇筑产生的废纸、废钢料、废油等		回收	资源再利用	
4	有环保要求的建筑用材或产品	石材、砖等有环保要求的建材	建筑施工用材	施工技术部	大气	大气污染	
5	化学危险品	油漆、涂料、沥青等	沥青混凝土拌和、沥青混凝土摊铺等	施工技术部	空间	大气污染	管理程序
6	污水	生活污水、建筑废水	办公、生活、施工等	安全部、生产部	市政管网等	水质污染	管理制度

3. 环境因素清单及评价

本项目环境因素清单及评价见表 7-15。

表 7-15　　　　　　　　　环境因素清单及评价表

序号	环境因素类别	污染因子	相关作业/排放点	涉及部门/工程类别	排放去向	使用量排放量	有无法规要求	有无控制措施/规定	评价			是否重大	备注
									直接判断	a	b	$C=a \cdot b$		
1	粉尘	粉尘	桥梁等施工	安全部	空间		有	有		5	3	15	否	
2	噪声污染	噪声	桥梁等施工机械施工	安全部	空间		有	有		5	3	15	否	
3	水体污染	污水	施工	生产、安全、技术部	水体		有	有		5	2	10	否	
4	土壤污染	固废	施工	生产、安全、技术部	土壤		有	有		4	2	8	否	
5	文物破坏	其他	施工	生产、安全、技术部			有	有		5	1	5	否	

续表

序号	环境因素类别	污染因子	相关作业/排放点	涉及部门/工程类别	排放去向	使用量排放量	有无法规要求	有无控制措施/规定	评价			是否重大	备注
									直接判断	a	b	$C=a \cdot b$		
6	噪声污染	噪声	施工	生产、安全、技术部	空间		有	有		3	3	9	否	
7	大气污染	煤气	施工破坏地下煤气管、燃气管	生产、安全、技术部	空间		有	有		5	2	10	否	
8	资源	其他	施工破坏地下自来水水管	生产、安全、技术部			有	有		5	2	10	否	
9	资源	其他	施工破坏地下输油管	生产、安全、技术部			有	有		5	2	10	否	
10	水体污染	污水	施工破坏地下污水水管	生产、安全、技术部	水体		有	有		5	2	10	否	
11	大气污染	废气	施工破坏地下煤气管、燃气管引发火灾	生产、安全、技术部	空间		有	有		5	2	10	否	

4. 标准化工地建设及现场文明施工措施

（1）驻地建设。

1）根据现场条件，对整个工程进行施工总平面布置，施工总平面布置详见专项施工方案。布置总原则按生产区、生活区、办公区三区分离的总原则进行合理规划布置。工程施工期间，本项目部将建立与施工管理、施工进度相配套的办公室、生活住房、起居室、食堂、浴厕、医疗卫生所、仓库、各类生产车间等各类施工临时设施，规划布置时整齐放置，平面统一、紧凑、实用、保证明亮整洁。配置与工程管理相适应的电脑、复印机、传真机、宽带上网等各类现代化办公设备以及相应的测量仪器、试验仪器和各类交通工具。

具体各类临时设施有：①项目部办公用房、项目部管理宿舍、现场监理、业主办公用房、现场业主监理宿舍、会议室、项目部食堂、餐厅厕所、浴室；②职工宿舍及生活用房，包括职工宿舍、职工食堂、餐厅、职工厕所、浴室；③工地仓库、工地维修间、木工机工车间、钢筋加工车间；④现代化办公设施，见表7-16；⑤项目部及管理部、业主现场办公室采用二层轻钢房屋，项目部食堂、餐厅、会议室、浴室、厕所采用单层轻质钢房，职工宿舍采用轻钢房屋，职工生活用房、食堂、餐厅、浴室以及仓库、生产车间均采用单层钢板活动房。

表 7 - 16　　　　　　　　　　　现 代 化 办 公 设 施

序号	设备名称	数量	品种型号
1	台式电脑	10 台	清华同方
2	手提式电脑	2 台	清华同方
3	复印机	2 台	东芝 166
4	传真机	1 台	步步高
5	对讲机	8 台	松下
6	乒乓球桌	2 张	红双喜牌
7	电视机	2 台	西湖彩电
8	各类轿车、面包车	5	

2）施工期间、生活区、办公区与既有道路之间采用砖墙或彩钢板围护墙分隔，砖墙及彩钢板围护墙高 2.3m。砖墙采用水泥砂浆粉刷，外刷绿色、白色涂料，墙顶插公司标志旗帜，墙上悬挂各类宣传安全生产、文明施工，环境保护的宣传图牌。驻地内设置不锈钢内嵌照明式宣传窗，张贴各类宣传图片、报纸以及相关的规章制度、好人好事等宣传资料。

3）项目部内设置三根不锈钢旗杆，悬挂中华人民共和国国旗一面，××输变电工程集团有限公司旗帜两面。

4）根据本工程位于杭城的特点，将绿化、美化生产、生活场所、消防、安全设施配备齐全，通过排水明沟、排水管道、化粪池等连通现有的雨水、污水系统，防止污染环境。此外，还将建立医疗急救站，配备急救包，第一时间为伤者提供服务，同时联系 1～2 名有行医资格的具有卫生保健与急救经验的医务人员定期为工地职工提供必要的医疗急救服务。

5）本驻地占地面积、位置在使用前，已取得了杭州地铁建设集团有限公司的同意，本区域属于远期地铁车站用地，不占用其他永久性用地。

6）工程竣工后，拆除所有临时设施，对现状的道路、水泥混凝土硬化块均采用挖机请挖外运，恢复原状绿地，并请监理工程师及杭州地铁建设集团有限公司验收合格后才全部退场交地。

（2）现场文明施工措施。

1）本工程在施工区域外设置施工围护除项目部外墙外，其他均采用 30cm 高砖砌体加 1.8m 高彩钢瓦围护板，围护板顶面设置黄、黑相间的压顶梁、悬挂警示红灯，外侧悬挂要求的彩色喷绘图画。

2）砖砌围墙及钢制围护板封闭后，施工区域呈全封闭状态，工地设立专职保安队伍 24h 巡逻值班，并在工程的施工区域内设置多个保安值班室。工地保安佩戴统一的保安服装、帽子、武装带等，佩备必要的警棍、对讲机及上岗证，佩戴的服装、帽子、武装带、警棍、对讲机等均征得当地公安机关的认可，并且与当地公安机关——派出所取得相关的联系。

3）在本工程处设置宽度 6m，宽度 6m 钢制龙门架，上面悬挂宽度 6m，高度 3m 的彩色喷绘标牌，该标牌将以拟建工程为背景，上用黑色字体注名工程概况介绍、建设单位、设计单位、安监单位、质监单位、监理单位、施工单位名称，以及项目经理、项目总工姓名、开工日期、工期等。

4）因施工造成沿线单位、居民的出入障碍的，采取有力措施，确保出入口和道路的畅通和安全。同时派专人协助交警维护所在地段的交通与人流，既保证施工安全，也保证车辆和行人畅通和安全。

5）积极开展文明施工窗口达标活动，做到施工中无重大伤亡事故；施工现场周围道路平整无积水。

6）施工现场必须做到挂牌施工和管理人员佩卡上岗，工地现场施工材料必须堆放整齐，工地生活设施必须清洁文明；工地现场必须开展以创建文明工地为主要内容的思想教育工作。

7）严格按规范施工，对施工便道要经常洒水，防止尘土飞扬并做好施工用水的处理工作。

8）建立奖罚制度，对保持好的作业队和个人奖励，对不好的作业队和个人进行处罚。

9）积极与当地政府、环保等部门协作共同抓好环保工作。

10）与当地政府和群众广泛开展共建活动，积极推进两个文明建设，做到工程干到哪里，就把文明带到哪里。

（3）机具、材料管理。

1）在施工过程中，始终保持现场整齐干净，清理掉所有多余的材料、设备等垃圾，拆除不再需要的临时设施，做好文明施工。

2）材料仓库用单层钢板房，材料进场后进行分类堆放，并按照有关文件有关要求进行标识。一切材料和设施不得堆放在围栏外，在场内离开围栏分类堆整齐，保证施工现场道路畅通，场地整洁。

3）施工机具统一在确定场所内摆放，并用标识牌标明每一类施工机具摆放地点。

4）所有施工机械保持整洁机容，每天进行例行保养。

5）在运输和储存施工材料时，采取可靠措施防止漏失。

（4）路况维护及路面卫生。

1）所有运输散体物料的运输车辆均符合当地政府对散体运输车的规定，不污染城市道路。

2）在工地出口处设置清洗槽和沉淀后才排入当地排污系统。

3）自行办理余土排放许可证，将余土运至指定地点堆放。所有余土运输车都保证车容整洁。

4）施工期间派专人对场内外道路进行维护和保养，保持路况良好和路面卫生。

（5）文明施工的宣传和监督。

1）学习文明施工管理规定，在每周安全学习例会中穿插文明施工管理规定的学习内容，使每个职工明白文明施工的重要性。

2）做好施工现场的宣传工作。在作业班组各级开展文明施工劳动竞赛。

3）注意搞好与沿线单位、居民的关系，以使工程顺利开展。

4）施工现场主门悬挂施工标牌，标明工程名称、项目经理、项目总工程师、施工许可证和投诉电话等内容，接受居民的监督。

（6）文明施工资料管理。

1）根据文明施工要求，做好相应的内业资料，如文明施工基础资料及施工许可证的记录、申报、保管工作。

2）办公室布置文明施工有关的图表。

3）定期举行文明施工管理活动，检查前期文明施工情况，发现问题及时整改，并做好记录。

（7）文明施工方面的承诺。

1）项目经理部办公室设投诉电话，接受居民、群众监督。所有投诉问题保证在 8h 内予以答复、整改。

2）文明施工检查发现的问题，保证在 8h 予以整改，并以书面形式答复。

3）保证文明施工管理措施落实，责任到人，有奖有罚。

4）工程完工后，在 7 天内拆除工地围护、安全防护设施和其他临时设施，清除设备、多余材料、余泥和垃圾等，并将工地及周围环境清理整洁，做到工完料净场清，达到业主和监理工程师满意的程度。

5）无条件接受甲方和监理工程师有关文明施工的指示。

（8）工地卫生管理。

1）工地保证开水供应，禁止饮用生水。茶水桶内部清洁无垢。

2）保持办公室和宿舍等室内环境整洁卫生，做到无痰迹、烟头纸屑等。

3）宿舍内工具、工作服、鞋等定点集中摆放，保持整洁。床上生活用具堆放整齐，床下不得随意堆放杂物。

4）办公室、宿舍实行卫生值日制。

5）食堂保持内外环境整洁，工作台和地上无油腻。

6）食物存放配备冰箱和熟食罩，生熟分开，专人管理，保持清洁卫生地。

7）炊事人员须持健康合格证和培训上岗，并做到"三白"。

8）食堂一切用具，用后洗净，不得有污垢、霉变食物。

9）定期进行消毒、防尘、灭鼠活动。

10）食堂应有加盖的泔桶或垃圾袋。

11）厕所卫生设专人管理，每天清洗，保持整洁。厕所内定期洒药消毒，并做好记录。

12）工地配备急救药箱，医务人员每周一次巡视工地，做好季节性防病病卫生宣传工作。

13）兼职卫生人员要协助医务人员抓好防病和食堂卫生工作，做好记录，高温季节每天到食堂验收食品，防止食物中毒。

14）垃圾由环卫部门定期外运。

5. 环境保护措施

为保护当地的生态环境，维护城市文明，环境保护工作在施工时应做到全面规划，合理布局，为当地百姓创造一个清洁适宜的生活和劳动环境，为此制订如下措施。

（1）设立环保机构，切实贯彻环保法规，由项目部文明施工管理员负责。班组成员参加的环保组织机构，将环保责任和义务落实到人。

严格执行国家及地方政府颁布的有关环境保护，水土保持的法规、方针、政策和法令，结合设计文件和工程，及时提报有关环保设计，按批准的文件组织实施。由专人负责，定期进行检查。

（2）重视环保工作。编制实施性施工组织设计时，把施工生产和环保工作作为一项内容并认真贯彻执行。严格遵守业主的环境保护政策，为了确保环境得到保护，不管任何时候都接受监理工程师、业主的环保人员及政府有关环保机构的工作人员的检查，认真按照监理工程师的指令去办。

（3）加强施工生产的环境保护工作。针对本工程处于杭州市区地区特点，有针对性地采取措施，最大限度地减少施工环境的破坏。

1）施工废浆、废渣的处理措施：①施工前砌筑合格的泥浆池，设置合理的循环沟槽，杜绝泥浆外泄，不污染周围环境及道路；②弃浆渣沉淀后由专用泥浆灌装车运输至场外经环保部门审批同意的弃浆场中弃浆。

2）现场废水、污水及食堂中所产生的污水通过化粪池汇集后，接至城市污水排放管道中。

3）噪声污染的控制措施。本工程位于城市地区要防治噪声污染，对产生噪声设备的施工除定时施工，不扰民外，另采用除噪技术，把噪声分贝降至最低。并且积极与当地有关部门联系，办理夜间施工许可证，并张榜公布，以取得当地居民的谅解。本工程全部采用商品混凝土，合理安排施工时间，在施工工艺允许的情况下，尽量不安排夜间施工。

4）尘土污染处理措施。为防止施工中的尘土飞扬，影响周边环境，现场所有临时道路和生活设施区，全部用沥青混凝土及石子铺路，建立卫生责任区，有专职清洁工负责。由于工地现场为大面积深沟槽开挖，土方外运，运土车辆易产生灰尘。为此，项目部配备洒水车洒水，每天派专人冲洗、清扫，保持路面干净。

5）垃圾处理措施。对不同种类的垃圾采用不同的处理方法，把垃圾分为三类，即不可回收垃圾，可回收垃圾，有毒有害垃圾，员工分类清理、投放。第一种生活垃圾，即不可回收垃圾，外运出并妥善处理好；第二种是可再生、可利用的垃圾，如钢筋、板材、办公用废纸、废报等，通过与废品收购公司联系，及时来现场收购或二次利用；第三种是有毒有害垃圾，如废电池、破灯管、复印机油墨等，由项目部联系相关专业部门集中处理。

6）土方处理措施。积极响应市政府精神，严格采用密闭车外运土方。同时，在工地出入口设置高压洗车设备，对车辆进行及时冲洗，尽量避免车辆带土出门。

7）节约能源。着重从合理使用和节约使用两方面入手。现场大型照明灯采用俯视角。根据工作面需要调整照明灯的角度和数量，使工作面既有足够的光线施工，又使周边居民避免光线的影响。节约用水方面，专人巡查，及时发现并修理破损的自来水龙头及水管，避免长时间漏水，加强现场施工人员的节约用水、用电的宣传教育工作，以达到自觉的减少废水、强光对环境的污染。

8）加强对现状道路绿化带及农民耕地的保护，若要破除时必须向相关部门打报告申请，同意后再行破环，施工完毕后再按原状进行恢复。

9）强化环保管理，健全企业的环保管理机制，定期进行环保检查，及时处理违章事宜，并与地方政府环保部门建立工作联系，接受社会及有关部门的监督。

10）加强环保教育，宣传有关环保政策、知识，强化职工的环保意识，使保护环境成为参建职工的自觉行为。

6. 保护生态环境

（1）施工中注意保护自然和生态，水资源的开发，要持许可证并报有关管理部门备案。要保护好当地河沟内水质，不轻易向江中排水，若要排水则先通过管理部门审批同意后再通过三格式沉淀池沉淀后再排至河沟内。

（2）临时设施拆除后恢复原地貌状态。

（3）防止水土流失，影响环境保护，破坏生态体系。

八、文物保护措施

（1）建立文物保护机构，具体由项目部牵头，管理体系同文明施工管理体系，积极与业主和有关文物管理部门联系，协助、配合文物保护工作。

（2）施工过程中一旦发现地下有考古、地质研究价值或地下文物时，及时停止施工，用最快的方式通知业主及有关部门，及时取得保护现场的紧急措施，避免人为的破坏。

（3）对地面上红线范围内外的文物，施工前要征得有关部门同意，对红线范围外面施工时有影响的文物，需采取有效措施，在通过方案认证后进行施工。

（4）教育广大职工，对文物保护工作，应积极配合和支持，并采取经济手段，奖励有关对文物保护做出贡献的人员，对违反文物保护法律的人员，决不姑息、纵容，交有关部门处理。

九、施工区域既有道路防护措施

（1）与交通主管部门共同制定施工期间保证施工安全，保障车辆畅通的实施办法。

（2）在相应路口及施工区域设立明显标志及交通警示，以便车辆和行人通过或绕行。

（3）对参加本工程施工的车辆归口管理，专人负责。

（4）在进出入口、指路、禁行标志牌处设置标识灯，在夜间或大雾天气里打开，以利车辆、行人注意。

（5）禁止履带式机械在既有道路上直接行驶，若要移动则采用大型运输车驳运或在履带下铺设 20cm 厚橡胶板或汽车轮胎，防止履带直接碾压沥青混凝土路面。

（6）进出口附近主动派人清扫、洒水，对局部道路破损处主动加以维修及维护，确保进出车辆，社会车辆及行人的安全。

十、防火防爆及社会治安综合治理措施

（1）认真贯彻执行中央及省市关于加强消防工作的批示和规定，落实"预防为主、防消结合"的消防工作方针。

（2）建立健全义务消防组织并根据本单位的生产性质、建筑结构、用火用电、物资设备等方面的特点，利用各种场合，采用各种开工进行防火宣传，普及消防知识。

（3）定期进行防火安全检查。重点检查用火用电设备，易燃爆品、仓库、职工宿舍等。对检查处的火灾隐患，限期按照"三定"（定整改措施、定整改间、定整负责人）的方法进行整改。节假日对重点防火部位派专人值班保卫，以防发生火灾。

（4）制订防火安全措施。严守安全操作规程，注意生活用电、用气的安全，避免责任事故的发生。在节假日提高警惕，严防犯罪分子纵火破坏。

（5）定期对消防器材设备进行维修与保养，定期对义务消防队进行防火知识培训，提高灭火能力。

（6）及时组织人力，消除"三库"库内库外的杂草及易燃物，严禁在库内库外生火，严禁使用不合格的电器设备，生活区严禁使用电炉。

（7）设立专门的保卫机构，由专门同志负责统一领导治安保卫工作。在作业队设置现场保卫干部，负责施工区段的治安保卫工作，分片包干，协调作战。严格 24h 门卫制度，对施工现场进行封闭式全方位管理。

（8）施工区段内发生的各类案件，保卫干部必须及时向项目部安全部报告，并向当地公安机关报案，与地方公安部门协作认真处理。

第四节　××风力发电机风机叶片制造公司职业健康管理制度

一、总则

为加强职业病防治管理，预防、控制和消除职业病危害，改善劳动条件，防治职业病，保护劳动者的健康，根据国家和上级有关职业病防治法律、法规和标准的规定，结合公司的实际情况，特制定本制度。

二、公司职业病防治工作的总体目标

公司职业病防治工作的总体目标是职业危害造成职业病事故为"零"。

三、职责

（1）公司负责人是公司职业病防治工作的第一责任人，公司各级领导在各自的职责范围内对职业病防治工作负有领导责任。

（2）综合部是公司职业危害防治业务日常管理机构。其主要职责是：

1）负责新、改、扩建项目职业卫生防护设施"三同时"管理工作。

2）贯彻执行公司有关职业病防治方面的规章、制度、标准和要求。

3）负责职业病危害的监督管理和日常职业病防治的管理工作。

4）负责接触职业病危害作业人员职业健康检查的组织、信息统计和上报、档案管理工作。

5）负责职业病防治知识的培训、宣传教育管理工作。

（3）各职能部门职业病防治工作的职责：

1）综合部负责与有职业危害作业岗位员工签订职业危害因素告知合同，参与职业危害事故的救援、善后处理工作。

2）财务部负责职业病管理、防治等日常经费的安排落实工作。

3）其他部门：负责按照国家及公司要求落实、实施职业健康相关的工作。

（4）工会履行职业病防治工作的督促、检查、协调工作。

四、职业健康申报

（1）新建、改建、扩建的工程建设项目和技术改造、技术引进项目（以下统称建设项目）可能产生职业危害的，在可行性论证阶段委托具有相应资质的职业健康技术服务机构进行预评价，职业危害预评价报告应当报送建设项目所在地安全生产监督管理部门备案。

（2）产生职业危害的建设项目应当在初步设计阶段编制职业危害防治专篇，职业危害防治专篇应当报送建设项目所在地安全生产监督管理部门备案。

（3）建设项目在竣工验收前，建设单位应当按照有关规定委托具有相应资质的职业健康技术服务机构进行职业危害控制效果评价。建设项目竣工验收时，其职业危害防护设施依法经验收合格，取得职业危害防护设施验收批复文件后，方可投入生产和使用。

（4）职业危害控制效果评价报告、职业危害防护设施验收批复文件应当报送建设项目所在地安全生产监督管理部门备案。

（5）下列事项发生重大变化时，要向原申报机关申请变更：

1）进行新建、改建、扩建、技术改造和技术引进的重大项目，在建设项目竣工验收之日起30日内进行申报。

2）因技术、工艺或者材料发生重大变化导致原申报的职业危害因素及其相关内容发生重大变化的，在技术、工艺或者材料发生变化之日起15日内进行申报。

3）单位名称、法人代表或者主要负责人发生变化的，在发生变化之日起15日内进行申报。

4）单位终止生产经营活动的，应当在生产经营活动终止之日起15日内向原申报机关报告并办理相关手续。

五、职业病危害告知

（1）公司所属各部门应当为员工创造符合国家职业卫生标准和卫生要求的工作环境和条件，并采取措施保障劳动者获得职业卫生保护。

（2）公司员工在已订立劳动合同期间因工作岗位或者工作内容变更，从事与所订立劳动合同中未告知的存在职业病危害的作业时，公司人力资源科、安全督导组应向员工如实告知现从事的工作岗位、工作内容所产生的职业病危害因素。

（3）应当设置公告栏，公布有关职业病防治的规章制度、操作规程、职业病危害事故应急救援措施和工作场所职业病危害因素检测结果。

（4）对产生严重职业病危害的作业岗位，应当在其醒目位置，设置警示标识和中文警示说明对作业人员进行告知。警示说明应当载明产生职业病危害的种类、后果、预防以及应急救治措施等内容。

（5）公司每年组织各单位对员工进行体检，保证员工的健康权益。

六、职业健康宣传教育培训

1. 职责和权限

（1）综合部负责制订公司职业健康宣传教育方案。对从事职业危害作业人员进行职业健康培训，让从事有害作业的人员了解本岗位的职业危害，让从业人员清楚自己从事的岗位对自己的危害。

（2）各班组负责在岗人员职业健康危害和岗位安全教育。

2. 工作内容

（1）培训时间。对作业人员进行上岗前和在岗期间的职业卫生培训每年累计培训时间不得少于 8h。

（2）培训内容。公司内各岗位相关职业健康知识、岗位危害特点、职业危害防护措施、职业健康安全岗位操作规程、防护措施的保养及维护注意事项、防护用品使用要求、职业危害防治的法律、法规、规章、国家标准、行业标准等。

3. 培训形式

培训分内部宣传教育培训和外部委托培训。

（1）内部宣传教育培训。

1）新员工进厂——结合安全"三级教育"，介绍公司作业现场、岗位存在的职业危害因素及安全隐患，可能造成的危害。

2）员工在岗期间——通过定期培训或公告栏宣传，学习职业健康岗位操作规程、相关制度、法律法规及公司新设备、新工艺、新材料的有关性能、可能产生的危害及防范措施，了解工作环境检测结果及个人身体检查结果。

3）转换岗位——由岗位部门负责人讲解新岗位可能产生的危害及防范措施。

4）公司按培训计划组织的职业健康知识及法律法规、标准等知识。

（2）外部委托培训。为提高职业健康知识和管理能力，外部培训一般情况是参加安全生产监督管理部门组织的职业健康培训，参加人员一般是公司主要负责人和职业健康管理人员。

4. 档案记录

综合部负责建立个人培训档案并保留相关的培训记录。

七、危险化学物品的储存、使用规定

（1）物流部负责化学危险物品存储和使用管理。目前主要使用和储存的是液化石油气、环氧树脂、油漆、丙酮等。

（2）危险品仓库为公司安全重点要害部位，负责化学危险物品的储存及发放。库存化学危险物品的采购、使用、储存须符合《危险化学品安全管理条例》（2011 年国务院 591 号令）。发放时需记录发放数量、收货人、发货。对有毒物、易燃易爆炸物品做到：双人发料，双人保管，双人领料，双人记账，双人把锁。危险品仓库应制订"危险品仓库管理规定"。

（3）生产车间环氧树脂的量不可超过一个班的使用量，临时堆放处应有明显的禁止烟火禁令标志，严格消除可能发生火种的一切隐患。使用过程中严密观察可能发生的不安全因素，立即采取防范措施。废弃物品严格按安全操作守则执行。

（4）消防器材不得挪用和损坏。操作人员必须具备防火、灭火知识，必须经过专业培训，持证上岗。

（5）危险化学物品从业人员（包括喷漆工、装卸搬运工、仓库保管员）需要经过危险化学物品专业知识培训，取得安全资格合格证方可上岗作业。

八、防止职业病危害基本措施

（1）制订职业病危害防治、职业危害因素检测、监测和职业健康体检费用的计划。

（2）综合部根据各工种和劳动条例，制订、配备、发放个人防护用品的名称、数量、使用期限，下属各单位应教育职工正确使用防护用品，对不掌握防护用品用途和性能的、不会正确穿戴和使用的，不准上岗作业。

（3）努力做好防尘、防毒、防暑降温和防噪声工作，进行经常性的现场监测，对超过标准的有毒有害作业点，应进行技术改造或采取防护措施，不断改善劳动条件。按规定发放保健食品补贴，提高有毒害作业人员的健康水平。

（4）员工上岗操作必须穿戴好劳防用品。

1）玻璃钢成型工（配料）：工作服（衬衫）；防护鞋；橡胶手套；防毒口罩。

2）玻璃钢打磨工：工作服（衬衫）；防护鞋；白纱手套；防尘口罩；防护眼镜。

九、职业健康日常监测管理

（1）建立从事有毒有害作业人员的健康档案，实行每年一次的职业健康身体检查，并及时将检查结果告知劳动者本人。

（2）根据体检情况，及时提出处置方案。对确诊为职业病的患者，按相关规定上报、处理，并积极提供医治或疗养的方便条件。

（3）综合部负责职业危害因素的辨识、评价，组织制订职业危害防治措施，组织开展职业病防治的宣传、教育，负责职业病的统计、报告和档案管理工作。

（4）劳动人事部门负责对职业病患者调换工作岗位，安排休养。

（5）员工在生产劳动过程中，应严格遵守职业病防治管理制度和职业安全卫生操作规程，并享有获得职业病预防、保健、治疗和康复的权利。

（6）综合部要加强对外来施工单位人员的管理，正确、及时了解掌握有关个人身体健康状况，特别是从事过有毒有害作业经历的人员，要提供健康证明，有疑问的谢绝使用。

（7）工会负责对职业病防治实行民主管理和群众监督。

（8）各单位不得安排有职业禁忌的员工从事与禁忌相关的有害作业。

（9）各生产单位应在可能发生急性职业中毒和职业病的有害作业场所，配备医疗急救药品和急救设施。

（10）严格管理有毒物品及其他对人体有害的化学物品，并在醒目位置设置安全标志。

（11）各生产单位必须采取综合的防治措施，采用先进技术、先进工艺、先进设备和无毒材料，控制、消除职业危害和生产单位的生产成本。

十、职业病管理

（1）职业病的诊断鉴定，由公司安全管理部门报告属地职业病防治指定医疗机构，由市职业病诊断鉴定组织诊断鉴定。

（2）当公司安全管理部门接到市职业病诊断鉴定组织的结论鉴定，确诊为职业病的，需填写职业病登记表，按国家有关规定进行职业病报告。

（3）急性职业中毒和其他急性职业病诊治终结，疑有后遗症或者慢性职业病的，应当由市级职业病诊断鉴定组织予以确认。

十一、职业病危害事故应急救援预案

（1）为认真贯彻落实《劳动法》《职业病防治法》的要求，防止突发性重大职业病危害事故发生，并能在职业病危害事故发生后有效控制和处理，根据上级职业卫生主管部门的要求和本公司实际，本着"反应迅速、处理得当"的原则，制订本公司的应急救援预案。

（2）职业病危害应急救援指挥机构及职责分工（略）。

（3）应急救援队伍的组成和分工（略）。

（4）公司有可能发生的意外职业病危害事故。

1）一般职业病危害事故：可能因车间及岗位防护设施损坏、物料泄漏、防护品不合格或损坏、人员未及时巡查及早发现，未及时采取相应措施予以处理，而引发小范围的职业病危害事故。

2）重大职业病危害事故：虽能及时发现，但职业病危害事故较难控制。职业病危害事故发生后，有可能发展为更大范围或更严重的破坏及人员伤害事故。

（5）应立即采取的应急救援措施。

1）最早发现职业病危害事故的部门及人员，应立即向安保部、人事部报警，并采取一切措施切断职业病危害事故源。

2）安保部接到报警后，应迅速通知有关部门，快速查明发生职业病危害事故的地点、范围，下达启动应急救援预案的指令，同时发出警报，通知指挥部成员及医疗救护队伍和各专业队伍迅速赶往职业病危害事故现场。

3）指挥部成员根据职业病危害事故性质和规模，通知专业对口科室迅速向上级公安、劳动、保险、环保、卫生等部门报告职业病危害事故情况。

4）指挥部成员到达职业病危害事故现场后，根据职业病危害事故状态及危害程度做出相应的应急决定，并命令各应急救援队立即开展救援。如职业病危害事故扩大时，应请求支援。

（6）当职业病危害事故得到控制后，立即成立如下两个工作小组。

1）在主管生产的副总经理的指挥下，组成由保卫、生产技术、人力资源和发生职业病危害事故部门参加的职业病危害事故调查小组，调查职业病危害事故发生原因和研究制定防范措施。

2）组成由维修班和发生职业病危害事故部门参加的抢修小组，研究制订抢修方案并立即组织抢修，尽早恢复生产。

（7）应急救援队伍的培训和演练。由应急救援指挥部牵头，组织有关科室部门，进行应急抢救、应急救护、人员疏散、恢复生产的事故联合演习，并制订演练计划，定期进行演练并保证每年演练一次。

（8）公司救援信号主要是用电话报警联络（电话号码略）。

第五节　××风力发电机风机叶片制造公司生产安全事故与职业危害事故应急预案

一、总则

(一) 应急预案编制的目的

生产经营单位生产安全事故应急预案是国家和地方各级人民政府安全生产应急预案体系的重要组成部分。制订本公司生产安全事故应急预案是贯彻落实"安全第一、预防为主、综合治理"方针,规范本公司应急管理工作,提高对风险和事故的防范能力,加强对生产安全事故的有效控制,防止突发性重大事故发生,一旦发生安全生产事故,能以最快的速度、最大的效能,有序地实施救援,最大限度地保证职工安全健康和公众生命安全,最大限度地减少财产损失、环境损害和社会影响的重要措施。

(1) 应急预案又称应急救援计划,它明确了应急救援的范围和体系,使应急准备和应急管理不再是无据可依,无章可循,尤其对培训和演练工作的开展有较强的指导意义。

(2) 制订应急预案有利于在发生安全生产事故时,按照已经制订的应急预案,迅速果断地做出应急响应,从而能以最快的速度,最大的效能,有序地实施救援,最大限度地保证职工安全健康和公众生命安全,最大限度地减少财产损失、环境损害和社会影响。

(3) 生产安全事故预案成为各类突发重大事故的应急基础,在此基础上,可以针对特定危险、有害因素编制专项应急预案和现场处置方案。

(4) 当发生超过应急能力的重大事故时,便于与上级应急部门的协调,适时启动上一级应急预案。

(5) 及时与相关的救援专家联系,指导抢险救灾。

(6) 有利于提高职工的风险防范意识。通过应急预案的培训,让职工了解作业场所存在的风险应该如何防范。

(二) 应急预案术语和编制依据

1. 应急预案术语和定义

(1) 应急预案。为有效预防和控制可能发生的事故,最大程度减少事故及其造成损害而预先制订的工作方案。

(2) 应急准备。针对可能发生的事故,为迅速、科学、有序地开展应急行动而预先进行的思想准备、组织准备和物资准备。

(3) 应急响应。针对发生的事故,有关组织或人员采取的应急行动。

(4) 应急救援。在应急响应过程中,为最大限度地降低事故造成的损失或危害,防止事故扩大,而采取的紧急措施或行动。

(5) 应急演练。针对可能发生的事故情景,依据应急预案而模拟开展的应急活动。

(6) 综合应急预案。综合应急预案是生产经营单位应急预案体系的总纲,主要从总体上阐述事故的应急工作原则,包括生产经营单位的应急组织机构及职责、应急预案体系、事故风险描述、预警及信息报告、应急响应、保障措施、应急预案管理等内容。

(7) 专项应急预案。专项应急预案是生产经营单位为应对某一类型或某几种类型事故，或者针对重要生产设施、重大危险源、重大活动等内容而定制的应急预案。专项应急预案主要包括事故风险分析、应急指挥机构及职责、处置程序和措施等内容。

（8）现场处置方案。现场处置方案是生产经营单位根据不同事故类型，针对具体的场所、装置或设施所制订的应急处置措施，主要包括事故风险分析、应急工作职责、应急处置和注意事项等内容。生产经营单位应根据风险评估、岗位操作规程以及危险性控制措施，组织本单位现场作业人员及安全管理等专业人员共同编制现场处置方案。

2. 应急预案的编制依据

（略）

3. 应急预案适用范围

（1）区域范围：本公司厂区范围。

（2）适用的事故类型。本预案适用于本公司厂区发生火灾、爆炸、中毒和窒息、起重伤害、触电、灼烫、物体打击、高处坠落、机械伤害、车辆伤害、粉尘等事故。

（3）适用的响应级别。本预案适用于本公司企业级响应。

4. 应急预案体系

本应急预案由综合应急预案、专项应急预案、现场处置方案组成。

5. 应急工作原则

应急工作的原则是"统一指挥，分级负责，单位自救与社会救援相结合"的原则。

（1）统一指挥：应急工作由应急救援指挥部统一指挥，不能乱指挥。

（2）分级负责：根据事故的大小程度和应急保障能力确定响应的级别。

（3）单位自救与社会救援相结合：发生生产安全事故必须立即开展自救，当单位的应急保障能力无法保证应急救援工作顺利进行时，迅速启动上一级响应，要求社会救援。

（4）当紧急情况或事故发生时，公司各部门和所有员工一律服从总指挥调动，不得以任何理由和借口拒绝执行命令。应急救援行动要把保护人员的生命安全放在第一位。要迅速组织抢救受伤人员，撤离、疏散可能受到伤害的人员，最大限度减少人员伤亡。应急救援行动必须准确判断残留危险品是否还有火灾、爆炸、中毒、粉尘危害的可能，严防二次事故的发生。按照事故危险源的类型、采取不同的应急救援措施，及时有效控制事故。对可能发生无法直接施救或可产生较大次生灾害事故，应采取有效方案，组织人员迅速撤离现场。

二、事故风险描述

（一）单位概况

1. 基本情况

公司主要从事风力发电机叶片、玻璃钢复合材料、特种无机非金属材料行业等新技术、新产品的开发及生产，承担了绿色能源方面的国家级重点科技攻关项目和新产品研制开发。本公司占地 360 亩（1 亩＝666.7m²），现代化的标准厂房，年产约 150 套大型风电叶片。

2. 地理位置

（略）

3. 自然条件

（略）

4. 周邻情况及总平面布置

（略）

5. 主要建（构）筑物

本公司厂区主要建（构）筑物情况见表 7 - 17。

表 7 - 17　　　　　　　　　　　主要建（构）筑物

序号	建筑物名称	建筑面积（m²）	结构	火灾危险性	耐火等级	备注
1	门卫一	66	框架	民用	二级	一层
2	门卫二	43.5	框架	民用	二级	一层
3	配重车间	10 916	钢结构	戊类	二级	一层
4	危险品库	379.7	框架	乙类	二级	一层
5	联合厂房	38 247.2	框架、钢结构	戊类	二级	一层（局部二层）

6. 生产工艺

（1）生产工艺流程框图如图 7 - 5 所示。

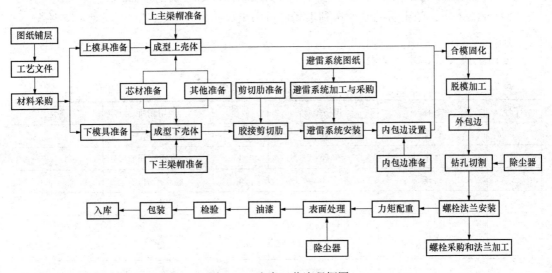

图 7 - 5　生产工艺流程框图

（2）工艺流程简述。

1）腹板加工：将玻璃钢纤维使用模具生产成 54m 长的板状配件作为腹板使用，生产步骤在模具上放置按照设计要求层数的玻璃钢纤维，在玻璃钢纤维上放置一层泡沫板，在泡沫板上再放置设计要求层数的玻璃钢纤维，使用塑料纸密封，向塑料纸内注入环氧树脂，环氧树脂由复合树脂抽取设备从储罐中抽取，模具与储罐均使用电加热，保持恒温 70℃，保持树脂在构件上的流动，使树脂均匀渗透到玻璃纤维布和玻璃纤维毡上，并在侧面采用真空抽取，固化后获得配件产品。

2）主梁加工：将玻璃钢纤维使用模具生产成 54m 长的板状配件作为主梁使用，生产步骤在模具上放置按照设计要求层数的玻璃钢纤维，使用塑料纸密封，向塑料纸内注入环氧树脂，环氧树脂由复合树脂抽取设备从储罐中抽取，模具与储罐均使用电加热，保持恒温 70℃，保持树脂在构件上的流动，使树脂均匀渗透到玻璃纤维布和玻璃纤维毡上，并在侧面采用真空抽取，固化后获得配件产品。

3）在叶片生产模具上，平铺设计要求的玻璃钢纤维，以及主梁部件，夹心材料，使用塑料纸密封，向塑料纸内注入环氧树脂，环氧树脂由复合树脂抽取，设备从储罐中抽取，模具与储罐均使用电加热，保持恒温 70℃，保持树脂在构件上的流动，使树脂均匀渗透到玻璃纤维布和玻璃纤维毡上，并在侧面采用真空抽取，固化后得到半叶片。

4）合模：将黏稠的双结构环氧胶黏剂涂在支架物上，将支架物黏合在半叶片的内部，在另一端同样涂上双结构环氧胶黏剂，将另一个半叶片黏合在上面，在两个叶片的间隙处使用两片玻璃钢纤维将间隙缝包起，玻璃钢纤维内表面涂上环氧树脂，使玻璃钢纤维与叶片表面很好的黏在一起，然后加热至 85°恒温固化 8h，自然冷却后，脱模获得产品。

5）钻孔：使用全自动数控机床对叶片底部圆周打孔，打孔过程为全封闭操作，打孔后将钢零部件安装上。

6）打磨：由人手使用砂纸将叶片表面磨平。

7）油漆：由人使用滚筒、刷子对叶片表面油漆，油漆后放在原地晾干。

8）成品入库：晾干后的叶片送到堆场，可以出厂。

7. 主要设备、装置

公司主要设备、装置见表 7-18。

表 7-18　　　　　　　　　　　主要设备、装置一览表　　　　　　　单位：台、套、只

序号	名称	规格型号	数量	使用场所	备注
1	行车	16t	16	联合厂房一	
2	行车	16t	4	配重车间	
3	行车	3t	4	联合厂房一	
4	行车	3t	1	配重车间	
5	模具	1.5MW 37.5m	2	联合厂房一	
6	模具	1.5MW 40.3m	2	联合厂房一	
7	模具	2MW 45.3m	2	联合厂房一	
8	模具	2MW 48.3m	1	联合厂房一	
9	模具	2MW 54.38m	2	联合厂房一	

续表

序号	名称	规格型号	数量	使用场所	备注
10	模具	3.6MW 阳模	1	联合厂房一	
11	混胶机	2KM 8kg	10	联合厂房一	
12	混胶机	辛帕 20kg	3	联合厂房一	
13	液压翻转器	MW 级	9	联合厂房一	
14	真空泵	150m³	12	联合厂房一	
15	铲车	5t	1	联合厂房一	
16	铲车	7t	1	配重车间	
17	铲车	10t	1	配重车间	
18	变压器	1000kVA	1	联合厂房一	
19	变压器	1000kVA	1	联合厂房一	备用
20	变压器	630kVA	1	配重车间	备用
21	模温机	奥德 72kW	20	联合厂房一	

8. 主要原、辅材料

公司主要原、辅材料见表 7 - 19。

表 7 - 19　　　　　　　　　　主要原、辅材料一览表

序号	名称	规格	物态	年用量或产量（t）	最大储量（t）	包装方式	储存地点	备注
1	环氧树脂	2511A	液态	1500	100	桶装	联合厂房	
2	固化剂	2511B	液态	500	30	桶装	联合厂房	
3	玻璃纤维布	无碱高强度玻纤	固态	3600	600	纸盒	联合厂房	
4	环氧树脂胶黏剂	3135	液态	250	10	桶装	联合厂房	
5	固化剂	3137	液态	125	5	桶装	联合厂房	
6	泡沫板	ps	固态	0.1	1	散件	联合厂房	
7	钢零部件	不锈钢	固态	0.2	1	散件	联合厂房	
8	面漆	FU300	液态	27	20	桶装	危险品仓库	
9	脱模剂	41-90	液态	0.2	1	桶装	联合厂房	
10	氧气	7.5kg	气态	0.45	0.075	瓶装	配重车间	
11	乙炔	6kg	气态	0.36	0.075	瓶装	配重车间	

9. 公用工程

（1）供水。本公司生产、生活用水及消防用水由市政自来水管网供给。

（2）供电。供电由市电 10kV 线配送，经一台 1000kVA 变压器变压（220V/380V）供生产、生活所需用电。

（二）危险源描述

1. 主要危险、有害物质的特性描述

本公司生产过程中涉及的物料有环氧树脂、固化剂、玻璃纤维布、环氧树脂胶黏剂、泡沫板、面漆、脱模剂和维修时到的氧气、乙炔、柴油，相关物料特性分析如下。

（1）环氧树脂。

1）危险货物编号：32197。

2）理化性质：根据分子结构和分子量大小的不同，其物态可从无臭、无味的黄色透明液体至固体。熔点为145～155℃，引燃温度490℃（粉云），爆炸下限（V/V）12%，溶于丙酮、乙二醇、甲苯。

3）主要用途：作金属涂料、金属黏合剂、玻璃纤维增强结构材料、防腐材料、金属加工用模具等，在电器工业中用作绝缘材料。

4）危险性类别：第3.2类中闪点易燃液体。

5）健康危害：制备和使用环氧树脂的工人，可有头痛、恶心、食欲不振、眼灼痛、眼睑水肿、上呼吸道刺激、皮肤病症等。本品的主要危害为引起过敏性皮肤病，其表现形式为瘙痒性红斑、丘疹、疱疹、湿疹性皮炎等。

6）燃爆危险：本品易燃，具刺激性，具致敏性，LD_{50}：11 400mg/kg（大鼠经口）。

7）急救措施：皮肤接触，脱去污染的衣着，用肥皂水和清水彻底冲洗皮肤；眼睛接触，提起眼睑，用流动清水或生理盐水冲洗，就医；吸入，脱离现场至空气新鲜处，就医；食入，饮足量温水，催吐，就医。

8）危险特性：易燃，遇明火、高热能燃烧；受高热分解放出有毒的气体；粉体与空气可形成爆炸性混合物，当达到一定浓度时，遇火星会发生爆炸。

9）泄漏应急处理：迅速撤离泄漏污染区人员至安全区，并进行隔离，严格限制出入。切断火源。建议应急处理人员戴自给正压式呼吸器，穿一般作业工作服。尽可能切断泄漏源。防止流入下水道、排洪沟等限制性空间。小量泄漏用干燥的砂土或类似物质吸收。大量泄漏用构筑围堤或挖坑收容；用泡沫覆盖，降低蒸汽灾害；用防爆泵转移至槽车或专用收集器内，回收或运至废物处理场所处置。

10）操作注意事项：密闭操作，提供良好的自然通风条件。操作人员必须经过专门培训，严格遵守操作规程。建议操作人员佩戴自吸过滤式防尘口罩，戴化学安全防护眼镜。远离火种、热源，工作场所严禁吸烟。使用防爆型的通风系统和设备。防止蒸气泄漏到工作场所空气中。避免与氧化剂接触。搬运时要轻装轻卸，防止包装及容器损坏。配备相应品种和数量的消防器材及泄漏应急处理设备。倒空的容器可能残留有害物。

11）储存要求：储存于阴凉、通风的库房。远离火种、热源。保持容器密封。应与氧化剂分开存放，切忌混储。采用防爆型照明、通风设施。禁止使用易产生火花的机械设备和工具。储区应备有泄漏应急处理设备和合适的收容材料。

12）运输要求：运输时运输车辆应配备相应品种和数量的消防器材及泄漏应急处理设备。夏季最好早晚运输。运输时所用的槽（罐）车应有接地链，槽内可设孔隔板以减少振荡产生静电。严禁与氧化剂、食用化学品等混装混运。运输途中应防曝晒、雨淋，防高温。中途停留时应远离火种、热源、高温区。装运该物品的车辆排气管必须配备阻火装置，禁止使用易产生火花的机械设备和工具装卸。公路运输时要按规定路线行驶，勿在居民区和人口稠密区停留。铁路运输时要禁止溜放。严禁用木船、水泥船散装运输。

13）禁配物：强氧化剂。

14）灭火方法：喷水冷却容器，可能的话将容器从火场移至空旷处。

灭火剂：雾状水、泡沫、二氧化碳、干粉、砂土。

（2）固化剂。环氧树脂固化剂是与环氧树脂发生化学反应，形成网状立体聚合物，把复合材料骨材包络在网状体之中，使线型树脂变成坚韧的体型固体的添加剂。

（3）玻璃纤维布。玻璃纤维方格布是无捻粗纱平纹织物，是手糊玻璃钢重要基材。方格布的强度主要在织物的经纬方向上，对于要求经向或纬向强度高的场合，也可以织成单向布，它可以在经向或纬向布置较多的无捻粗纱，单经向布，单纬向布。无捻粗纱（rov-ing）是由平行原丝或平行单丝集束而成的。无捻粗纱按玻璃成分可划分为：E-GLASS 无碱玻璃无捻粗纱和 C-GLASS 中碱玻璃无捻粗纱。

（4）环氧树脂胶黏剂。在合成胶黏剂中，无论是品种和性能，或者是用途和价值，环氧树脂胶黏剂都占有举足轻重的地位，素有万能胶和大力胶之称。因其具有许多优异的特性，如黏接性好、胶黏强度高、收缩率低、尺寸稳定、电性能优良、耐化学介质、配置容易、工艺简单、使用温度宽广、适应性较强、毒性很低、危害较小、不污染环境等，对多种材料都具有良好的胶黏能力，还有密封、绝缘、防漏、固定、防腐、装饰等多种功用，故在航空、航天、军工、汽车、建筑、机械、舰船、电子、电器、信息、化工、石油、铁路、轻工、农机、工艺美术、文体用品、文物修复、日常生活等领域都获得了相当广泛和非常成功的应用。

（5）泡沫板。聚苯乙烯泡沫板又名泡沫板、EPS 板，是由含有挥发性液体发泡剂的可发性聚苯乙烯珠粒，经加热预发后在模具中加热成型的白色物体，其有微细闭孔的结构特点，主要用于建筑墙体，屋面保温，复合板保温，冷库、空调、车辆、船舶的保温隔热，地板采暖，装潢雕刻等用途非常广泛。

（6）面漆。面漆，又称末道漆，是在多层涂装中最后涂装的一层涂料。应具有良好的耐外界条件的作用，又必须具有必要的色相和装饰性，并对底涂层有保护作用。在户外使用的面漆要选用耐候性优良的涂料。面漆的装饰效果和耐候性不仅取决于所用漆基，而且与所用的颜料及配制工艺关系很大。

（7）脱模剂。脱模剂是一种介于模具和成品之间的功能性物质。脱模剂有耐化学性，在与不同树脂的化学成分（特别是苯乙烯和胺类）接触时不被溶解。脱模剂还具有耐热及应力性能，不易分解或磨损；脱模剂黏合到模具上而不转移到被加工的制件上，不妨碍喷漆或其他二次加工操作。由于注塑、挤出、压延、模压、层压等工艺的迅速发展，脱模剂的用量也大幅度地提高。

（8）乙炔［溶于介质的］。

1）分子式：C_2H_2。分子量：26.04。

2）危险性类别为第 2.1 类易燃气体，危险货物编号为 21024，UN 编号为 1001。

3）主要用途：是有机合成的重要原料之一，亦是合成橡胶、合成纤维和塑料的单体，也用于氧炔焊割。

4）理化特性：无色无臭气体，工业品有使人不愉快的大蒜气味。溶点为－81.8℃（119kPa），沸点为－83.8℃，与水的相对密度为0.62，与空气的相对密度为0.91，饱和蒸汽压为4043kPa（16.8℃），临界温度为35.2℃，临界压力为6.14MPa，爆炸极限为2.1％～80％，燃烧热为1298.4kJ/mol。微溶于水、乙酸，溶于丙酮、氯仿、苯。

5）危险特性：极易燃烧爆炸。与空气混合能形成爆炸性混合物，遇明火、高热能引起燃烧爆炸。与氧化剂接触猛烈反应。与氟、氯等接触会发生剧烈的化学反应，能与铜、银、汞等的化合物生成爆炸性物质。

6）侵入途径：吸入。

7）健康危害：具有弱麻醉作用。高浓度吸入可引起单纯窒息。急性中毒：暴露于20％浓度时，出现明显缺氧症状。吸入高浓度后，初期兴奋、多语、哭笑不安，后出现眩晕、头痛、恶心、呕吐、共济失调、嗜睡，严重者昏迷、紫绀、瞳孔对光反应消失、脉弱而不齐。当混有磷化氢、硫化氢时，毒性增大，应予以注意。

8）防护措施：呼吸系统防护：一般不需要特殊防护，但建议特殊情况下，佩戴自吸过滤式防毒面具（半面罩）。眼睛防护：一般不需特殊防护。身体防护：穿防静电工作服。手防护：戴一般作业防护手套。其他：工作现场严禁吸烟。避免长期反复接触。进入罐、限制性空间或其他高浓度区作业，须有人监护。

9）急救措施：迅速脱离现场至空气新鲜处；保持呼吸道通畅；如呼吸困难，给输氧；如呼吸停止，立即进行人工呼吸；就医。

10）储运注意事项：储存于阴凉、通风的库房，远离火种、热源，库温不宜超过30℃。应与氧化剂、酸类、卤素分开存放，切忌混储混运。禁止使用易产生火花的机械设备和工具。搬运时轻装轻卸，防止钢瓶及附件破损。

11）泄漏应急处理：迅速撤离泄漏污染区人员至上风处，并进行隔离，严格限制出入。切断火源。建议应急处理人员戴自给正压式呼吸器，穿防静电工作服。尽可能切断泄漏源。合理通风，加速扩散。喷雾状水稀释、溶解。构筑围堤或挖坑收容产生的大量废水。如有可能，将漏出气用排风机送至空旷地方或装设适当喷头烧掉。漏气容器要妥善处理，修复、检验后再用。

12）禁忌物：强氧化剂、强酸、卤素。

13）灭火方法：切断气源。若不能切断气源，则不允许熄灭泄漏处的火焰。喷水冷却容器，可能的话将容器从火场移至空旷处。灭火剂：雾状水、泡沫、二氧化碳、干粉。

（9）氧气［压缩的］。

1）分子式为O_2，分子量为32.00。

2）危险性类别为第2.2类不燃气体，危险货物编号为22001，UN编号为1072。

3）主要用途：用于切割、焊接金属，制造医药、染料、炸药等。

4）理化特性：无色无臭气体，溶点为－218.8℃，沸点为－183.1℃，与水的相对密度（水＝1）为1.14（－183℃），相对蒸汽密度（空气＝1）为1.43，饱和蒸汽压为506.62kPa（－164℃），临界温度为－118.4℃；临界压力为5.08MPa。溶于水、乙醇。

5）危险特性：是易燃物、可燃物燃烧爆炸的基本要素之一，能氧化大多数活性物质。与易燃物［如乙炔（溶于介质的）甲烷等］形成有爆炸性的混合物。

6）健康危害：常压下，当氧的浓度超过40％时，有可能发生氧中毒。吸入40％～60％的氧时，出现胸骨后不适感、轻咳，进而胸闷、胸骨后烧灼感和呼吸困难，咳嗽加剧；严重时可发生肺水肿，甚至出现呼吸窘迫综合征。吸入氧浓度在80％以上时，出现面部肌肉抽动、面色苍白、眩晕、心动过速、虚脱，继而全身强直性抽搐、昏迷、呼吸衰竭而死亡。长期处于氧分压为60～100kPa（相当于吸入氧浓度40％左右）的条件下可发生眼损害，严重者可失明。

7）防护措施：提供良好的自然通风条件。呼吸系统防护：一般不需特殊防护。眼睛防护：一般不需特殊防护。身体防护：穿一般作业工作服。手防护：戴一般作业防护手套。其他：避免高浓度吸入。

8）急救措施：迅速脱离现场至空气新鲜处，保持呼吸道通畅；如呼吸停止，立即进行人工呼吸；就医。

9）操作注意事项：密闭操作，提供良好的自然通风条件。操作人员必须经过专门培训，严格遵守操作规程。远离火种、热源，工作场所严禁吸烟。远离易燃、可燃物。防止气体泄漏到工作场所空气中。避免与活性金属粉末接触。搬运时轻装轻卸，防止钢瓶及附件破损。配备相应品种和数量的消防器材及泄漏应急处理设备。

10）储存注意事项：储存于阴凉、通风的库房。远离火种、热源。库温不宜超过30℃。应与易（可）燃物、活性金属粉末等分开存放，切忌混储。储区应备有泄漏应急处理设备。

11）运输注意事项：氧气钢瓶不得沾污油脂，运输时必须戴好钢瓶上的安全帽。钢瓶一般平放，并应将瓶口朝同一方向，不可交叉；高度不得超过车辆的防护栏板，并用三角木垫卡牢，防止滚动。严禁与易燃物或可燃物、活性金属粉末等混装混运。夏季应早晚运输，防止日光曝晒。

12）泄漏应急处理：迅速撤离泄漏污染区人员至上风处，并进行隔离，严格限制出入，切断火源。建议应急处理人员戴自给正压式呼吸器，穿一般作业工作服。避免与可燃物或易燃物接触。尽可能切断泄漏源。合理通风，加速扩散。漏气容器要妥善处理，修复、检验后再用。

13）禁忌物：易燃或可燃物、活性金属粉末、乙炔（溶于介质的）。

14）灭火方法：用水保持容器冷却，以防受热爆炸，急剧助长火势。迅速切断气源，用水喷淋保护切断气源的人员，然后根据着火原因选择适当灭火剂灭火。

2. 结论

（1）根据《危险化学品名录》（2015版），环氧树脂属于名录中所列的第3.2类中闪点易燃液体，乙炔（溶于介质的）为2.1类易燃气体；氧气（压缩的）为2.2类不燃气体。

（2）根据《高毒物品目录》（2003年版），本公司未涉及目录中所列的高毒化学品。

（3）根据《剧毒化学品目录》（2002版），本公司未涉及目录中所列的剧毒化学品。

（4）根据《易制爆危险化学品名录》（2011年版），本公司未涉及名录中所列的易制爆危险化学品。

（5）根据《重点监管的危险化学品名录》（2013年版），本公司未涉及名录中所列的重点监管的危险化学品。

（6）根据《各类监控化学品名录》（原化工部令第 11 号），本公司未涉及名录中所列的监控化学品。

（7）根据《易制毒化学品管理条例》（国务院令第 445 号），本公司未涉及名录中所列的易制毒化学品。

（8）根据《危险化学品重大危险源辨识》（GB 18218—2009），乙炔（溶于介质的）、氧气（压缩的）属于名录中所列的重大危险源物质。

（三）事故风险描述

1. 危险、有害因素分析

（1）火灾、爆炸。

1）在生产过程中，由于环氧树脂本身具有易燃的特性，遇明火、高热能燃烧，与空气可形成爆炸性混合物，当达到一定浓度时，遇火星会发生爆炸。

2）若电气设备、电气线路绝缘老化、破损、短路、过载、保护失灵，可能引起电气火灾。

3）如电工操作不当、电器系统故障、电器设备或电气线路选型不当，可引起电气火灾。

4）变压器使用运行过程中，如超负荷使用或变压器油泄漏，遇明火、雷电、火花等会引发火灾、爆炸的危险。

5）若无防雷电设施或接地损坏、失效可能遭受雷击，雷电放电引起过电压，会产生火灾。

6）如危险区域作业时未能执行安全动火制度，违章动火，存在发生火灾、爆炸的危险。

7）生产过程中如打磨时的粉尘因飞扬，在空气中达到爆炸极限，形成性混合物。

8）设备维修及保养过程中如操作不当，存在火灾、爆炸的危险。

9）使用的乙炔为易燃易爆物质，氧气为助燃物质，乙炔与空气、氧气混合后能形成爆炸性混合物，遇热源、静电和明火有燃烧、爆炸的危险。

（2）中毒和窒息。指人体接触有毒物质，或在不通风的地方工作，因为氧气缺乏而发生突然晕倒，甚至窒息死亡事故。

1）注入环氧树脂作业过程中会产生有毒有害物质，如作业场所通风不良，作业人员操作、防护不当，有可能发生中毒事故。

2）在进入设备内维修、检查工作中若不严格执行安全作业规程，设备内清洗置换不彻底，有造成人员中毒和窒息的可能。

3）在有毒或缺氧、窒息场所作业时未佩戴劳动防护用品、无人监护，有可能造成人员中毒和窒息。

4）如人体吸入过量泄漏的乙炔、氧气有可能发生中毒和窒息事故。

（3）起重伤害。起重伤害是指各种起重作业（包括起重机械安装、检修、试验）中发生的挤压、坠落、物体（吊具、吊重）打击。

造成起重伤害的主要原因有：

1）车间内吊装物料的起重机械未定期检测。

2）由于基础不牢、超机械工作能力范围运行和运行时碰到障碍物等原因造成机械翻到。

3）超过工作载荷和工作半径作业或与建筑物、电缆或其他起重机碰撞。

4）无接近报警装置，与邻近车相遇未发出信号而发生起重伤害事故。

5）由于视界限制、技能培训不足造成的操作失误。

6）人员指挥不清、站位不当，可能发生起重伤害事故。

（4）触电。触电事故是由电流及其转换成的其他形式的能量造成的事故，分为电击和电伤。电击是电流直接作用于人体造成的伤害，包括正常状态下的电击和故障状态下的电击以及雷击。电伤分为电弧灼伤、电流灼伤、皮肤金属化、电烙印、机械性损伤、电光眼等伤害。

造成触电伤害的主要原因包括：

1）电气设备绝缘不符合相应标准的要求。

2）电气屏护装置尺寸、安全距离等不符合规范要求。

3）电气设备与人体、大地或其他设备的安全距离不符合要求。

4）保护接地和保护接零系统出现故障。

5）电气设备、其他设备、厂房、烟囱等防雷设施故障或缺陷。

6）电气人员作业时未按照规定采取各种防护措施，违章作业。

7）电气设备检修时未采用操作牌制度，因误合闸、误启动造成触电伤害。

8）使用移动式电动工具时造成触电。

9）非电气专业人员私接乱扯电缆电线和违章作业造成触电。

存在触电伤害的主要部位包括使用电气设备的所有车间、岗位，电气设备电缆、电线及配电间、控制室以及电工作业、电气检修等过程。

（5）灼烫。本公司涉及混胶机、模具等设备，如操作人员操作、防护不当，有发生人员灼烫的危险。

（6）物体打击。物体打击是指物体在重力或其他外力的作用下产生运动，打击人体而造成人身伤亡事故。不包括主体机械设备、车辆、起重机械、坍塌等引发的物体打击。

产生物体打击伤害的主要原因是：

1）在设备运行和检修过程中，工作人员没有按操作规程操作，抛扔物品。

2）设备安装不合格。

3）设备零部件该固定的没有固定或固定不牢固。

4）机械设备没有安装保护设施。

容易造成物体打击伤害的主要生产环节包括：原料准备、物料搬运、半成品的搬运和设备检修过程等。

（7）高处坠落。高处坠落是指在高处作业中发生坠落造成的伤害事故。不包括触电坠落事故。

在操作基准面 2.0m 及其以上的安装、检修和生产作业称做高处作业。

造成高处坠落的主要原因是：

1）高处作业安全防护设施存在缺陷，作业面没有防护栏杆、平台狭窄、安全带、安全绳存在缺陷或不佩戴安全带可能造成高处坠落事故。

2）操作人员违反安全操作规程。

3）操作人员作业麻痹大意，不遵守劳动纪律，比如上岗前喝酒、吃嗜睡药、不按规定佩戴劳动保护用品等。

4）操作人员身体原因有不适合从事高处作业病症，例如患有恐高症或其他禁忌症。

5）高处作业现场缺乏必要的监护。

（8）机械伤害。

1）在生产设备日常作业和装置检修过程中，如不严格执行有关安全作业规程，有可能受到机械设备或所使用工具的损伤。

2）机械设备的高速传动部位若缺乏必要安全防护设施或防护设施不当，操作人员在生产操作、巡视检查时，易造成人体碰、绞、碾等伤害事故。

3）在巡检、设备检修过程中，有受到机械设备的传动部件、外露突出部件、工具伤害的可能。

（9）车辆伤害（厂内运输）。

1）原辅料进厂、产品出厂需经常使用车辆，若厂内道路、车辆管理、车辆状况、驾驶人员素质等方面存在缺陷，可引发车辆伤害事故。

2）车辆在行驶过程中有可能发生人体坠落、物体倒塌、下落、挤压伤亡事故。

（10）粉尘。

1）粉末状物料在运输、装卸、储存、搬运过程中会产生一定量的粉尘，长时间接触，会产生尘肺等职业病。

2）在打磨作业过程中，会产生粉尘，长期接触，会造成身体伤害，易出现尘肺病。

3）在模具作业区作业时玻纤粉尘会对人体造成伤害。

2. 事故风险描述

公司厂区生产过程中存在的主要风险有火灾、爆炸、中毒和窒息、起重伤害、触电、灼烫、物体打击、高处坠落、机械伤害、车辆伤害、粉尘等。

三、应急组织机构及职责

（一）应急组织体系

本公司成立事故应急救援指挥部，负责本公司突发事件人员疏散、应急处置的组织指挥。总经理为总指挥，指挥部成员包括副总经理和相关部门部长担任。下设警戒保卫组、抢险救灾组、医疗救护组、后勤保障组4个工作小组。组织体系如图7-6所示。

（二）指挥机构及职责

1. 指挥机构

本公司成立生产安全事故应急救援指挥部，负责公司应急救援工作的组织和指挥，指挥部办公室设在总经办，日常工作由安全员负责。当总指挥、副总指挥不在企业时，由现场值班人员作为临时总指挥，全权负责应急救援工作。

2. 成员单位

（1）后勤保障组。

（2）抢险救灾组。

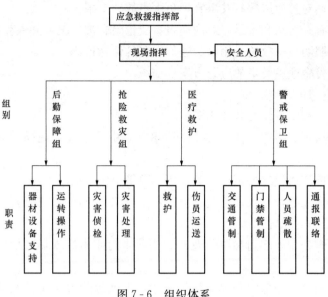

图 7 - 6 组织体系

（3）医疗救护组。

（4）警戒保卫组。

3. 应急机构的职责

（1）事故应急救援指挥部的职责。

1）分析判断事故、事件或灾情的受影响区域，危害程度，确定更高的报警级别、应急方案级别。

2）决定启动应急救援方案，组织、指挥、协调各应急反应小组进行应急救援行动。

3）批准现场抢救方案。

4）报告上级机关，与地方政府应急机构或组织进行联系，通报事故、事件或灾害情况。

5）评估事态发展程度，决定提高或降级报警级别，应急救援级别。

6）根据事态发展，决定请求外部援助。

7）监察应急作业人员的行动，保证现场抢救和现场其他人员的安全。

8）决定救援人员，员工从事故区域撤离，决定请求地方政府组织周边群众从事故受影响区域撤离。

9）协调物资：设备、医疗、通信、后勤等方面以支持应急小组工作。

10）批准新闻发布，宣传应急恢复，应急结束。

（2）现场指挥的职责。

1）接受事故、事件或灾情报告，请示总指挥启动事故应急方案。

2）负责通知总指挥部成员和各专业组成员到调度中心集合。

3）传达总指挥部下达的各项命令，通知抢险救灾人员赶赴事故现场。

4）在事故应急过程中，负责各专业组织的碰头会，协调各专业组，各成员单位的抢险救援工作。

5）组织、协调对外救援等有关事宜，负责事故的上报。

6）落实上级有关指示和批示，对内通报事故抢险救援情况，并保存好相关记录。

7）负责现场照明、事故抢救用电、通信线路的保障抢修。

8）组织、监督企业各类事故应急方案的演练。

（3）抢险救灾组的职责。

1）根据事故类型携带相关救援物资。

2）听从现场指挥的指挥，在各类事故（事件）中从事被困现场人员及其重要物资的疏散、抢救。

3）随时向指挥部通报现场情况，为指挥部决策提供依据。

4）特别紧急情况下，有权停止现场救助，采取"紧急避险"措施。

（4）警戒保卫组的职责。

1）联系和协调公安等部门和单位及时封闭或半封闭事故现场，划定警戒区，严禁无关人员进入现场。

2）联系和协调公安等部门和单位管理交通，保障抢险救援车辆及运送物资、人员车辆畅通无阻。

3）组织疏导事故现场人员，疏散物资，维持现场秩序。

4）联系和协调公安等部门和单位保护事故现场。

（5）后勤保障组的职责。

1）根据现场需要，负责调配现场救援物资，保证救援物资的供应。

2）负责接待社会救援部门和友邻单位。

3）抢救、安置事故伤亡者，安置疏散出的物资。

（6）医疗救护组的职责。

1）负责联系、协调和组织医疗卫生应急救援队伍，提供医疗保障。

2）负责事故中受伤人员的救护工作。

四、预警及信息报告

（一）预警

对危险源的监控方法采用三级监控法。

（1）一级监控由现场操作人员实施，每班对上述危险源目标进行巡查，巡查有无异常现象。

（2）二级监控由车间主任实施，车间主任每班不得少于三次巡查，通过巡查做到现场有检查，对一级监控人员的工作有检查，杜绝因巡查不到位，而导致事故的发生。

（3）三级监控由公司安全员负责巡查和远程视频监控现场来巡查发现的事故隐患。

对于本应急方案中的危险源目标，在日常生产过程中，一旦发现危险源目标发生异常情况，现场操作人员应立即向现场负责人汇报，并立即组织人员投入到事故初期的控制中去。

（二）信息报告

1. 信息接收与通报

厂区一旦发生事故，现场当事人或发现人可通过厂区内的值守电话或手机向事故应急救援指挥部报警，由总指挥或其授权负责人根据事故的性质，轻重程度，分别启动三、二、一级事故预案。

2. 信息上报

如果发生一般事故应当由事故应急救援指挥部总指挥或其授权人在 1h 内向××市安监局和××新区上报事故信息。紧急情况下，事故现场有关人员可直接向相关部门报告。

3. 报告内容

（1）本单位概况。

（2）事故发生的时间、地点以及事故现场情况。

（3）事故的简要经过。

（4）事故已经造成或者可能造成的伤亡人数（包括下落不明的人数）和初步估计的直接经济损失。

（5）已经采取的措施。

（6）其他应当报告的情况。

4. 信息传递

事故发生后，向××市安监局和××新区上报事故信息或向环境保护部门、公安消防部门、卫生管理部门、供电、医疗等单位请求支援时，用手机直接联系。

五、应急响应

（一）响应分级

企业应急响程序分为三级响应、二级响应、一级响应。

（1）三级响应由事故发生地所在部门按应急方案进行处理。

（2）二级响应需启动企业应急预案，调动相关人员、设备进行处理。

（3）一级响应是指启动企业应急预案后，事态仍无法得到控制，需要外部人力、物力的支援，此时应实施更高一级的响应即一级响应。

根据本公司的实际情况，当发生火灾、爆炸事故时，启动本应急救援预案（二级响应），启动应急程序，通知应急指挥部有关人员到位，开通信息与通信网络，通知调配救援所需的应急资源（包括应急队伍和物资装备），成立现场指挥部等。

当事态超出响应级别，无法得到有效控制，现场指挥部请求实施更高级别的应急响应（一级响应）。

（二）响应程序

1. 接警与通知

最早发现者应立即向厂区值班人员报警，并采取一切办法切断事故现场的工作电源。接警人员必须迅速、准确地向报警人员询问事故现场的重要信息如事故发生时间、具体位置、人员伤亡情况，做出响应级别，构成重大生产安全事故时下达按应急救援预案处置的指令，同时发出警报，通知指挥部成员和专业救援组迅速赶往事故现场。

如果应急级别超过企业级达到一级响应，则必须及时向开发区人民政府及开发区安监局发出事故通知。

2. 指挥与控制

应急救援行动的统一指挥和协调是准确开展应急响应的关键。指挥部统一指挥专业救援组的行动，如果事态难以控制需要扩大应急响应级别时，及时与有关部门联系。

3. 应急救援

各应急救援小组在接到指挥部应急开始的命令后，立即按各自的职责开始应急行动，并不断通过联络人员向指挥部汇报救援进展情况。

指挥部下达应急行动开始的命令后，抢险消防组佩戴好个体防护器具，首先明确现场有无受伤人员，以最快速度将受伤者送离事故现场，交由救护运输组处置。然后迅速查明事故发生源点，凡能经切断物料等处理措施而消除事故的，则以自救为主，如泄漏部位自己不能控制的，应向指挥部报告提出堵漏或抢修的具体措施。

警戒保卫组到现场后，担负治安和交通指挥，组织纠察，在事故现场周围设岗，划分禁区并加强警戒和巡逻检查，组织有关人员向上侧风方向的安全地带疏散。

医疗救护组到现场后与抢险救灾组配合，立即救护伤员和中毒人员，对中毒和窒息人员应根据中毒和窒息的症状及时采取相应的急救措施，对伤员进行清洗包扎或输氧急救，重伤员及时送往医院抢救。

后勤保障组及时提供应急需要的各种器材和装备，及时购置设备、管道等抢修的物资，满足应急救援的需要，同时要保证受伤人员医疗抢救的资金需要。

当事态难以控制或事故发展发可影响到周边单位时，应扩大应急级别，向周边单位和相关部门求救。响应级别提高后，指挥部应立即派人到厂区大门口接应外部救援车辆有序的进入厂区，并向救援人员介绍事故应急救援情况，各救援小组应服从上级指挥部的统一指挥，配合各级人员的救援工作。

（三）处置措施

1. 事故应急处置程序

（1）报警：当事故发生时，现场发现人员立即向值班人员报告情况，值班人员根据发现人员报告的情况，下达现场处置命令，同时向应急救援指挥部成员报告，通知所有应急人员到场抢险。

（2）指挥：当总指挥和副总指挥不在现场时由值班人员统一指挥调度，总指挥和副总指挥到达现场后，由总指挥和副总指挥统一指挥调度。

（3）应急救援：各功能组到达现场后按照预先确定的措施开展应急救援行动。

当事故扩大需要进行提高响应级别时，由应急救援指挥部根据权限向有关部门报告事故情况，发出支援请求。

2. 火灾、爆炸事故应急处置措施

（1）各应急小组在事故发生后应根据接到的通知迅速到指定地点集中，然后由总指挥统一调度。进行火情侦察、火灾扑救、火场疏散，救援人员应有针对性地采取自我防护措施，如佩戴防护面具、穿戴防护服等。

（2）警戒保卫组立即根据事故影响的范围确定安全警戒线；抢险救灾组立即负责对发生事故区域外的危险化学品根据具体情况进行转移或采取相应保护措施，并对厂区的人员按安全警戒组规定的路线进行疏散；救护运输组人员应立即准备好医疗物资，用来准备治疗受伤人员；后勤保障组应根据现场的具体情况确定抢险、救护、疏散所需的物资的供应。

（3）抢险救灾组人员应占领上风或侧风阵地，先控制，后灭火。针对火灾的火势发展蔓延快和燃烧面积大的特点，积极采取统一指挥、以快制快；堵截火势、防止蔓延；重点突破、排除险情；分割包围、速战速决的灭火战术。应迅速查明燃烧范围、燃烧物品及其周围物品的品名和主要危险特性、火势蔓延的主要途径，燃烧的危险化学品及燃烧产物是否有毒等。正确选择最适合的灭火剂和灭火方法。火势较大时，应先堵截火势蔓延，控制燃烧范围，然后逐步扑灭火势。

（4）对有可能会发生爆炸、爆裂等特别危险需紧急撤退的情况，应按照统一的撤退信号和撤退方法及时撤退。撤退信号应格外醒目，能使现场所有人员都能看到或听到，并应经常演练。

（5）火场伤员急救。

根据被烧伤人员的不同类型，可采取以下急救措施：

1）采取有效措施扑灭身上的火焰，使伤员迅速脱离致伤现场。当衣服着火时，应采用各种方法尽快地灭火，如水浸、水淋、就地卧倒翻滚等，千万不可直立奔跑或站立呼喊，以免助长燃烧，引起或加重呼吸道烧伤。灭火后伤员应立即将衣服脱去，如衣服和皮肤粘在一起，可在救护人员的帮助下把未粘的部分剪去，并对创面进行包扎。

2）防止休克、感染。为防止伤员休克和创面发生感染，应给伤员口服止痛片（有颅脑或重度呼吸道烧伤时，禁用吗啡）和磺胺类药，或肌肉注射抗生素，并给口服烧伤饮料，或饮淡盐茶水、淡盐水等。一般以多次喝少量为宜，如发生呕吐、腹胀等，应停止口服。要禁止伤员单纯喝白开水或糖水，以免引起脑水肿等并发症。

3）保护创面。在火场，对于烧伤创面一般可不做特殊处理，尽量不要弄破水泡，不能涂龙胆紫一类有色的外用药，以免影响烧伤面深度的判断。为防止创面继续污染，避免加重感染和加深创面，对创面应立即用三角巾、大纱布块、清洁的衣服和被单等，给予简单的包扎。手足被烧伤时，应将各个指、趾分开包扎，以防粘连。

4）合并伤处理。有骨折者应予以固定；有出血时应紧急止血；有颅脑、胸腹部损伤者，必须给予相应处理。

5）迅速送往医院救治。伤员经火场简易急救后，应尽快送往临近医院救治。护送前及护送途中要注意防止休克。搬运时动作要轻柔，行动要平稳，以尽量减少伤员痛苦。

6）火灾扑灭后，仍然要派人监护现场、保护现场，接受事故调查，协助公安消防部门和安全监督管理部门调查火灾原因，核定火灾损失，查明火灾责任，未经公安消防部门和安全监督管理部门的同意，不得擅自清理火灾现场。

3. 中毒和窒息事故应急处置措施

（1）先抢救受伤人员（参加救护者，要做好个人防护，进入现场必须戴防护用品），同时应想方设法切断泄漏源，将中毒和窒息者迅速脱离现场转移到上风向或侧上风向空气新鲜处，有条件时应立即进行呼吸道及全身防护，防止继续吸入。

（2）保持受伤人员呼吸道通畅，如呼吸困难，给输氧；如呼吸停止，立即进行人工呼吸和心脏挤压，采取心肺复苏措施，并给予吸氧。

（3）发生急性中毒和窒息事故，应立即将中毒和窒息者及时送医院急救。并向医护人员提供受害者中毒和窒息原因、毒物特性等。

4. 灼烫事故应急措施

（1）设法切断泄漏源。

（2）协助受伤人员脱离危险区域，立即采用水冲洗，涂用烫伤膏。

（3）如果灼烫严重必须立即送医院进行救护。

（4）灼烫的同时如果合并骨折、出血等外伤，在现场也应及时处理。

5. 触电事故应急措施

（1）切断电源，关上插座上的开关或拔出插头。如果够不着插座开关，就关上总开关。切勿试图关上此电器用具的开关，因为可能正是该开关漏电。如果企业内部无法切断电源，必须立即与其供电所联系断电。

（2）若无法关上开关，可站在绝缘物上，用不导电的物体将伤者拨离电源。在施救者自身未做好保护之前，切勿用手触及伤者，也不要潮湿的工具或金属物质把伤者拨开。

（3）如果患者呼吸心跳停止，必须进行人工呼吸抢救，不能用压迫式人工呼吸法，最好采取口对口人工呼吸法。切记不能给触电的人注射强心针。

（4）若伤者曾经昏迷、身体遭烧伤，或感到不适，必须打电话叫救护车，或立即送伤者到医院急救。

6. 机械伤害、物体打击、高处坠落事故应急处置措施

（1）发生各种机械伤害、物体打击、高处坠落事故时，应先切断电源，察看事故现场周围有无其他危险源存在，促使伤者快速脱离危险环境。

（2）再根据伤者受伤部位和伤害性质，一边对轻伤人员进行现场救护，一边通知急救医院。

（3）对重伤者不明伤害部位和伤害程度的，不要盲目进行抢救，以免引起严重的伤害。

7. 起重伤害事故应急处置措施

（1）发现有人受伤后，必须立即停止起重作业，向周围人员呼救，同时通知现场急救中心，以及拨打"120"等社会急救电话。报警时，应注意说明受伤者的受伤部位和受伤情况，发生事件的区域或场所，以便让救护人员事先做好急救的准备。

（2）项目人身伤害和突发环境事件应急工作组在组织进行应急抢救的同时，应立即上报项目安全生产应急领导小组，启动应急预案和现场处置方案，最大限度地减少人员伤害和财产损失。

（3）由项目现场医护人员进行现场包扎、止血等措施，防止受伤人员流血过多造成死亡事故发生。创伤出血者迅速包扎止血，送往医院救治。

（4）发生断手、断指等严重情况时，对伤者伤口要进行包扎止血、止痛、进行半握拳状的功能固定。对断手、断指应用消毒或清洁敷料包好，忌将断指浸入酒精等消毒液中，以防细胞变质。将包好的断手、断指放在无泄漏的塑料袋内，扎紧好袋口，在袋周围放在冰块，或用冰棍代替，速随伤者送医院抢救。

（5）受伤人员出现肢体骨折时，应尽量保持受伤的体位，由现场医务人员对伤肢进行固定，并在其指导下采用正确的方式进行抬运，防止因救助方法不当导致伤情进一步加重。

（6）受伤人员出现呼吸、心跳停止症状后，必须立即进行心脏按压或人工呼吸。

（7）事件有可能进一步扩大，或造成群体性事件时，必须立即上报当地政府有关部门，并请求必要的支持和救援。

（8）在做好事故紧急救助的同时，应注意保护事故现场，对相关信息和证据进行收集和整理，配合上级和当地政府部门做好事故调查工作。

8. 粉尘事故应急措施

（1）革：即积极通过深化工艺改革和技术革新，来大幅度降低工作粉尘的产生，这是消除粉尘危害的根本途径。

（2）水：即湿式作业，可防止粉尘飞扬，降低环境粉尘浓度。

（3）风：加强通风及抽风措施，常在密闭、半密闭发尘源的基础上，采用局部抽出式机械通风，将工作面的含尘空气抽出，并可同时采用局部送入式机械通风，将新鲜空气送入工作面。

（4）密：将发尘源密闭，对产生粉尘的设备，尽可能中罩密闭，并与排风结合，经除尘处理后再排入大气。

（5）护：做好个人防护工作，对从事粉尘、有毒作业的人员，下班必须淋浴后换上自己服装，以防将粉尘等带回家。

（6）管：加强管理，对从事有粉尘作业的人员，必须戴纱布口罩，如达不到目的，必须佩戴过滤式防尘口罩。

（7）查：定期进行环境空气中粉尘浓度进入接触者的体格检查，凡发现有不适宜某种有害作业的疾病患者，应及时调换工作岗位。

（8）教：加强宣传教育，教育工人不得在有害作业场所内吸烟、吃食物，饭前班后必须洗手，严防有害物质随着食物进入体内。加强卫生宣传教育，到有害作业场所，每天要搞好场内清洁卫生。

9. 车辆伤害事故应急措施

（1）发生各种车辆伤害事故时，根据伤害部位和伤害性质进行处理。

（2）根据现场人员被伤害的程度，一边通知急救医院，一边对轻伤人员进行现场救护。

（3）对重伤者不明伤害部位和伤害程度的，不要盲目进行抢救，以免引起严重的伤害。

（四）应急响应级别提高

遇到企业内部应急能力不足，需要提高响应级别时，由应急救援指挥部总指挥或其他负责人用手机向有关部门联系报警。

（五）应急结束

当事故现场得以控制，环境污染治理符合国家有关标准且导致次生、衍生事故的隐患消除以后，经事故现场应急救援指挥部批准后，由现场应急指挥负责人宣布本次应急结束。

（1）事故情况上报事项。报告事故应当包括下列内容：

1）事故发生单位概况。

2）事故发生的时间、地点以及事故现场情况。

3）事故的简要经过。

4）事故已经造成或者可能造成的伤亡人数（包括下落不明的人数）和初步估计的直接经济损失。

5）已经采取的措施。

6）其他应当报告的情况。

（2）向事故调查处理小组移交事故发生时间、地点、当班人员、采取的应急措施、人员伤亡情况、动员的力量、运用动用的物资。

（3）对应急救援行动工作进行总结，主要查找发掘应急行动中的不足，以便对预案进行更新。

六、信息公开

本公司生产安全事故信息发布由应急救援指挥部负责，其他任何人无权发布相关信息。如果事故较大，造成了一定的社会影响，经过有关部门同意可以通过平面媒体及其他媒体进行事故通报。

根据国家有关部门规定，环境影响事故信息由环境保护部门统一发布。

七、后期处置

（1）应急结束后，对造成环境污染的污染物要及时中和清理掩埋，防止对环境造成污染。

（2）对造成事故的设备、管道进行抢修，尽快恢复正常的经营活动，努力降低经济损失。

（3）成立事故调查组对事故原因进行调查，事故调查组履行下列职责：

1）查明事故发生的经过、原因、人员伤亡情况及直接经济损失。

2）认定事故的性质和事故责任。

3）提出对事故责任者的处理建议。

4）总结事故教训，提出防范和整改措施。

5）提交事故调查报告。

（4）对应急过程指挥协调、功能组应急处置、物资供应等方面能力进行综合评估。

（5）对应急预案进行评估，不足之处要进行修订完善。

八、保障措施

（1）通信与信息保障。

（2）应急队伍保障。

（3）物资装备保障。

（4）其他保障：①经费保障；②治安保障；③技术保障；④医疗保障。

九、应急预案管理

（一）应急预案培训

由事故应急救援指挥部牵头，专职安全管理人员具体负责培训工作，根据本预案实施情况每年在大修时对具体应急救援人员进行培训，员工应急响应进行培训，群众或周边人员应急响应知识进行宣传，作一次具体的安排。采取理论和实践相结合的形式对全体职工

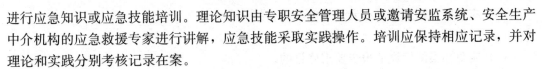

进行应急知识或应急技能培训。理论知识由专职安全管理人员或邀请安监系统、安全生产中介机构的应急救援专家进行讲解，应急技能采取实践操作。培训应保持相应记录，并对理论和实践分别考核记录在案。

公司主要负责人和安全管理人员的培训内容包括国家政策、法律法规、规章制度、各类标准、职业危害识别、预案编制导则、事故调查程序，培训时间每年不少于48h。应急救援机构人员的培训内容包括国家政策、法律法规、规章制度、各类标准、应急救援预案内容、防火、防爆、防毒、防灼伤知识、事故调查程序，培训时间每年不少于48h。一般操作人员的培训内容包括规章制度、操作规程、防火、防爆、防毒、防灼伤、堵漏等知识、个人防护知识和应用、自救互救技术，培训时间每年不少于24h。

（二）应急预案演练

（1）演练是应急预案的综合检测，是检验、评价和保持应急能力的一个重要手段。演练的作用如下：

1）通过演练可以在预测的事故真正发生之前能够尽可能暴露应急预案存在的缺陷；发现风险分析是否准确、应急能力是否能满足以及应急指挥系统运作是否畅通。

2）通过演练可能增强职工及公众对事故救援的信息和应急意识，提高应急人员的熟练程度和技能水平。

3）通过演练可以进一步明确应急人员在应急行动中各自的岗位和职责，提高各级预案之间的协调性，从而提高整体应急反应能力。

（2）本公司火灾、爆炸、电磁辐射、灼烫、中毒和窒息、触电、机械伤害、物体打击事故每年进行一次人员疏散、急救、消防演练，演练计划的制订、组织和实施由应急救援指挥部负责。

（3）演练方式包括桌面演练、功能演练、全面演练。

（4）演练应保持相应记录，并做好应急演习评价结果、应急演练总结与演练追踪记录。

（5）演练内容分为：

1）火灾、爆炸、机械伤害事故的应急处置方法。

2）中毒和窒息事故的应急处置方法。

3）人员灼烫受伤或触电呼吸停止的急救和抢救。

4）防护用品的穿戴。

5）人员疏散及避难。

6）自救和互救。

（三）应急预案修订

本预案的维护由公司事故应急救援指挥部负责，在总务部和值班室存放本预案文本，而且将应急预案的要点和程序张贴在应急地点和应急指挥场所，并设有明显的标志。

有下列情形时必须及时修订更新：

（1）单位因兼并、重组、转制等导致隶属关系、经营方式、法定代表人发生变化的。

（2）单位生产工艺和技术发生变化的。

（3）周围环境发生变化，形成新的重大危险源的。

（4）应急组织指挥体系或者职责已经调整的。

（5）依据的法律、法规、规章和标准发生变化的。

（6）应急预案演练评估报告要求修订的。

（7）应急预案管理部门要求修订的。

本预案定期邀请有关专家进行评审，以保证预案的科学性、针对性、可操作性，从而实现可持续性改进。

（四）应急预案备案

本预案报东台市安监局备案。

（五）应急预案实施

本预案从发文公布实施之日起开始实施。本应急预案由公司事故应急救援指挥部负责制定、修改和解释。

十、专项应急预案

（略）

十一、现场处置方案

（略）

十二、附件

（略）

第六节 ××企业职业健康安全管理制度

一、职业健康安全管理合同书

××电网公司职业健康安全管理合同书

甲方：

乙方：

为加强项目工程的安全文明施工管理，明确甲、乙双方安全管理责任，防止各类事故发生，依据《中华人民共和国安全生产法》《中华人民共和国职业病防治法》、国家电网公司《安全生产工作规定》《国家电网公司电力建设安全健康与环境管理工作规定》和《国家电网公司电力生产事故调查规程》规定。

甲乙双方确立劳动合同关系后，必须签订本合同。本合同与经济合同具有同等法律效力。在事故发生后应按本合同分清责任，各负其责。本合同必须在开工前签订，签订合同前乙方应取得甲方《安全资质审查合格证书》，不签订本合同的项目工程不得开工。

职业健康安全管理目标：

（1）不发生人身轻伤及以上事故，不发生机械设备、火灾爆炸、交通运输及由于施工原因造成的停电事故，实现安全零事故。

（2）安全教育培训合格率为100％；特种作业人员持证上岗率为100％；隐患整改合格率为100％。

甲方安全管理责任：

（1）认真贯彻落实国家、地方、行业有关安全生产工作的法律法规、规章标准的要求，对建设工程中的职业健康安全与环境工作负有全面管理、监督责任。

（2）组织乙方参加定期或不定期的安全检查活动和安全工作例会，及时向乙方传达上级有关安全工作的文件通报及会议精神，并监督其学习、执行。

（3）监督乙方按本合同约定建立健全施工现场安全保证体系和安全监督体系，对体系运行情况定期检查。

（4）组织对乙方劳务人员进行安全培训教育、交底考试和身体检查，考试和体检合格后方准上岗作业。考试试卷和体检表由甲方安监部门保管存档。

（5）负责对从事特殊作业、危险性作业的乙方劳务人员进行安全技术交底，有权对作业中的乙方劳务人员的正确操作进行监督。

（6）有权对乙方劳务人员的违章作业进行纠正，并发出不符合通知书；有权依据安全管理法规、规程和甲方安全管理标准、合同约定给予处罚；有权停止违章作业者的工作或清除施工现场。

（7）有权根据国家法律法规、××公司系统和甲方安全管理标准、合同约定，组织对乙方发生的违章事故，进行调查处理。

（8）有权对乙方现场安全文明施工、安全防护设施的齐备、个人劳动防护用品的完好进行监督，并对违章行为指令整改或处罚。

（9）对安全工作做出突出贡献的乙方及其劳务人员，甲方应予表彰和奖励。对管理混乱，事故不断的乙方，甲方有权终止合同，限期退出施工现场。

二、职业健康安全管理制度

××公司职业健康安全管理制度

（一）目的

为了预防职业病危害，保护劳动者健康，增强员工安全生产意识，确保生产安全，特制定本制度。

（二）适用范围

（1）适用于本公司范围内的职业健康管理。

（2）职业病是指企业、事业单位和个体经济组织（统称用人单位）的劳动者在职业活动中，因接触粉尘、放射性物质和其他有毒、有害物质等因素而引起的疾病。

（3）职业病危害：是指对从事职业活动的劳动者可能导致职业病的各种危害。

（4）本公司无职业病危害因素。

（三）职责

（1）主要负责人对本公司职业健康管理全面负责。

（2）安全主任负责为易得职业病岗位的相关工作人员做安全培训，监督检查员工佩戴劳保用品的情况。

（3）各班组负责人每日巡查员工佩戴劳保用品的情况。负责作业场所职负责职业卫生隐患检查及治理。

（4）公司组织从事接触职业病危害因素的劳动者进行职业病检查，并建立相关的健康监护档案。

（四）工作程序及要求

1. 职业病危害的预防及现场管理

（1）职业病防治工作坚持"预防为主，防治结合"的方针，实行分类管理，综合治理。

（2）员工依法参加工伤社会保险，确保职业病劳动者依法享受工伤社会保险待遇，工伤保险的缴纳由公司负责。

（3）定期组织有关职业病防治的宣传教育，普及职业病防治的知识，增强职业病防治观念，提高劳动者自我健康保护意识。宣传教育由安全主任负责。

（4）员工应当学习和掌握相关的职业卫生知识，遵守职业病防治法律、法规、规章和操作规程，正确使用、维护职业病防治设备和个人使用的职业病防护用品，发现职业病危害事故隐患应当及时报告。

（5）公司提供符合防治职业病要求的职业病防护设施和个人使用的职业病防护用品，要经常性的维护、检修，定期检测其性能和效果，确保处于正常状态，不得擅自拆除或者停用。

（6）每年对工作场所进行职业病危害因素检测。检测结果存入单位职业卫生档案。应当在醒目位置设置公告栏，公布有关职业病防治的规章制度、操作规程、职业病危害事故应急救援措施和职业病危害因素检测结果。

（7）不安排孕期、哺乳期的女职工从事对本人和胎儿、婴儿有危害的作业。

（8）可能产生职业病危害的建设项目在可行性论证阶段应当向卫生部门提出职业病危害预评价报告，对职业病危害因素和工作场所及职工健康的影响做出评价，确定危害类别和职业病防护措施。其防护设施费用应当纳入建设项目工程预算，并与主体工程同时设计，同时施工，同时投入生产和使用。

（9）公司生产流程、生产布局必须合理，应确保使用有毒物品作业场所与生活区分开，作业场所不得住人。有害作业与无害作业分开，高毒作业场所与其他作业场所隔离，使从业人员尽可能减少接触职业危害因素。

（10）在尽可能发生急性职业损伤的有毒有害作业场所按规定设置警示标志、报警设施、冲洗设施、防护急救器具专柜，设置应急撤离通道和必要的泄险区。确定责任人和检查周期，定期检查、维护、并记录，确保其处于正常状态。

（11）安全主任应根据作业场所存在的职业危害，制订切实可行的职业危害防治计划和实施方案。防治计划或实施方案，要明确责任人、责任部门、目标、方法、资金、时间表等，对防治计划和实施方案的落实情况要定期检查，确保职业危害的防治与控制效果。

（12）公司发现职业病人或疑似职业病人时，应当及时向所在地卫生部门报告，确诊的，还应当向所在地劳动保障人事部门报告。

2. 职业健康检查的管理

（1）公司负责组织从事接触职业病危害因素的作业人员进行上岗前、在岗期间离岗职业健康检查。不得安排未进行职业性健康检查的人员从事接触职业病危害作业，不得安排有职业禁忌症者从事禁忌的工作。

（2）公司对职业健康检查中查出的职业病禁忌症以及疑似职业病者，应根据职防机构提出的处理意见，安排其调离原有害作业岗位、治疗、诊断等，并进行观察。发现存在法定职业病目录所列的职业危险因素，应及时、如实向当地安监管理部门申报、接受其监督。

（3）公司按规定建立健全员工职业健康监护档案，并按照国家规定的保存期限妥善保存，生产部对在生产作业过程中遭受或者可能遭受急性职业病危害的员工应及时组织救治或医学观察，并记入个人健康监护档案。

（4）体检中若发现群体反应，并与接触有毒有害因素有关时，公司应及时组织对生产作业场所进行调查，并会同政府有关部门提出防治措施。

（5）所有职业健康检查结果及处理意见，均需如实记入员工健康监护档案，并由公司自体检结束之日起一个月内，反馈给体检者本人。

（6）应严格执行女工劳动保护法规条例，及时安排女工健康体检。安排工作时应充分考虑和照顾女工生理特点，不得安排女工从事特别繁重或有害妇女生理机能的工作；不得安排孕期、哺乳期（婴儿一周岁内）女工从事对本人、胎儿或婴儿有危害的作业；不得安排生育期女工从事有可能引起不孕症或妇女生殖机能障碍的有毒作业。

3. 职业健康教育与培训

（1）安全主任每年至少应组织一次全体员工安全培训，必须培训职业病防治的法规、预防措施等知识。

（2）生产岗位管理和作业人员必须掌握并能正确使用、维护职业卫生防护设施和个体职业卫生防护用品，掌握生产现场中毒自救互救基本知识和基本技能，开展相应的演练活动。

（3）危险化学品使用与贮存岗位、生产性粉尘、噪声等从事职业病危害作业岗位员工必须接受上岗前职业卫生和职业病防治法规教育、岗位劳动保护知识教育及防护用具使用方法的培训，经考试合格后方可上岗操作。

三、××公司职业健康检查制度

（1）为了规范公司职业健康检查工作，加强职业健康监护管理，保护劳动者健康，根据有关法规，制定本制度。

（2）本制度主要包括职业健康检查、职业健康监护档案管理等内容。

（3）公司应当建立健全职业健康监护制度，保证职业健康监护工作的落实。

（4）公司应当组织从事接触职业病危害作业的员工进行职业健康检查。员工接受职业健康检查应当视同正常出勤。

（5）公司不得安排有职业禁忌的员工从事其所禁忌的作业。

（6）公司不得安排未成年工从事接触职业病危害的作业；不得安排孕期、哺乳期的女职工从事对本人和胎儿、婴儿有危害的作业。

（7）公司应当组织接触职业病危害因素的员工进行定期职业健康检查。发现职业禁忌或者有与所从事职业相关的健康损害的员工，应及时调离原工作岗位，并妥善安置。

（8）劳动者职业健康检查的费用，由公司承担。

（9）本公司定期职业健康检查的周期一般为一年。

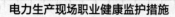

（10）公司应当及时将职业健康检查结果如实告知员工。

（11）公司应当建立职业健康监护档案。

（12）公司当按规定妥善保存职业健康监护档案。

（13）员工有权查阅、复印其本人职业健康监护档案。